博碩文化

SolidWorks

專業工程師訓練手冊 [7]

Motion 機構模擬運動

曹文昌、吳郁婷、羅開迪、林克峰
李明諺、邱國暢、林芷瑄　著

步驟式的圖文解說方式
完全自修，課程豐富紮實，實務應用的最佳指引
內容函蓋業界渴望工程師必備的Solidworks重點職能指標

多年業界輔導經驗
專業引導快速上手

免費的線上課程
講解特徵思考邏輯

雲端下載模型檔
SolidWorks論壇
互動分享

作　　者：曹文昌、吳郁婷、羅開迪、林克峰、李明諺、
　　　　　邱國暢、林芷瑄

責任編輯：Cathy

董 事 長：曾梓翔
總 編 輯：陳錦輝

出　　版：博碩文化股份有限公司
地　　址：221 新北市汐止區新台五路一段 112 號 10 樓 A 棟
　　　　　電話 (02) 2696-2869　傳真 (02) 2696-2867

發　　行：博碩文化股份有限公司
郵撥帳號：17484299　戶名：博碩文化股份有限公司
博碩網站：http://www.drmaster.com.tw
讀者服務信箱：dr26962869@gmail.com
訂購服務專線：(02) 2696-2869 分機 238、519
（週一至週五 09:30 ～ 12:00；13:30 ～ 17:00）

版　　次：2024 年 7 月初版

建議零售價：新台幣 690 元
I S B N：978-626-333-921-7
律師顧問：鳴權法律事務所 陳曉鳴律師

本書如有破損或裝訂錯誤，請寄回本公司更換

國家圖書館出版品預行編目資料

SolidWorks 專業工程師訓練手冊 . 7, Motion
機構模擬運動 / 曹文昌，吳郁婷，羅開迪，林
克峰，李明諺，邱國暢，林芷瑄作 . -- 初版 . --
新北市：博碩文化股份有限公司，2024.07
　　面；　公分
ISBN 978-626-333-921-7(平裝)
1.CST: SolidWorks(電腦程式) 2.CST: 電腦
繪圖
312.49S678　　　　　　　　　113010047

Printed in Taiwan

博 碩 粉 絲 團

歡迎團體訂購，另有優惠，請洽服務專線
(02) 2696-2869 分機 238、519

商標聲明

本書中所引用之商標、產品名稱分屬各公司所有，本書引用
純屬介紹之用，並無任何侵害之意。

有限擔保責任聲明

雖然作者與出版社已全力編輯與製作本書，唯不擔保本書及
其所附媒體無任何瑕疵；亦不為使用本書而引起之衍生利益
損失或意外損毀之損失擔保責任。即使本公司先前已被告知
前述損毀之發生。本公司依本書所負之責任，僅限於台端對
本書所付之實際價款。

編者序

A 出版緣由

這本書前身 Animator 動畫與攝影機-易習出版，自 2009 出版以來因為要先出基礎書籍：零件、組合件、工程圖。基礎書上市後，心裡就想出版 4 大天王進階書：熔接、鈑金、模具、曲面，所以耽擱了很多很多年。

自上市以來我看有 15 年了，應該沒遇過 15 年才改版的書吧，通常這種書算死掉，因為實在太久了。

大郎是工程師不太懂得經營，才有可能將經營者認為不可能的事情化為可能，靠信念完成這本書的改版。

寫書過程遇到最大的瓶頸是力學，閱讀許多參考書、線上課程和詢問教授，當我遇到瓶頸時教授和我說：

絕大部分運動為已知示意，很少人挑戰由動力分析來完成未知運動，並進行結論驗證。原來，這已經不是我的問題了（內心蠻安慰的）。

將力學直接兜在這本書中，必須研讀後再套用到指令驗證，至今還是沒辦法完整寫完，只能說先寫到這階段，等下一版再進行 Simulation Motion。

B 經驗傳承

大郎承襲前輩一脈相承深入研究 SW，還是有很多奧義不甚了解，至今心中希望有書讓我參考，更能體會沒有深厚背景很難寫出這本書。寫書過程不斷來回補充和修訂內容，絕大部分是靈感與頓悟，為了傳承這本書已經是使命，非上市不可。

C 引頸期盼的到來

SolidWorks 2024 帶來新功能的振奮消息：1. 組合件有更進一步的輕量抑制的運算、2. 執行速度有更進一步的提升，這些對動作研究都有大幅的幫助。

D 榮譽出品

本書以 SolidWorks 2022、Windows10 編排，2022 運算核心有很大的進步，最大的感覺就是開啟檔案和重新計算速度變快，而 Windows10 是目前佔有率最高的作業系統。

好軟體要有強而有力專門書籍，我們知道戰士期待什麼，很榮幸和各位介紹，SolidWorks 專業工程師訓練手冊[7] Motion 機構模擬運動上市。

新版特色

　　將上一版內容進行大幅修訂，算是筋骨通暢，新版除了充實題材並修正內容外，更融入當今業界需求：1. 線上課程、2. 實體課程、3. 論壇討論。

- 超大版面：大本 16K（19×26cm）增加閱讀版面，更讓大郎方便寫作
- 清晰圖片：舊圖翻新，讓同學享用更清晰圖片和圖片的重點標示
- 主題架構：翻新訓練主題架構、加強主題標示更容易看出重點
- 章節排序：段落分明更有層次解說，不會感到閱讀密集與壓力
- 訓練模組：將訓練檔案名稱與學習主題直覺對應，更名副其實成為訓練模組
- 檔案下載：雲端下載最新版訓練檔案，不必擔心手邊檔案遺失
- 邏輯思考：邏輯通了就會了，不因為不同指令或步驟對調，而感到不知所措
- 世代合作：時代改變教學和寫法，更貼近年輕人想法並協助傳承
- 專門論壇：全年無休論壇互動發問，萬象連結所有資訊
- 雲端影音：結合線上課程隨時學習，包含：YouTube、線上課程網站
- 實體課程：為了服務同學，我們擁有限時**買書送實體課程**活動

A 感謝有你

　　有感於原理的書越來越少人寫，也越來越少人看，感謝**博碩**出版社支持專業書籍，原物料上漲且這本書不如教科書暢銷，不拿銷售量的使命感與精神，可說是用心經營的出版社，讓同學有機會習得 SolidWorks 更深入的知識，更讓大郎有機會將經驗傳承。

B 作者群

協助本書成員：屏東科技大學機械工程系**曹文昌**，tsaowc@mail.npust.edu.tw。

邱蕎茹、江言、吳郁婷、羅開迪、林克峰、李明諺、邱國暢、林芷瑄以及**論壇會員**提供寶貴測試與意見。

 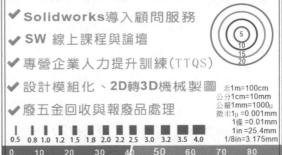

C 系列叢書

連貫出版保證對 SolidWorks 出神入化、功力大增、天下無敵值得收藏。

- SolidWorks 專業工程師訓練手冊[1]-基礎零件（第 4 版）
- SolidWorks 專業工程師訓練手冊[2]-進階零件與模組設計
- SolidWorks 專業工程師訓練手冊[3]-組合件
- SolidWorks 專業工程師訓練手冊[4]-工程圖
- SolidWorks 專業工程師訓練手冊[5]-集錦 1：組合件、工程圖
- SolidWorks 專業工程師訓練手冊[6]-集錦 2：熔接、鈑金、曲面、模具（第 2 版）
- SolidWorks 專業工程師訓練手冊[7] Motion 機構模擬運動
- SolidWorks 專業工程師訓練手冊[8]-系統選項與文件屬性
- SolidWorks 專業工程師訓練手冊[9]-模型轉檔溝通與修復策略
- SolidWorks 專業工程師訓練手冊[10]-集錦大全:零件、組合件、工程圖、熔接、鈑金、模具、曲面、機構模擬運動
- 輕鬆學習 DraftSight 2D CAD 工業製圖（第 2 版）

D 參考文獻

書中引用圖示僅供參考與軟體推廣，圖示與商標為所屬軟體公司所有。

- 禾緯企業有限公司：herwere.com.tw/
- 乾佑工業股份有限公司：facebook.com/chienyoucorp/
- 艾德生的瘋狂實驗室：facebook.com/edsonsmadnesslab/

■ 新樂飛無人機股份有限公司：7adrones.com/

■ 工程師的斜槓商店：shopee.tw/youruchiu

■ FR Tools Man 商城官網：frtoolsman.blogspot.com

■ SolidWorks Motion Study 原廠訓練手冊，達梭

■ ChatGPT：https://chat.openai.com/

■ CADesigner 雜誌：機構運動解析大學問，廖偉志 2004/09

■ CADesigner 雜誌：DELMIA 3D 工業設計擬真技術應用研究，畢利文 2007/05

■ CADesigner 雜誌：超越實體建模-互動式的組合件建模技術，陳超祥 2007/09

■ CADesigner 雜誌：Maya camera 的種類設定與效果，王以斌 2007/05

■ 東華書局：機構學，顏鴻森

■ 全華書局：3D 電腦動畫與數位特效，葉怡蘭等人

■ 全華書局：Autodesk Inventor 電腦輔助立體繪圖，粘瑞桂

■ 旭營文化：3D 電腦動畫原理，陳娟宇

■ 松崗圖書：電腦動畫基礎，吳鼎武

■ 機械工業出版社：3D 計算機圖形學，Alan Watt 著 包宏譯

■ SolidWorks 專門論壇：solidworks.org.tw

■ 3 小時讀通牛頓力學，小峯龍男

■ 百度百科：baike.baidu.com/view/31530.htm

■ 維基百科：https://zh.wikipedia.org

■ ADAMS 軟體：https://hexagon.com/

■ 台灣三住：tw.misumi-ec.com/

目錄

00 課前說明

0-1 本書設計
0-2 閱讀階段性
0-3 動畫一開始要如何下手
0-4 牛頓運動定律

01 動作研究介面與先睹為快

1-0 動作研究介面
1-1 動作研究標籤
1-2 動畫製作三部曲（任督第 1 脈）
1-3 時間介面
1-4 關鍵畫格
1-5 研究類型
1-6 動作研究工具（工具列）
1-7 模擬元素原理
1-8 插補模式
1-9 視圖
1-10 動作研究屬性總論
1-11 動作研究屬性：動畫
1-12 動作研究屬性：基本動作
1-13 動作研究屬性：動作分析
1-14 動作研究屬性：一般選項

02 Motion Manager 動作管理員

2-1 濾器
2-2 模型圖示
2-3 方位及攝影機視角
2-4 光源、攝影機及全景
2-5 模擬元素設定
2-6 零組件圖元內容
2-7 結果
2-8 整理動作管理員結構

03 動畫精靈

3-0 選擇動畫類型視窗
3-1 旋轉模型
3-2 爆炸、解除爆炸
3-3 輸入來自基本動作、動作分析的動作
3-4 日照追蹤研究
3-5 結合控制器
3-6 刪除所有現存的路徑

04 草圖與圖塊動畫

4-1 零件參數變化　　　　　　　4-3 組合件圖塊：配置

4-2 圖塊拖曳與尺寸

05 分度拖曳運動

5-1 分度：圖片　　　　　　　　5-5 來回旋轉：密碼鎖

5-2 分度：來回移動滑塊　　　　5-6 進階移動：機器人組裝

5-3 分度：螺旋槳旋轉　　　　　5-7 Delta XYZ 精確定位

5-4 延遲：拖曳-鎚球

06 組合件結合運動

6-0 結合尺寸與結合控制　　　　6-5 路徑結合動畫

6-1 距離動畫　　　　　　　　　6-6 凸輪運動

6-2 角度動畫　　　　　　　　　6-7 齒輪運動

6-3 對稱運動　　　　　　　　　6-8 齒輪/小齒條運動

6-4 線性聯軸器動畫　　　　　　6-9 螺釘運動

07 結合控制器

7-0 前置作業　　　　　　　　　7-3 動畫

7-1 結合　　　　　　　　　　　7-4 應用：路徑結合

7-2 結合位置

08 模擬元素-旋轉動力

8-0 指令位置與介面　　　　　　8-3 更多選項

8-1 零組件/方向　　　　　　　 8-4 動作研究：旋轉動力

8-2 動作

09 模擬元素-直線動力

9-0 指令位置與介面　　　　　　9-2 動作

9-1 零組件/方向　　　　　　　 9-3 直線動力變化的邏輯思考

10 模擬元素-路徑結合動力

10-1 結合/方向　　　　　　　　10-3 應用：時間與速度

10-2 動作

11 模擬元素-直線彈力

11-0 指令位置與介面
11-1 彈力參數

11-2 阻尼器
11-3 顯示

12 模擬元素-扭轉彈力

12-0 指令位置與介面
12-1 彈力參數

12-2 阻尼器參數

13 模擬元素-力／扭矩

13-0 指令位置與介面
13-1 力，方向

13-2 力函數
13-3 扭矩力

14 模擬元素-重力

14-0 指令位置與介面
14-1 方向參考

14-2 數字重力值
14-3 應用：重力往下

15 模擬元素-接觸（摩擦）

15-0 指令位置與介面
15-1 接觸類型：實體

15-2 曲線接觸
15-3 動作研究：重力、接觸、摩擦力

16 阻尼

16-0 指令位置與介面
16-1 線性阻尼器

16-2 扭轉阻尼器

17 結果及繪圖-結果

17-0 指令位置與介面
17-1 類別：位移/速度/加速度
17-2 類別：力

17-3 類別：動量/能量/力量
17-4 類別：其他量

18 結果及繪圖-繪圖結果

18-1 產生新繪圖
18-2 繪圖結果
18-3 產生新動作資料感測器

18-4 感測器屬性
18-5 輸出選項：在圖形視窗中顯示向量
18-6 結果資料夾

18-7 圖表屬性與內容

19 以事件為基礎動作視圖

19-0 指令位置與介面　　　　　　19-4 時間與甘特圖
19-1 工作　　　　　　　　　　　19-5 編輯工具
19-2 觸發器　　　　　　　　　　19-6 動作研究：推桿連續推動
19-3 動作

20 關聯動畫

20-0 輔助零件（虛擬零件）技術　20-7 動態剖切-手電筒
20-1 關聯性-吊鉤　　　　　　　　20-8 組合件除料-鑽孔
20-2 關聯性-防塵罩　　　　　　　20-9 靜態剖切-鋸床
20-3 纜線動作　　　　　　　　　20-10 靜態剖切-捲線
20-4 關聯性-避震器　　　　　　　20-11 輔助零件-沖水馬桶
20-5 輔助零件-文件夾　　　　　　20-12 變數連結之動態註記
20-6 動態剖切-雷射刀　　　　　　20-13 國旗飄揚

21 攝影機

21-0 攝影機位置與介面　　　　　21-6 視野
21-1 攝影機類型　　　　　　　　21-7 攝影機-人稱
21-2 定標點　　　　　　　　　　21-8 開放活動
21-3 攝影機位置　　　　　　　　21-9 封閉活動
21-4 對準目標：攝影機旋轉　　　21-10 換位視角
21-5 浮動：攝影機旋轉　　　　　21-11 運鏡視角

22 排練預演

22-0 排練預演位置與介面　　　　22-3 動作限制
22-1 錄製　　　　　　　　　　　22-4 控制台
22-2 視埠設定

23 動畫錄製與包裝

23-1 儲存動作研究至檔案（儲存動畫）　23-3 免費螢幕截取或看圖程式
23-2 SolidWorks 螢幕抓取

課前說明

閱讀本書之前快速了解書中精神與內容，特別是訓練檔案的下載位置。

A 動畫曝光度只會越來越多

產品或機構動畫是業界需求，很矛盾業界習慣沒動畫的日子，因為不會做或做很久，覺得做動畫很浪費時間。國外很習慣產品還沒上市之前，先看動態模擬，沒有反而會被懷疑其專業，就好像買東西沒有說明書是一樣的。

B 3D 虛擬實境與 AI 時代來臨

近年來 AI、VR、XR... 等佔盡媒體，尤其是 AI 未來會有爆炸性發展。動畫在業界接受度大幅提升，更要求一次到位，例如：建立 3D 後要動畫，甚至進行動態分析。

C 建模不再是優勢

很多人說會 SolidWorks，業界也沒有會的標準，但很少人有辦法把機構模擬運動做出來，讓你的專業和一般使用者形成差異，動畫有別於設計或建模，也是 SW 使用程度高的指標與捷徑。

0-1 本書設計

經多年驗證並將上課內容毫無保留完整收錄，協助同學了解技術用在哪裡，重點在創造指令內涵與價值。

這本適合學術單位和在職人士參考書，將多年教學、研究心得，加上業界需求歸納，期望對學術研究帶來效益，替業界解決問題。

A 先決條件

詳盡解說機構模擬運動每項指令和觀念，學習前必須具備 SW 零件和組合件基礎，因為動畫製作過程和模型搭配，例如：組合件的結合條件、爆炸圖、隱藏/顯示...等。

B 興趣學習

本書將機構模擬運動技術普及化，開發具有學術價值參考書，不是資深工程師才會的專業，也不再是業界 Know How 或永遠學不到的江湖技術，應該是有興趣都可學會。

常聽到研究生會研讀這本書，將機構運動模擬出來進行設計理論的示意，甚至證明所研究的計算式是正確的。

C 觀念相通

無論何種繪圖系統動畫觀念是一樣的，只有介面與指令不同，所以不要介意這本是 SolidWorks 動畫，就像大郎將市面動畫書加以研究套用在 SolidWorks。

D 務實面對

書中詳盡介紹每項特點，目前不支援或 Bug 會教導方法突破，甚至很明確告知有些不可行，例如：爆炸後的火花與粉塵特效。

E 靠此維生並體會到人生樂趣

學完後必定發覺簡單上手外，甚至還可靠此維生。國外很動畫公司專職 SW 機構模擬運動。大郎常聽到很多人靠動畫協助公司進行設計案的提報、得到個人成就、公司肯定，甚至接案創業有了動畫輔助賺了不少錢。

0-1-1 分享權利

所有文字、圖片、模型、PowerPoint...等歡迎轉載或研究引用，只要說明出處即可。不必寫信尋求授權，也不用花時間怕侵權修改文章，更不必費心準備教材。

0-1-2 學習前準備

由於動作研究做不出來有 2 種可能：1. 版本 BUG、2. 指令應用不足，尤其是 2，會花時間試誤，就要想辦法減少計算的時間，先由軟/硬體準備開始。

A 硬體 PC（比較容易）

動作研究製作如同分析作業，大部分時間花在計算，PC 的運算可以節省很多時間。

B 軟體多版次（2022、2023、2024）

至少 3 套 SolidWorks，其 1 最新版：2024，其 2 前一版：2023 或 2022...等。假設 2023 做不出來，就嘗試最新版 2024 或前一版 2022，利用多版次找出問題原因。如果多版次發生同一現象，就能排除不是軟體問題，就往操作面向思考。

-1-3 檔案名稱=指令=模組

　　學習過程遇到忘記或不會用，只要開啟對應的指令模型即可，未來有問題時，也可以搜尋的方式找到解決方案。

第01章 動作研究介面與先睹為快
第02章 動作管理員
第03章 動畫精靈
第04章 草圖與圖塊動畫
第05章 分度拖曳運動
第06章 Delta XYZ精確定位
第07章 結合距離、角度與對稱運動
第08章 路徑動畫
第09章 凸輪、齒輪與螺釘運動

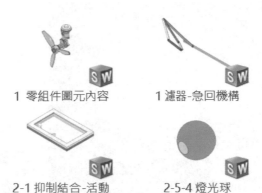

1 零組件圖元內容　　1 濾器-急回機構

2-1 抑制結合-活動　　2-5-4 燈光球

-1-4 下載訓練檔案

　　將下載流程簡化：1. 論壇左上角點選下載→2. SolidWorks 書籍範例，進入雲端硬碟→3. 點選 SolidWorks 專業工程師訓練手冊[7] Motion 機構模擬運動→4. 下載。

0-1-5 動畫案例

　　早期動畫案例的影片收錄在訓練檔案中，要下載才看得到，現在將每段動作研究影片放在 YouTube 的 **Motion 動作研究**的播放清單中，讓大家隨時可以在雲端看作品。

solidworks Path mate Motor 路徑結
幾何solidworks 原廠訓練中心・觀看次數：203次

solidworks Path mate Motor-PLAN
幾何solidworks 原廠訓練中心・觀看次數：126次

solidworks chain
幾何solidworks 原廠訓練中心・觀看次數：96次・

0-2 閱讀階段性

　　書籍依序編排 5 大主題，先學會運動再學習視覺傳達。

0-2-1 第一階段：動作研究介面與動畫精靈（第 1-3 章）

　　先認識動作研究介面，先睹為快動畫製作，上手後由**動畫精靈**進行**關鍵畫格**控制。

0-2-2 第二階段：組合件機構運動：結合條件（第 4-7 章）

　　組合件有很多和機構有關的結合條件（齒輪、凸輪），先前靠拖曳完成運動，接下來利用動作研究讓他用播放的方式來完成運動，更可以了解結合組裝的廣度和拖曳運動的延伸，因為開始考量動作研究的可行性。

0-2-3 第三階段：進階與高階運動：模擬元素（第 8-19 章）

　　模擬元素是動作研究課題的重中之重，它牽涉到動力學，讓先前的拖曳運動提升為模擬元素，具體呈現**運動數據**。

0-2-4 第四階段：由上而下的關聯性與外觀動畫（第 21 章）

　　關聯性動畫算動畫效果，利用手法達到實際情形，例如：鑽孔、剖切、連動、動態註記…等，這些無法利用拖曳或模擬元素來達到，甚至可以解決動作研究不支援的情形。

-2-5 第五階段：攝影機與動作研究輸出（第 22-23 章）

我們特別把攝影機擺在後面講解，因為攝影機是動畫的張力。動作研究錄製是尾聲也算後處理，如何把錄好的動畫讓別人看得懂，這樣動作研究才有意義。

- 第00章 課前說明
- 第01章 動作研究介面與先睹為快
- 第02章 動作管理員
- 第03章 動畫精靈
- 第04章 草圖與圖塊動畫
- 第05章 分度拖曳與精確定位
- 第06章 結合運動
- 第07章 結合控制器
- 第08章 模擬元素-旋轉動力
- 第09章 模擬元素-直線動力
- 第10章 模擬元素-路徑結合動力
- 第11章 模擬元素-直線彈力
- 第12章 模擬元素-扭轉彈力
- 第13章 模擬元素-力-扭矩
- 第14章 模擬元素-重力
- 第15章 模擬元素-接觸
- 第16章 阻尼
- 第17-18章 結果及繪圖-位移
- 第19章 以事件為基礎的動作研究
- 第20章 關聯性動畫
- 第21章 攝影機
- 第22章 排練預演
- 第23章 動畫錄製與儲存

-3 動畫一開始要如何下手

一開始連頭緒都沒有也找不出靈感，要如何製作動畫，其實機構工程師比較不會有這問題，會知道想要那些動作產生成動畫，只是不知道要如何操作**動作研究**。

-3-1 靈感

有大概想法不能太佔用工作時間，通常會在走路或洗澡時候想，反而得到更寬廣的思路，在座位上反而靈感有限。

-3-2 學習製作

會了動畫製作，腦海裡有很多天馬行空的想法，例如：警車追匪車的動畫，想利用直升機空拍，以上只是概念，再利用瑣碎時間思考如達到動畫張力。

-3-3 動作說明

以下列出動畫製作的想法，重點在時間調整。

步驟 1 想好要如何表達

腦海要有腳本，大概有幾個動作就行，例如：1. 直線飛行過程→2. 順便翻滾。

步驟 2 縮短排練時間

每 0.5 秒 1 個動作，減少運算時間，例如：12 動作只要 6 秒計算完成。

步驟 3 按部就班計算動作

每完成一個動作就算一遍，由於 1 個動作為 0.5 秒，所以不會佔用太多運算時間。計算過程可以看到運動想法與螢幕落差，甚至發生運動問題，最好要知道為何有問題。

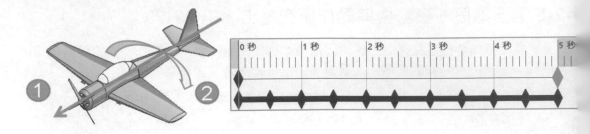

步驟 4 最終時間

調整整體時間,例如:先前整體 5 秒→調整為整體 10 秒。

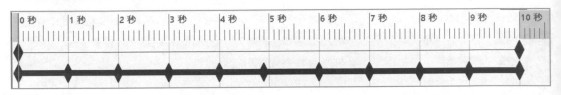

0-4 牛頓運動定律(Newton's laws of motion)

進行模擬元素的參數,必須了解牛頓三大運動定律才有辦法理解設定的背景。資料來源:劉維自然,康軒參考書作者。

0-4-1 第 1 運動定律:慣性(Inertia)定律,靜者恆靜、動者恆動

1. 靜者恆靜(物體靜止)、2. 動者恆動(等速運動)。施加外力讓靜止物體移動或轉動,例如:火車靜止不動,推動他會運動、車子加速身體會往後倒,剎車身體會往前傾。

0-4-2 第 2 運動定律:加速度運動 F=ma

靜止的物體經外力產生動作(移動或轉動)就會產生加速度,F=ma,外力=質量 x 加速度,且外力與加速度必定在同一方向,例如:靜止的火車推動他會產生加速度運動。

A 牛頓力 N 身上

1N=1kgx1m/s^2,一牛頓的力可以讓 1 公斤物體移動 1 米的加速度。

0-4-3 第 3 運動定律:作用力與反作用力

施力於物體會同時產生方向相反,力量相等的力。特性:1. 大小相等、2. 方向相反、3. 作用在同一直線上。

例如:火箭升空氣壓施力在氣體=作用力,氣體反推火箭=反作用力。開槍時,火藥給子彈推力,子彈會給槍反作用力(後座力)。

01

動作研究介面與先睹爲快

本章利用動作研究介面完整介紹動作研究架構,先介紹如何進入 1. 動作研究、2. 說明介面,先有觀念,不清楚再回到這章翻閱,基礎更穩固。寫書過程經常到這章補充與修訂內容,讓大郎更堅信這章是架構,並加入簡單操作讓同學初步體會指令運作。

A 動作研究的前身

SolidWorks 2007 以前稱 Animation,為 SolidWorks Office 其中 1 個模組,2008 以後稱 Motion Study(動作研究)成為標準版內建項目,讓 SolidWorks 動畫曝光度大為提高。

SW 有很多是 Professional 模組內的功能,後來下放到標準版,且標準版的用戶最多,這就是為什麼動畫會被關注的原因。

B SolidWorks Motion

SolidWorks Motion(簡稱 Motion,運動分析)是 Motion Study 完整版,為 Premium 模組成員,書中以 Motion Study 為主要說明,遇到 Motion 會特別提醒。

○ **SOLIDWORKS Standard(S)**
  包括 3D Content Central、SOLIDWORKS SimulationXpress、SOLIDWORKS Explorer 及
  SOLIDWORKS eDrawings

◉ **SOLIDWORKS Professional(P)**
  包括 SOLIDWORKS Standard,加上 SOLIDWORKS eDrawings Professional、Motion Studies、
  SOLIDWORKS Toolbox、Design Checker、SOLIDWORKS 工作排程器、ScanTo3D 及 SOLIDWORKS
  Workgroup PDM

○ **SOLIDWORKS Premium(R)**
  包括 SOLIDWORKS Professional,加上 SOLIDWORKS Routing、SOLIDWORKS Simulation 及
  SOLIDWORKS Motion

C 附加 SolidWorks Motion、SolidWorks Simulation

Premiun 模組要附加 1.☑SolidWorks Motion才可以使用 Motion 動力分析，而 2.SolidWorks Simulation套用在結合條件分析標籤中，書中沒說明。

要研究指令差異，先關閉這 2 項才可以知道預設有哪些，學習比較有層次，否則模組全開容易誤以為**動作研究**有這麼多項目要設定。造成開啟模型過久，就適度關閉它。

D 動態 VS 靜態機構與

動作研究建立在動態機構運動，靜態機構無法表達運動情形，只能表達外觀變化，例如：透明或顏色變更。

E 理想剛體

所有的模型皆為理想剛體，運動過程不會產生擠壓變形或斷裂。

1-0 動作研究介面

學軟體先認識介面，SW 預設啟用**模型標籤**，不會進入**動作研究**。

1-0-1 進入動作研究的方法

預設有 1 組動作研究標籤，有 3 種方式啟用動作研究。

A 左下點選動作研究標籤

2008 以後內建動作研究，左下角就有動作研究標籤，不需透過**附加**，下圖左。

B 開啟 Motion Manager 工具列（有多種方式開啟）

承上節，比較極端的情形，沒有動作研究標籤怎麼辦？主要是開啟 Motion Manager 工具列，換句話說，執行開啟工具列的方法，下圖中。

1-0-2 動作研究介面（Interface）

　　介面分 6 大部份，前 3=主要介面，後 3=次要介面，目前動作研究介面只能在下方無法搬移位置，希望未來可以移到第 2 螢幕，可以獨立設定動作研究，不占用特徵管理員。

A 點選標籤後的介面

　　於零件、組合件（不支援工程圖）點選 1. 動作研究標籤，視窗被水平上下分割，點選 2. **模型標籤**，分割畫面會縮回去。

B 主要 3 大介面

　　1. 工具列、2. Motion Manager、3. 時間。

C 次要介面

　　4. 研究類型、5. 播放工具、6. 模擬元素。

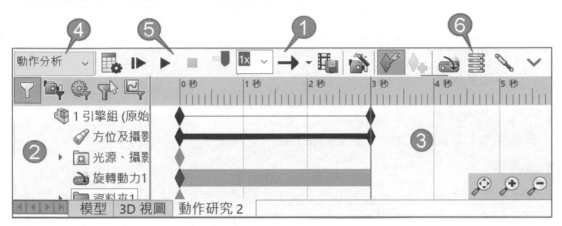

D 早期的動作研究：COSMOS Motion

　　自 2009 起 COSMOSMotion 變更為 Simulation，標籤為**動作分析**，如果先前有做過 COSMOSMotion 還會保有先前資訊，可以播放但無法更改（類似封存）只能重新製作。

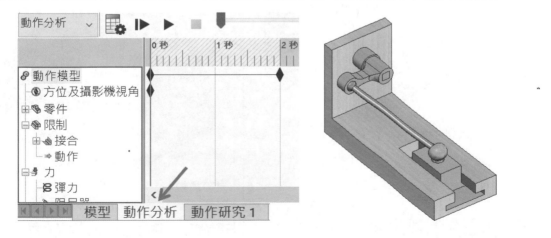

E 使用者介面（ALT＋V→U→M）

1. 檢視（V）→2. 使用者介面（U）→3. ☑Motion Manager（M），下圖右。

F 增加繪圖區域（適用進階者）

我們常研究如何把繪圖區域最大化，以及介面不要過多資訊，例如：關閉動作研究標籤。本節不影響功能，初學者不需要研究到這麼細膩，進階者可以提升技術境界。

1-0-3 調整動作研究介面

本節說明展開∧/摺疊∨以及拖曳調整介面。

A 展開（預設）∧

在介面右上方點選展開∧，呈現完整的動作研究介面。

B 摺疊∨

播放動作研究時，加大繪圖區域順便放大模型，或不想讓別人知道動作研究過程。常遇到看到動作研究標籤卻不能使用，是不小心∨所致。

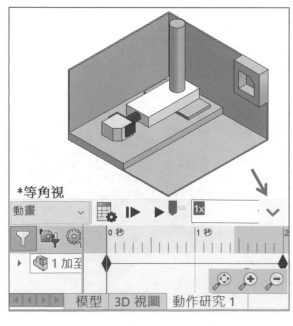
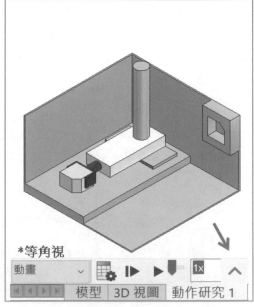

C 拖曳動作研究窗格

　　游標停在上方橫向的窗格線上出現調整圖示 ⇕，上下拖曳窗格大小，下圖左。由於格線不容易抓取，有時有/有時沒有，搞得心癢癢的。游標在重放附近會比較容易顯示 ⇕，因為格線比較明顯，希望 SW 能將格線變粗一點。

D 左右 Motion Manager 管理員

　　拖曳垂直窗格線調整 Motion Manager 寬度，常用在查看模型或增加時間顯示範圍，這部分很少人想到可以這樣，經點醒更能體會調整介面的重要性，下圖右。

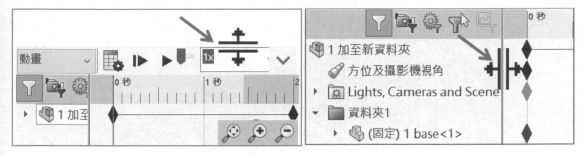

E 下方水平卷軸

常時間超過寬度時，常用在查看時間或細膩的動作。

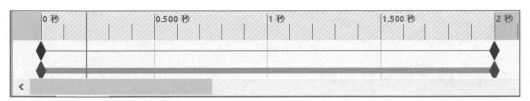

F 折疊與特徵管理員、Motion Manager 的分割

　　折疊 ⌄ 動作研究時，可以在左上方將特徵管理員分割，分別顯示 Motion Manager（箭頭所示），這樣的彈性可以在 ⌄ 的過程控制 Motion Manager。

G 最大化播放視窗

以最大化呈現機構運動的畫面，進行以下摺疊或關閉作業：1. 特徵管理員、2. 動作研究管理員介面。

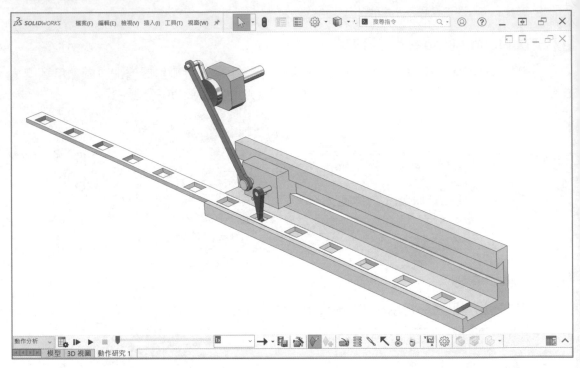

1-0-4 獨立顯示屬性管理員

動作研究製作過程會大量編輯特徵，我們會將**屬性管理員**移到特徵管理員右邊，最好移到另一螢幕，可以減少系統轉換時間，適合進階者。

甚至可以同步查看：

1. 特徵管理員

2. 屬性管理員

3. Motion Manager

大大增加動畫製作效率和輕鬆的感受。

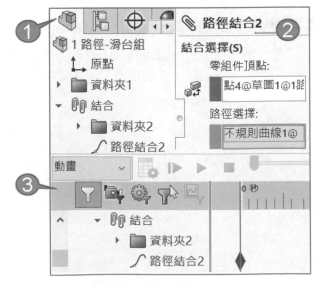

1-0-5 滑鼠手勢與方位視窗

動作研究經常切換視角，可以利用：1. 方位視窗、2. 滑鼠手勢，滑鼠手勢會使用 8 個，分別定義和視角有關的指令，例如：1. 正視於、2. 等角視、3. 不等角、4. 遠近透視、5. 加入攝影機、6. 顯示攝影機、7. 顯示草圖、8. 剖面視角。

1-0-6 單一組合件檔案（使為虛擬）

動作研究原則上是組合件，可以**使為虛擬**，斷開外部模型檔案的連結，這樣就能一個組合件檔案使用動作研究，在模型傳遞上可以簡化許多不必要的麻煩。

步驟 1 在特徵管理員選擇所有模型右鍵→使為虛擬

步驟 2 斷開檔案連接→是

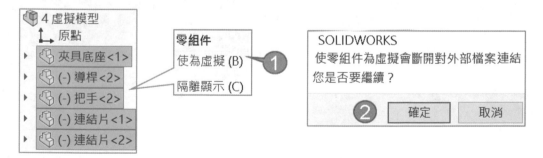

步驟 3 查看

檔案名稱變更為虛擬模型，動作研究可正常執行，下圖左。

步驟 4 更改模型名稱

有需要可以更改模型名稱，1. 點選模型→2. 零組件屬性中更改即可，下圖右。

1-1 動作研究標籤

本節說明多種意想不到的標籤應用，由於此標籤使用率很高，深度了解是必要的。

A 動作研究標籤核心價值

標籤擁有記憶功能，讓動作研究有獨立性，類似模型組態。

B 標籤右鍵清單

由清單看到 5 種功能，特別是**複製研究**為後來加入的功能。

C 空白處右鍵

其實不一定侷限在標籤上右鍵，在標籤旁邊的空白處右鍵也可以看到這些項目，熟悉這操作會更愜意。

D 快速鍵

動作研究製作的過程會大量右鍵使用：**重新命名（R）、刪除（D）**和**產生新的動作研究（C）**，習慣會將右鍵的快速鍵背起來，這樣速度會快很多，例如：右鍵 D 刪除。

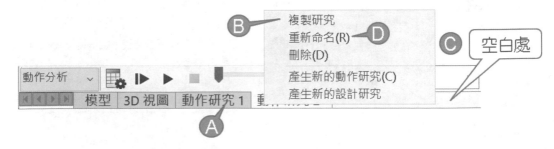

1-1-1 啟用標籤

點選標籤來啟用標籤內容，適合多標籤。

1-1-2 產生新的動作研究（Creat New Motion Study，C）

新的動作研究使用率最高，產生多個標籤進行多樣動作管理，類似工程圖的多圖頁或模型組態，有多種方式或原因加入新動作研究。

A 重做比較快

製作動畫常發生做不好，重做比較快，看起來很通俗，卻是最常用的作業。

B 右鍵 C，使用率最高

右鍵 C→**產生新的動作研究**，速度快感受很強烈，下圖左。

C 新動作研究指令 ⚙（適用組合件）

於組合件工具列點選**新動作研究**⚙，產生新動作研究標籤，下圖中。

D 插入功能表

插入→**新動作研究**⚙，下圖右。

E 快速鍵

設定**新動作研究**⚙快速鍵，這點說就更便利了。動作研究指令無法設定快速鍵，通常學到後面同學會問這類的問題，例如：很希望**模擬元素**能設定快速鍵。

工具列 捷徑列 指令 功能表 **鍵盤** 滑鼠手勢 自訂		

類別(A):	所有指令	⌄
搜尋(S):	動	

類別	指令	快速鍵
檢視(V)	**使用者介面(U)**	
插入(I)	⚙ 新動作研究(N)..	N

1-1-3 重新命名（右鍵 R）

將標籤命名，常用在多組運動直覺辨認，也能避免還要點選查看這標籤是什麼的麻煩，通常動作研究完成後再進行命名作業，預設標籤名稱為**動作研究** 1。

A 多種方式重新命名標籤名稱

1. 快點 2 下標籤（最好用）、2. 標籤右鍵→重新命名（R），右鍵 R，但無法快速鍵 F2。

B 縮短名稱

當標籤過多時簡化名稱是必要的，避免捲動標籤，例如：每秒畫格數 10→畫格數 10。

C 箭頭捲動標籤

當標籤過多時，點選箭頭來捲動標籤。

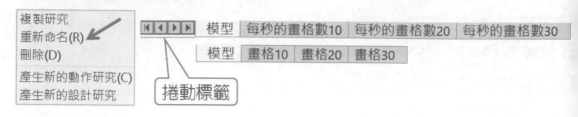

1-1-4 複製研究（複製動作研究）

複製已完成的動作研究，修改為新的相似運動，拿來改比較快。標籤上右鍵→**複製研究**，例如：動作研究 1=直線速度 60RPM，複製修改為動作研究 2=直線速度 100RPM。

A 進階複製方式

清單內沒有快速鍵可輸入，Crtl＋C 也無法使用，可以 1. 右鍵向下→2. ↵。1. 右鍵會開啟清單→2. 向下會亮顯複製研究→3. Enter 代表執行**複製研究**，下圖左。

B 應用：製作預設的標籤

將必要作業類似範本儲存起來，要製作新的動作研究只要複製範本即可（複製研究）。例如：製作這 2 項作業：1. 視角關鍵畫格重放關閉◆、2. 過濾模擬驅動◉，該標籤通常命名為**範本**。該標籤習慣放置在最左邊第 1 位，因為產生的新標籤會排在最後面。

C 複製名稱

通常標籤名稱都差不多時，可以複製舊名稱，貼到新的動作研究標籤，就不用重新輸入類似的名稱，例如：複製畫格數 10→貼上新動作研究，並修改為畫格數 20。

1-1-5 拖曳移動標籤

拖曳啟用標籤至新位置，常用在呈現順序，例如：將範本拖曳到畫格數之後，下圖右。

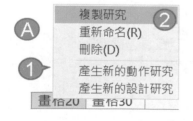

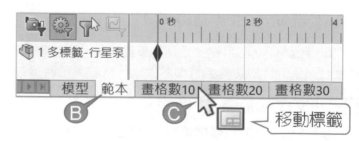

-1-6 刪除標籤（D）

刪掉多餘動作研究標籤，避免不經意查看這標籤是什麼。1. 標籤右鍵→**刪除**（右鍵 D）。這部分無法直接 Delete 刪除，希望 SW 改進。

A 保留 1 組

每份文件至少 1 個**動作研究標籤**，同理也無法刪除**模型標籤**。

-1-7 產生新的 Simulation 研究

安裝 Simulation 會多了**產生新的 Simulation 研究**，這部分書中沒說明，目前實在無法包山包海，也超過大郎領域。

-1-8 產生新的設計研究

以工作流程來評估最佳化研究，適用 Premium，這部分書中沒說明。

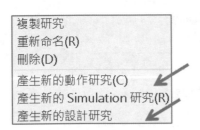

1-1-9 更新初始的動畫狀態（D）

在模型標籤中，螺旋槳位置被變更並**儲存過檔案並重新開啟檔案。**

開啟模型後切換至**動作研究**，會出現顯示**更新初始動作研究狀態**視窗。

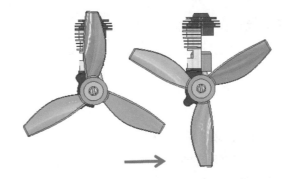

A 是（建議）

在動作研究中保留先前的模型位置，不更新動作研究，記得按是就好。

B 否

在動作研究中更新模型位置，適用進階者。

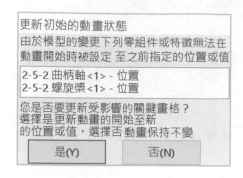

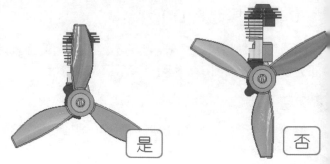

1-1-10 標籤封存

動作研究會隨著模型儲存，可以把先前設定封存起來，並看出先前動作研究的狀態。

A 不同版本的差異

由於計算核心不同，常遇到新版 SW 開舊版動作研究，播放看起來沒問題，計算後播放出現問題，這部分必須調整設定或重新製作動作研究。

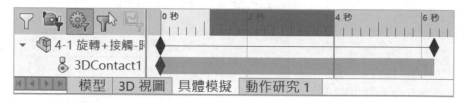

B 無法看出標籤製作日期

2016 完成的動作研究，於 2022 開啟並儲存，不代表動作研究為 2022 製作的，這觀念跟我們建模也是一樣，舊版畫的特徵用新版開啟不見得是新版特徵。

C 動畫（Animation）

2009 以前產生的標籤稱為 Animation，2009 年之後為動畫，再來為動作研究。

D 動作研究會記憶外觀

動作研究的模型如果有豐富的外觀，開啟檔案過程會出現圖形進度器 Post Load Updateing 增加載入時間。

相對之下開啟無動作研究的模型速度快多了，要克服 Post.... 載入模型時間，就要把模型輕量化或把外觀移除。

-1-11 擴充動作研究標籤用途

利用動作研究標籤記憶的特性讓 SW 功能提升,即便設計過程中沒有要動畫,也可以利用此標籤達到工作彈性。

A 動作研究的功能邏輯

在 Motion Manager 呈現的控制基本上可以擴充應用,例如:抑制/恢復抑制、刪除、隱藏/顯示模型、刪除限制條件、模型位置...等。

B 應用:隱藏/顯示模型

承上節,在動作研究中將模型隱藏,只要來回切換**模型**和**動作研究**標籤即可類似顯示狀態或模型組態,例如:1. 模型、2. 隱藏螺旋槳、3. 顯示螺旋槳。

1-2 動畫製作三部曲(任督第 1 脈)

開始進入動作研究主題,利用動畫製作三部曲的口訣完成動作研究,算任督 1 脈,任督第 2 脈為**視角及關鍵畫格重放**。

快速領會動作研究製作流程，讓一半以上的動作研究都作得出來，學會如何把動作*
入時間、調整時間並查看播放效果。

1-2-1 三部曲（1.起始位置→2.放時間→3.結束位置）

這 3 個步驟是 1 個動作的循環，是進入動畫領域的門票，例如：設定滑塊移動 2 秒*

步驟 1 移動模型到起始位置

拖曳滑塊到右上位置。

步驟 2 放置時間

定義滑塊移動時間，點選第 2 秒位置。

步驟 3 移動模型到結束位置

拖曳滑塊到左下位置，完成後會見到 1. 黑色時間線、2. 播放按鈕啟用。

步驟 4 播放

可見滑塊右上到左下移動，看到完成作品很有成就感，也覺得沒想像中難。

1-2-2 查看動作研究的變化

動作研究具備 2 項目：A. 關鍵畫格（Key Point，簡稱畫格）◆、B. 時間（Time），畫
格會在時間線上。

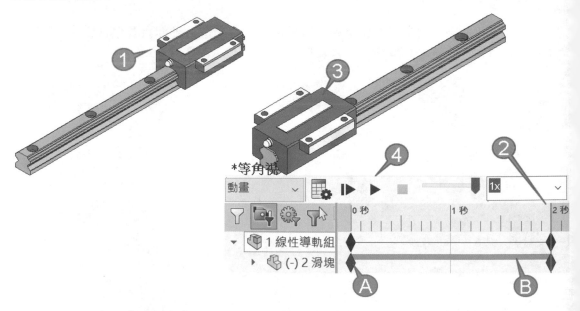

1-2-3 練習：滑塊飄移

利用動畫 3 部曲，完成滑塊飄移動畫，更能體會這 3 部曲的奧義，下圖左。

-2-4 練習：飛機移動與動作研究效果

將飛機右上往左下移動，試試開啟 RealView（小金球）＋陰影，這些效果會隨著飛機移動，以前這很專業，現在這是很應該的，和不會加入動作研究中。

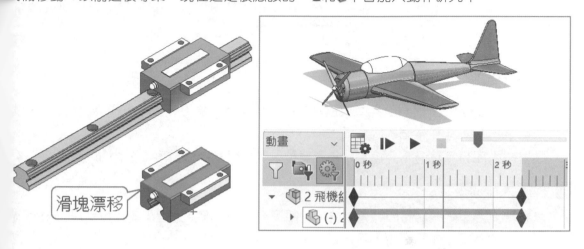

滑塊漂移

1-3 時間介面

時間介面在 Motion Manager 右方，表達動作研究內容，分 4 大部份：1.時間格、2.時間棒（Time Bar，直）、3.時間線（Time Line，橫）、4.時間解析度控制。

時間介面與下一節**關鍵畫格**有相依性，所以會同時介紹。

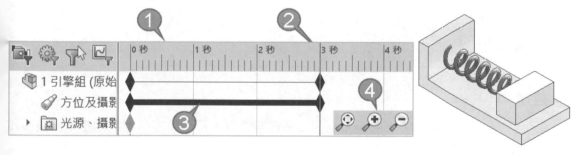

1-3-1 時間格（Time）

刻度表示時間間隔，預設灰色。當動作被**重新計算**或**播放**，時間格色彩變黃色，色彩在時間列上停止，表達已產生動作區間。

A 過時的

若黃色區域內顯示**斜影線**，表示結果不是最新的，就要重新計算。

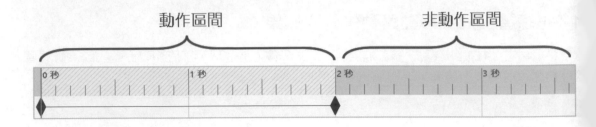

1-3-2 時間解析度

適當大小 /拉近 /拉遠 來控制時間區間顯示，預設 2 秒為 1 單位顯示，經常把時間解析度增加為 1 秒 1 個區間辨識。

動畫絕大部分不超過 1 分鐘且以秒為單位，我們希望時間刻度 1 分內即可。

A 適當大小

以螢幕寬度呈現適當時間範圍，避免時間擠在左邊，課堂會提醒同學按 ，這樣子做動畫就會比較愜意。如同建模過程，避免模型太小很傷眼睛，一樣的道理。

B 拉近

適用進階者，放大秒間隔可精確定位，例如：刻度拉大至看得見 0.5 秒、1 秒、1.5秒，讓每 1 格為 0.1 秒。

C 拉遠

縮小間隔，可看到較多時間與畫格，常用在長時間。使用下方橫向捲軸左右調整或拉近/拉遠都太慢，這時會使用 。

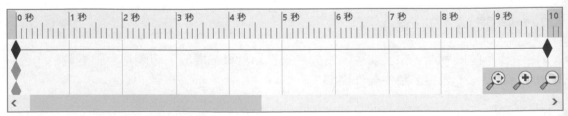

1-3-3 時間列（BAR，又稱時間棒）

以**灰色**垂直線表示動作位置，類似**回溯棒**，常用 2 種方式控制：1. 點選放置時間列、2. 拖曳時間列。

A 點選放置時間列（強烈建議）

點選時間介面任一位置來放置時間，用來迅速查看動畫位置，以及製作動畫的過程放置時間的步驟，這是最簡單且容易的操作。

早期很習慣拖曳，後來發覺原來可以用點選放置時間列，就再也回不去了，但有時餘毒太深還是會習慣拖曳放置時間列，課堂會提醒同學不要被我們拖曳的方式誤導。

B 拖曳時間列

拖曳時間列連續查看動作類似回溯，適用連續動畫，效率很高呦。

C 時間列在畫格左方

以最上方總時間的**關鍵畫格**為基準，放置時間在畫格左方看動作的位置。

D 時間列在畫格右方

時間列在畫格右方=動作已完成，若時間還是繼續走=動作停止後休息，這是高深的手法，就像動作停止後不要突然關閉，免得太突兀。

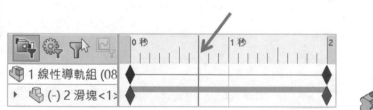 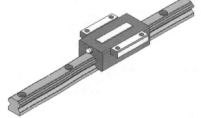

1-3-4 時間線與顏色（Time Line）

以**水平線**顯示動畫時間，預設上下 2 條線顯示，分別：1. 總時間線、2. 動作時間線。

A 總時間

動畫停止的位置，黑色且為最上層，而畫格為最後位置，下圖左。

B 時間線與圖示

每動作都有專屬時間線圖示，看出該模型進行哪種類別動作，有多種顏色代表不同狀態，例如：滑塊變透明屬於外觀變化，時間線為紫色，最後一章有 Motion Manager 狀態圖示可供查詢。

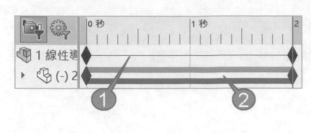
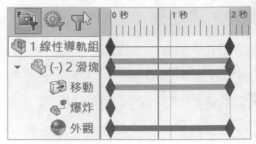

1-3-5 總時間的控制

進行整體動畫時間，可以是動作結束的最後時間，或動作結束後製作緩衝。動畫時間不能太長要看很久才知道是什麼，也不能太短一下就沒了不知在表達什麼，拿捏時間長短是一項技術。

A 控制整體動畫時間

Alt 往左或往右拖曳控制總時間畫格，讓動作研究時間整體放大或縮小，算是比例縮放，游標放在畫格上也可以看到做法的說明訊息。

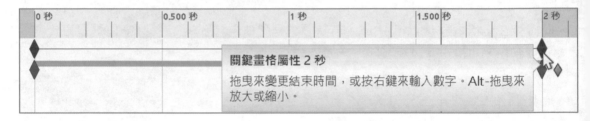

B 濃縮與展延時間

剛開始做動作研究時，以最小時間來提高計算效率，例如：將原本 1 個動作 1 秒鐘，濃縮為 1 個動作 0.25 秒，等到動作完成後，統一將整體動畫時間放大。

0.25 秒適合高階應用，剛開始 1 秒 1 動作→0.5 秒 1 動作→0.25 秒 1 動作。

C 動作停止的緩衝

向右拖曳總時間畫格到第 3 秒，讓動作空白，播放動作完成後，還有 1 秒的緩衝，擁有舒緩的感受。

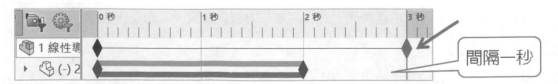

間隔一秒

1-3-6 編輯時間

在時間區域任何地方右鍵→移動時間列◆，出現編輯時間視窗，進行多種時間控制。

A 移動時間列 ✦

輸入時間將時間棒擺到指定的時間位置，例如：1.25 秒。

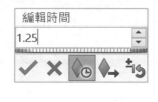
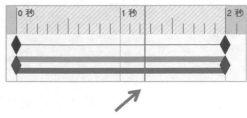

B 偏移 ✦

以**目前時間**設定**相對時間**來移動時間棒，適用查看細節，例如：目前模型位置為第 1 秒，輸入 0.56，時間和模型動作會移到 1.56（1+0.56）秒的位置上。

C 微調增量 ✦

設定增量的時間間隔，例如：每向上調一格增加 0.1，下圖右。

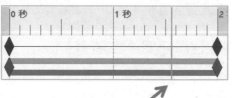

1-3-7 一個動作的時間

時間的掌握往往都很隨性，如果能把時間類別定義下來，絕對可以讓動作研究做得更通順，更可以知道什麼階段要定義多少時間。

A 一個動作的時間：3 秒（結果）

1 個機構動作 3 秒是最符合觀看的心理，心會比較靜，例如：轉盤帶動連桿→連桿推動滑塊。

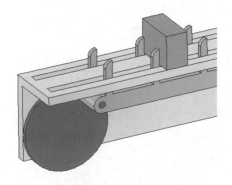
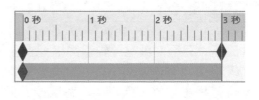

B 一個動作的時間：2 秒（製作尾聲）飛機範例

不想太快又不想太慢，會這樣算是很有經驗的老手。

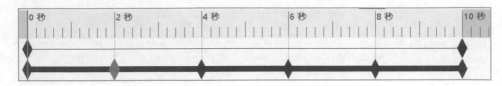

C 一個動作的時間：1 秒（製作初期，初學者）

對初學者來說，建議一開始 1 個機構動作 1 秒，來加快計算時間，以及整體機構製作的總時間，換句話說動作研究不能做太久，例如：6 動作只要 6 秒完成，下圖左畫格。

D 一個動作的時間：0.5 秒（製作初期，進階者）

每 0.5 秒 1 個動作，是最常使用的手段，例如：6 動作只要 3 秒完成，下圖右畫格。

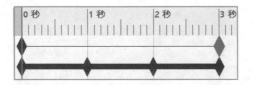 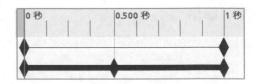

E 時間分類：0.25 秒（製作初期，高階者）

每 0.25 秒 1 個動作，已經是製作極限，有些情況會配合播放速度來查看製作過程，例如：可以見到 0.25 一個畫格，6 動作只要 1.5 秒即可完成。

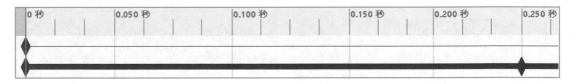

F 減少計算時間的意涵

對於複雜的機構會習慣完成 1 個動作就算 1 遍，由於每個動作皆為 0.5 秒的情況下，就不會佔用太多運算時間。

1-4 關鍵畫格（Key Point）

關鍵畫格（又稱關鍵點，簡稱畫格）放置在時間線上，記錄模型的 1. 動作和 2. 時間，也可刪除畫格重新製作。畫格的控制影響動畫細膩度，學習動畫過程很容易專注指令操作上，而忽視畫格重要性，畫格操作有很多是基礎應用，例如：移動、複製、貼上。

A 隨心所欲控制模型

掌握畫格手法，可以隨心所欲控制模型動作時間，例如：1. 希望模型停留 2 秒再運動、2. 讓 2 模型同時運動、3. A 模型移動後➔B 模型移動…等。

B 播放過程

播放的過程中，無法進行畫格任何設定。

1-4-1 起始和終止時間

起始和終止時間一定會有畫格，他們在總時間線上，下圖左（箭頭所示）。

A 留意時間列在 0 秒位置

在移動模型、光源、攝影機…等之前，必須留意時間列是否在第 0 秒位置，否則這些動作都會被計算到動作研究。

1-4-2 畫格屬性

畫格記錄模型動作與時間，游標在**關鍵畫格上**，1. 顯示畫格屬性訊息、2. 目前秒數、3. 預覽上方的模型動作，下圖右。

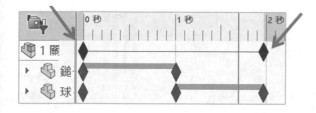

A 預覽動作

游標在畫格上約 2 秒，可以預覽球的位置。

B 正確位置

時間棒放置畫格位置，可以查看該時間的動作。

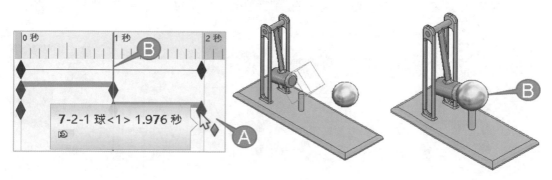

1-4-3 拖曳（移動）畫格

變更動作時間長度，例如：拖曳錘子的畫格往左挪，讓錘子原本移動 1 秒，變更為移動 0.8 秒，下圖左。

A 第 0 秒複製畫格

在 0 秒拖曳畫格可以**複製畫格**，這是常見的前置作業，動作不會產生，因為拖曳畫格到某處，時間線沒產生，下圖右。

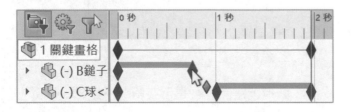

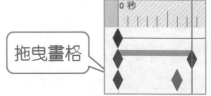

拖曳畫格

1-4-4 複製畫格

Crtl＋拖曳**畫格**，複製動作到新時間，也可使用 Crtl＋C→CTRL＋V，例如：1. 複製錘子結束位置畫格到第 1.2 秒→2. 放置時間到第 2 秒→3. 拖曳錘子往左移，完成垂直運動。

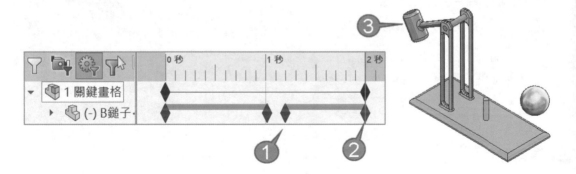

1-4-5 技巧：刪除灰色的畫格（從動）

灰色畫格（從動）不起作用，將它刪除來精簡畫格數量，提高計算效率。這部分常發生在**從動機構**，從動=機構有在動並顯示在時間軸上，由於從動畫格不是驅動狀態所以可以刪除，這是很少人知道的技巧。

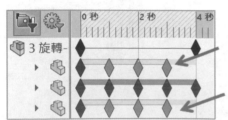

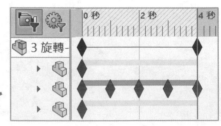

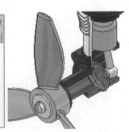

1-4-6 關鍵畫格右鍵

畫格上右鍵，由清單取得額外功能，有些是特殊技術。

A 編輯關鍵畫格時間

開啟**編輯時間**視窗，執行**移動時間列**。

B 取代關鍵畫格（重新定義關鍵畫格）

當模型位置或設定不同時，可以針對該畫格更新，就不必更新所有的動作研究。這功能和**加入/更新關鍵畫格**相同，下圖右，後面有詳細的說明。

C 剪下/複製/貼上/刪除

複製畫格就不必重新製作動作，以上作業會用快速鍵。

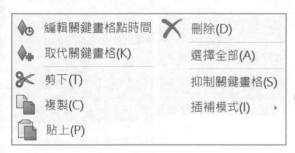

D 選取全部/部分

選擇所有畫格，常用在刪除所有畫格，重新製作動作研究，就不必新增動作研究，會這樣操作已經很細膩了，適用進階者。

也可以用拖曳框選的方式選擇部分畫格，目前不支援 CTRL + A 全選，下圖左。

E 抑制關鍵畫格

將畫格暫時不用，常用在技術性的動作控制，例如：某時間不使用該畫格，下圖右。抑制作業和模型控制相同，這部分對同學學習不是問題。

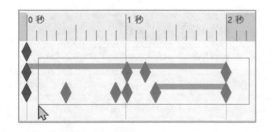

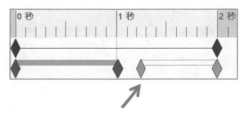

F 關閉（適用模擬元素）

在指定的時間停止動作，例如：1. 放置時間到第 1 秒→2. 右鍵關閉→3. 可以見到模擬元素關閉，下圖左。

G Motion Manager 遮蔽

常遇到到關鍵畫格不見了，捲動 Motion Manager 的垂直捲軸即可，下圖左。

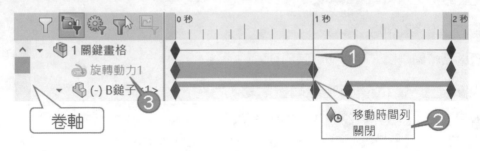

1-5 研究類型（Type of Study）

於工具列最左邊，由清單依序 3 種研究類型：1. 動畫→2. 基本動作→3. 動作分析，本節坦白說會有點難懂，同學常說不看還好，越看越看不懂。

用過這 3 大類以後，本節說明會讓你不斷翻閱更津津有味，下表分類協助大家快速認知。

研究類型	A 學習層級	B 動作三態	C 模擬元素	D 產品線
1. 動畫	基礎	運動	動力🤚	Standard
2. 基本動作	進階 （動畫的延伸）	模擬運動	動力🤚、彈力🔩 重力🍎、接觸🗝	Professional
3. 動作分析	高階（延續基本 動作，進行分析）	分析運動	阻尼✏ 作用力🔽	Premium 的 Motion 模組

A 研究類型的訊息

游標在研究類型清單上方出現訊息，協助大家快速認知，通常很少人會仔細看這些。

B 適用組合件

研究類型適用**組合件**，零件的動作研究只能進行極度簡易的動畫，不會出現 1. 研究類型，也沒有 2. 模擬元素（方框所示）。

C 研究類型差異

針對不同需求進行切換，初學者只要先學會 1. 動畫、2. 基本動作即可，就可以完成所有機構運動。

研究類型	物理運動	說明
1. 動畫	非物理運動	1. 拖曳帶動機構、2. 由動力定義移動或旋轉，可以滿足絕大部分的結合組裝運動。
2. 基本動作	物理運動	模擬直線/旋轉、彈力、重力、接觸（碰撞），常用在物理模擬呈現。
3. 動作分析（Motion）	物理運動	精確模擬元素效果，例如：反作用力、彈力、阻尼及摩擦，用運動學求解器並繪製運動圖表供進一步分析。

D 預設研究類型

無法定義預設類型，開新動作研究會預設**動畫**，要自行切換**基本動作**或**動作分析**。

E 記憶研究類型

還好動作研究標籤會記憶研究類型，所以不必擔心還要切換回來，甚至由動作研究很難看出是哪種研究類型的結果，如果沒有記憶功能會亂切換並計算，造成動作研究損壞。

F 不同的研究類型支援度

不同的研究類型會影響 Motion Manager 介面顯示，例如：**以事件為基礎的動作視圖**支援**動作分析**，若研究類型為**動畫**就看不到。

初學者不容易理解這現象，這部分應該將不能使用的指令以灰階顯示才對。

G 隨時切換研究類型

指令過程可以隨時切換**研究類型**，這部分出乎我們意料。

例如：使用**接觸**過程中，切換動作研究類型，可以見到指令清單的變化。

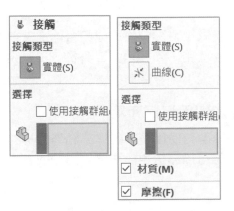

H 動作研究火候

相同機構分別進行 3 大類型的動作研究，就能知道這 3 類型計算差異，會了這火候大郎敢保證所有的動作都做得出來。

凸輪運動由 3 大類型完成，並以動作研究標籤記錄，運動過程中可以看出動作類型的差異，例如：凸輪利用**基本動作**就不適合，因為運動過程頂針無法完全接觸在凸輪上。

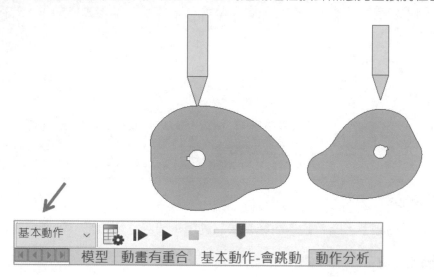

I 研究類型簡化（期望）

希望未來只要分：1. 基礎動力和 2. 進階動力即可。目前這 3 類雖然有延續性，但部份功能重疊，除非真的很熟否則不容易區分，下表是期望的研究類型。

研究類型	由來與說明
1. 模擬運動 （基礎）	2000 年因為硬體效能區分 1. 動畫、2. 基本動作，現今軟硬體提升可以將這 2 項合併，也不用學習這 2 者差異。
2. 分析運動 （進階）	絕大部分公司沒採購到 Premium 等級，工作會想辦法將動作分析的動作產生出來，這就要靠功力。 目前 Motion 和 Simulation 功能部分重疊，甚至 Simulation 擁有 Motion 功能的延伸，很多人無法判斷這些差別在哪，希望能整合。

1-5-1 動畫（Animation）

動畫常用在零件視角或組合件拖曳動作，不計算物理模擬，不需考慮**質量**、**重力**狀態。動畫只能使用：1. 視角、2. 外觀、3. 結合條件、4. 動力，下圖左。

動力大小不會隨模型質量改變，例如：質量不同的模型，會以相同速度移動。

A 無法使用模擬元素

當模型有使用**基本動作**或**動作分析**的模擬元素，於動畫類型無法使用會以灰階狀態呈現，就算可以播放也無法達到想要的結果，下圖右。

1. 視角🖌	2. 外觀🌑	3. 結合條件✎	4. 動力🖱
視角方位 攝影機	色彩、光源、外觀、顯示狀態（塗彩、線架構）	標準結合 進階結合 機械結合	旋轉動力 直線動力

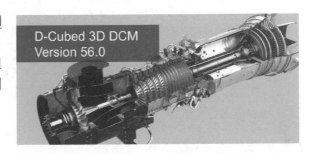

B 動畫模擬器

動畫使用 SIEMENS 的 D-Cubed
（Dimensional Constraint Manager，
DCM），提供參數化草圖（2D DCM）、結合組
裝（3D DCM）、運動模擬（AEM）、碰撞偵測
（CDM）。

1-5-2 基本動作（Basic Motion）

基本動作涵蓋動畫，可以使用模擬元素完成絕大部分的機構運動，例如：組合件的直線/旋轉動力🖱、彈力🔩、重力🌑和接觸🔲的物理效果。

1. 視角🖌	2. 外觀🌑	3. 結合條件✎	4. 動力🖱	5. 彈力 🔩
視角方位 攝影機	色彩、光源、外觀、顯示狀態（塗彩、線架構）	標準結合 進階結合 機械結合	旋轉動力 直線動力	6. 重力 🍎 7. 接觸 🔲

A 基本動作不支援拖曳或結合運動

拖曳和組合件結合條件於動畫類型控制的動作，使用**基本動作**來模擬拖曳過程會出現：此求解器不支援關鍵點，組合件可能無法如預期移動，即便硬著頭皮播放，會無動作或出現無法讓你滿意的結果。

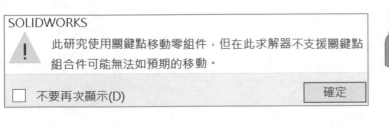

SOLIDWORKS

⚠ 此研究使用關鍵點移動零組件，但在此求解器不支援關鍵點
組合件可能無法如預期的移動。

☐ 不要再次顯示(D)　　　　　　　確定

B 不支援的特徵或結合

基本動作目前不支援複製排列、進階或機械結合，不過看得出來運動效果。不要太~~~
於研究那些結合不支援，先有運動效果即可，相信未來這部分相信會解決。

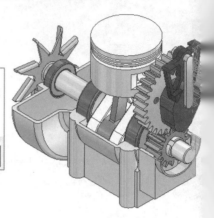

> SOLIDWORKS
>
> ⚠ 在基本動作中的 3D 接觸與某些 SOLIDWORKS功能不相容
> 包括零組件複製排列、進階結合
> 以及機械性結合，您可能會遭遇不正確的結果。
>
> ☐ 不要再次顯示(D)　　　　　　　　　　確定

C 動畫與基本動作的共通性

動力（旋轉和直線）🔧在動畫/基本動作都可以完成。

D 基本動作的物理模擬器 PPU（Physics Processing Unit）

基本動作使用 AGEIA 公司設計的 PhysX，執行
複雜物理計算的處理器 PPU。

由於顯示卡的 GPU 不具備物理計算能力，這部
分會交由 CPU 處理，AI 的到來這部分會改變。

1-5-3 動作分析（Motion）

進階運算模擬元素，考慮材質屬性、質量、摩擦，有些元素必須**動作分析**才可以使用，
例如：作用力🡤、彈力🗲、阻尼🖊...等。

A 動作分析不支援拖曳移動

拖曳模型屬於**動畫類型**，**動作分析**無法播放，畫格為灰階狀態（箭頭所示），這是很
多人遇到無法理解的現象，我們希望 SW 不要把動畫搞得這麼難理解。

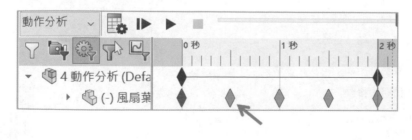

不得已才用動作分析

動作研究絕大部分是動畫效果，**動畫**與**基本動作**可以完成至少九成動作研究。絕大部　使用者只有動畫需求。

動作分析學習資源相當稀少

動作分析屬於 SolidWorks Premium 之下的 Motion 模組，除非有研究需要產生報告，　模擬實際行為並推出產品得到經濟價值，否則不建議使用**動作分析**，因為非常花時間相　辛苦，這部分的學習資源相當稀少。

動作分析支援 ADAMS

Motion 求解器以美國 Mechanical Dynamics Inc.　司開發的 ADAMS 作為基礎，可導出數據給 ADAMS 使用。

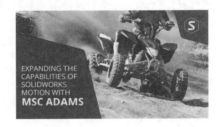

-5-4 研究類型與動作研究工具對照

3 項研究類型有功能差異，這部分的確有點複雜，本節特別列表協助查閱，O 完全支援、　部分支援、X 不支援。

	1. 動畫	2. 基本動作	3. 動作分析
儲存動畫	O	O	O
動畫精靈	O	O	O
自動關鍵畫格	O	X	X
加入關鍵畫格	O	X	X
動力	O	O	O
彈力	X	△僅線性，不支援阻尼	O
阻尼器	X	X	O
力	X	X	O
接觸	X	O	O
重力	X	O	O
結果及繪圖	O	O	O
標準、進階、機械結合	O	O	O

1-5-5 研究類型之模擬元素支援

本節用另一個角度說明研究三大類與模擬元素支援項目，絕大部分模擬元素支援 1. 動畫、2. 基本動作，少部分要 3. 動作分析。有些模擬元素需要動力分析，例如：1. 旋轉動力的表達式、插補類型、更多選項…等、2. 彈力的扭轉彈力、阻尼器、承載面。

研究類型	模擬元素大分類	說明
動作分析 ∨ 動畫 基本動作 動作分析	1. 動力 動作至模型中不考慮質量或慣性。	動力🔧：直線動力、旋轉動力 （適用動畫、基本動作、動作分析）
	2. 力元素 不妨礙或指定動作，它們不會從模型中加入或移除自由度。	重力◐（適用基本動作、動作分析）
		彈力彡（適用基本動作、動作分析）
		阻尼器✎（適用動作分析）
		力↖（適用動作分析）
		接觸🎱（適用基本動作、動作分析）
	結合屬性（結合條件）📎	摩擦、套管🎇(適用動作分析)

1-6 動作研究工具（工具列）

本節由左到右說明工具列指令，眾多指令中最常用來播放▶。

1-6-1 計算（Calculate）🖥、🔋

模型或動作研究設定有變更時，或感覺動畫怪怪的，會習慣按🖥（類似重新計算🔋），按🖥會執行 1. 計算＋2. 播放，播放速度也會比較慢。

希望🖥圖示統一為🔋，就不必重新認識圖示。

A 播放▶與計算🖥的差異

1. 播放看機器人組裝過程不正確跳動→2. 🖥後得到精確組裝運動。

B 計算使用時機

時間列（上方黃色部分）出現過時的斜影線╱╱╱╱╱，這時就要🖥，否則按▶看不出變更後的差異，甚至不真實和有問題。

C 謹慎使用🖥

很多人習慣直接使用🖥代替播放▶，如此動作研究製作時間會加長，不得以才用🖥。

☑ 計算不包含方位🔧及攝影機視角🎥

視角不會計算到模型，無法使用也不須使用🔧，下圖左。

☰ 每完成 1 個動作就計算 1 遍

對複雜的機構，為了保險起見會 1 個動作做完算一次，按步就班心中比較踏實。計算過程會反省運動想法，甚至看出運動問題。

F 停止計算 ESC

如果覺得算太久，按 ESC 中斷重新計算，下圖中。通常算太久是每秒畫格數太高或關聯性模型，例如：500，下圖右。

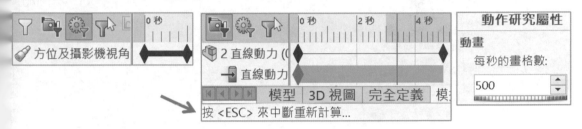

1-6-2 從頭開始播放（Play from Start）▮▶

將動畫回到 0 秒開始播放，這時 1. 調節棒和 2. 時間線會到 0 秒位置。

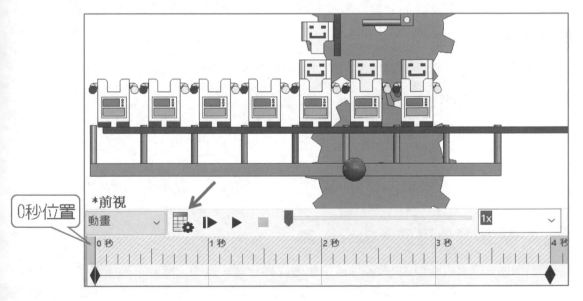

A 進階操作

播放到一半發現模型錯誤就要 1. 暫停■，2. 時間棒會停留在目前秒數，模型調整後→重頭開始播放▮▶，這種就是熟練動作研究的感覺。

B 避免浪費時間

常遇到播放過程發現問題，等到播放完後才調整模型，無形中很浪費時間，應該是發現錯誤就要■。當然，可以全部播完發現所有問題再統一調整。

1-6-3 播放（Play）▶

由**時間棒**位置開始播放，例如：第 2 秒暫停→▶，以第 3 秒開始播放。其實播放也有一點計算，是淺層計算也會耗效能，由工作管理員可以見到 CPU 有峰值，下圖右。

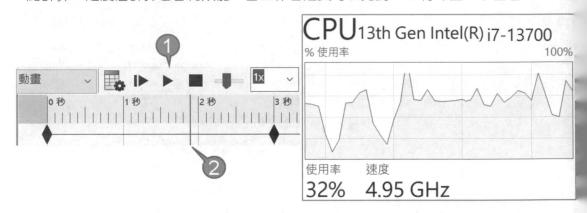

A 播放=時間棒到時間終止線區間

很多人以為播放會從頭開始，精確的說是由 1. 時間棒開始到 2. 時間終止線。

B 播放過程的調節

播放過程無法模型變更或編輯，但可以視角轉換或加入視角畫格。

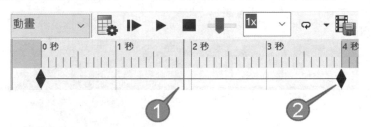

1-6-4 停止/暫停播放（Stop）■

從目前的時間位置停止/**暫停**播放，**暫停**與**停止**同一按鈕（希望未來能改進）。普世認知停止=歸零，暫停=目前的時間列停止，當模型有關聯性時不容易停止，這是很多人問的問題。

Ⓐ 停止播放 ESC

習慣按 ESC 停止播放，但出現**無法中斷目前的操作**視窗，換句話說 ESC 不能停止播放。

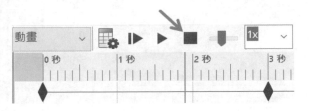

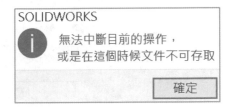

Ⓑ 終止計算的手法

重點來了，常遇到計算過久無法停止，依序幾種方法停止計算：

1. 停止■	4. 工作管理員刪除 SW 程序
2. 切換到模型標籤	5. 使用 2023 以上版本。
3. 切換其他程式（ALT＋TAB），再切回 SolidWorks	

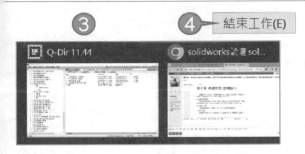

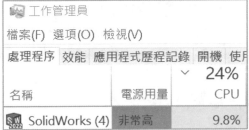

Ⓒ 說停就停 2023

這部分在 2023 獲得解決，直接按停止即可，所以建議使用 2023 版以上。

Ⓓ 常見的計算過久的原因

本節收錄計算過久的原因，有些是指令設定，有些是系統面。

1. 次組件為可動的	5. 錯誤的結合條件
2. 模型本身錯誤	6. 模型沒重新計算（CTRL＋Q）■
3. 組合件干涉	7. 模擬元素最先製作旋轉動力
4. 動作研究屬性精度過高	8. 模型具備關聯性是最大的原因

1-6-5 時間調節棒

拖曳或點選調節棒查看動畫位置，常用在動畫間很長，這功能和鳥瞰（Bird´s-eye view）很像，拖曳過程調節棒上顯示目前時間。

1-6-6 重放速度（Playback Speed，預設 1X）

由清單切換動畫播放速度：0.5X、1X、1.5X、3 秒…等，可以在播放過程直接調整速度。

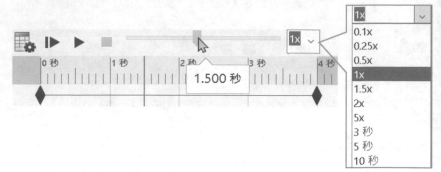

A 框內輸入數字

可在框內輸入數字調整播放速度，例如：3（快放 3 倍）、0.5（慢速 2 倍），不必輸入 X，例如：動畫 10 秒，切換 2X 會加快 2 倍播放→以 5 秒完成播放。

B 與整體時間搭配

長時間會加快、短時間會放慢播放速度，會這樣靈活操作算進階者。絕大部分遇到長時間的動畫都會很有耐心把動畫看完，或是很專心仔細看短時間的動畫，不知不覺中動作研究就會做得很心累。

C 每秒畫格數與播放速度

加快播放速度畫面會頓，因為**每秒畫格數**沒有隨播放倍數變更。

D 計算或播放時常出現關聯錯誤

模型有關連性，動作研究計算時不應該有錯誤，有可能是運算上的解讀 Bug，調降播放速度可以解決這個問題。

1-6-7 重放模式（Playback Mold）

清單切換 3 種重放模式，也可以在▶過程直接切換。本節模式掌握心理因素，會讓動畫層次更上一層樓，2、3 為互補操作。

A 正常（Normal，預設）→

從頭到尾播放一次。

優點	不必停止播放，常用剛開始製作動畫，看完一次結果即可，避免重複播放還要按下停止，適用進階者（因為很多人沒想到可以這樣）。
缺點	動畫要看很多遍才可以體會動畫意涵，但是要重複按下播放，又沒快速鍵可以設定。

B 連續播放（Loop）⟳

從頭到尾→從頭到尾連續播放，常用在 1 個行程的循環。

優點	可以增加觀看慾望，特別是想要再看某段，例如：機械手臂取物。這種播放方式可吊人胃口，讓人看了還想再看，看了好幾遍後才會罷休。
缺點	增加電腦 CPU 用量，對於關聯性模型不容易停止，也不適合剛開始製作動畫，因為不容易知道動畫何時停止。

C 往復播放（Reciprocate）↔

也就是來回播放，常用在往復機構運動，例如：滑軌運動。

優點	播放來回一次就看得懂了，可滿足觀眾的心，很快進入狀況，是最有時間效益的播放方式，適合有時間限制的研討會。
缺點	放太多次會不想看，以及再看下去會煩，就好像一直重複講話一樣。

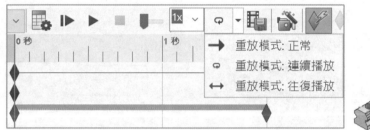
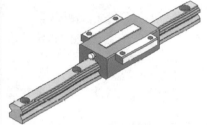

1-6-8 儲存動畫（Save animation）

由**儲存動畫至檔案**的視窗控制儲存螢幕畫面，包含：繪圖區域範圍、每秒畫格數、時間範圍以及檔案格式，這部分後面會說明，下圖左。

1-6-9 動畫精靈（Animation Wizard）

將模型以一步步導引的方式加入關鍵畫格，例如：**旋轉**、**爆炸**、基本動作…等，並設定動作長度及時間，這部分後面會說明，下圖右。

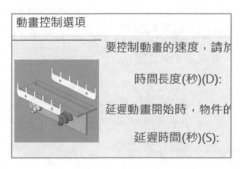

1-6-10 自動關鍵畫格（AutoKey，預設開啟）🖋

變更狀態會自動放置新畫格，下圖左。常遇到模型已經到定位動畫卻不會產生，就是🖋沒啟用。對初學者而言不會去更動🖋設定，就是會遇到自動關閉🖋的靈異現象。

1-6-11 加入/更新關鍵畫格（Add/Update Key，適用進階者）◆⁺

點選模型→◆⁺，手動加入畫格，就會見到**關鍵畫格**在時間線上。比較少人這樣做，通常都是🖋將動作研究做到底。其實這指令有包含更新功能。

A 放置關鍵畫格

也可以在時間線上右鍵→**放置關鍵畫格**◆⁺，**放置關鍵畫格**應該為**加入關鍵畫格**。

1-6-12 模擬元素

模型加入運動的物理性質，提供 4 種模擬元素：1. 動力🐟、2. 彈力🎇、3. 重力🍎、4. 接觸🔥，模擬元素在動作研究是重中之重的議題，後續有專門說明。

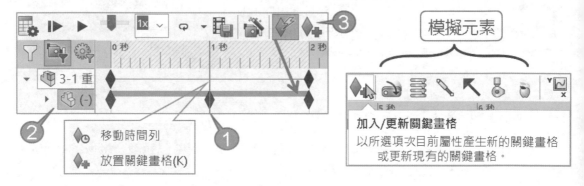

1-6-13 結果及繪圖（適用動作分析）⌄📉

以圖表達**動作分析**的數據及結果，模型繪製線條表示運動路徑，例如：時間&線性速度，後續有專門說明。

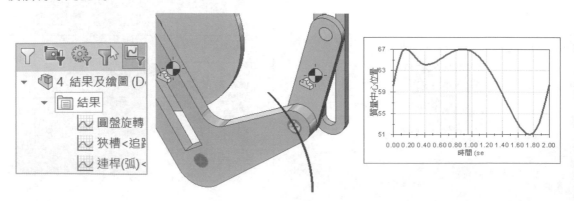

1-6-14 動作研究屬性 ⚙

分別設定 1. **動作研究**、2. **基本動作**、3. **動作分析**的**每秒畫格數**和**一般選項**，這些設定可以調整播放的流暢度和動作研究的準確度，後續有專門說明，下圖左。

1-6-15 模擬設定（適用動作分析）📦

進行 Simulation 的模擬設定，必須安裝 SolidWorks Simulation，下圖右。

1-6-16 以事件為基礎的動作視圖（適用動作分析）▦

分別設定 1. **動作研究**、2. **基本動作**、3. **動作分析**的**每秒畫格數**和**一般選項**，這些設定可以調整播放的流暢度和動作研究的準確度，後續有專門說明。

工作		觸發器			動作					時間	
名稱	描述	觸發器	條件	時間/延遲	特徵	動作	值	持續期間	概況	開始	結束
工作1		時間		0s	直線	變更	150mm	10s		0s	10s
工作2		量測1	警示	<無>	旋轉	變更	-90deg	0.1s		4.77s	4.87s

1-7 模擬元素原理（**Simulation Element**）

機構運動由拖曳驗證結合條件以外，下一階段就是機構賦予模擬動力，本節先睹為快模擬元素用法和共通性。

A 模擬元素是物理學

模擬元素在動作研究佔極大份量，以牛頓運動定律為主軸，輸入數值讓運動呈現可靠性評估，使機構更具專業性。

B 模擬元素 4 大天王

常見的模擬元素：1. 動力🖱、2. 彈力🗒、3. 重力🍎、4. 接觸🔊，可滿足絕大部分動態模擬，而動力🖱是討論度最高的元素。

C 進階模擬元素

5. 作用力🎯、6. 阻尼🖋算進階元素，業界討論度不高，關於這類文件很缺乏，惡性循環之下這本書對此也說明不多。

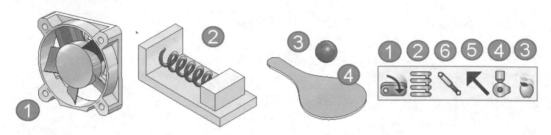

D 模擬元素使用時機

常見的拖曳行為只能完成簡單且單一作動，例如：球往下掉並沿著軌道走，就要加入重力🍎＋接觸🔊，無法靠拖曳完成，下圖右。

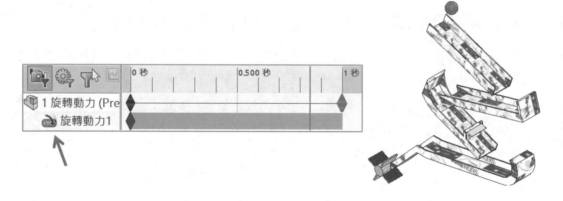

E 模擬元素共同事項篇章

由於模擬元素過程中會遇到很多細節處理，本章收錄與分類並持續擴充，避免分散在主題到處翻閱，例如：1. 學習與選擇篇、2. 時間篇、3. 單位與尺寸、4. 計算篇。

1-7-1 動力（Rotary Motor）🖱

模擬機構轉動或移動。點選🖱進入動力後，在動力類型進行 2 種動力，照字面不難理解它的用途。

1. 旋轉動力🖱，例如：風扇、馬達

2. 直線動力（致動器 Actuator ）➡，例如：滑塊、氣壓缸。

🖱 動力
動力類型(T)
↻ 旋轉動力(R)
→ 直線動力 (致動器)

A 先睹為快：旋轉動力

讓風扇加入旋轉動力，模擬旋轉 100rpm。

步驟 1 零組件/方向

1. 點選風扇圓柱面→2. 固定速度：100 RPM。

步驟 2 播放

可以看到葉片轉動。

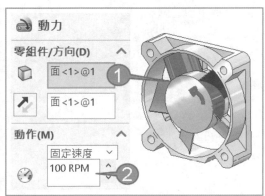 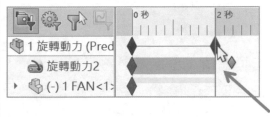

B 先睹為快：直線動力

將滑塊加入直線動力，模擬 40mm/s。

步驟 1 動力類型

點選直線動力→。

步驟 2 零組件/方向

1. 點選滑塊平面→2. 固定速度：40mm/s。

步驟 3 播放

可以看到滑塊在滑軌上移動。

步驟 4 調整時間畫格

完成的模擬元素會自動排入第 5 秒位置，ALT＋拖曳總時間畫格至第 2 秒即可，進階者先調整時間後再播放。

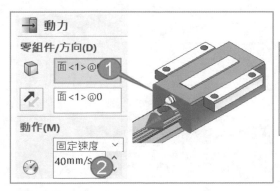 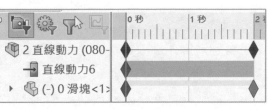

1-7-2 彈力（Spring，適用基本動作）

模擬彈力運動，進入彈力後，在彈力類型進行 2 種彈力：1. **直線彈力**、2. **扭轉彈力**。透過**自由長度**與**彈力常數**做出一上一下簡潔效果，彈力模擬必須切換到**基本動作**。

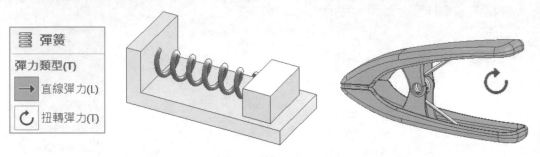

A 先睹為快：直線彈力

設定 0～5 秒讓滑塊進行彈力、K 值＝0.0001N/mm。

步驟 1 研究類型：基本動作

步驟 2 彈力類型：直線彈力

步驟 3 彈力參數和顯示

1. 在彈力清單中選擇底座和滑塊面作為彈力接觸面。2. 彈力表達式指數 1、3. K 值＝0.0001N/mm、4. ☑更新至模型的變更。

步驟 4 顯示

5. 圈直徑：10、6. 圈數：5、7. 配線直徑：2.5。

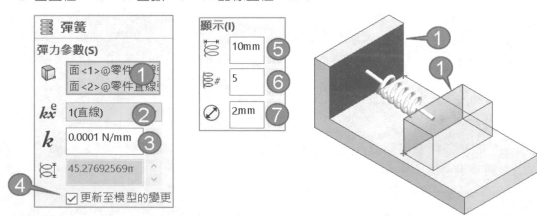

步驟 5 播放

可看到滑塊運動，要看到彈簧顯示效果，播放時於管理員點選圖示（箭頭所示）。

步驟 6 往復播放

設定播放模式為**往復播放**，可以設定重放模式讓機構呈現來回效果。

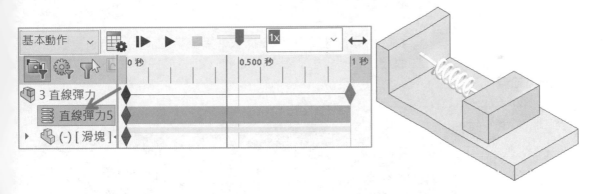

1-7-3 重力（Gravity，適用基本動作、動作分析）

廣義的說模擬物體由上往下的重力狀態，重力模擬必須切換到**基本動作**才可使用。

1-7-4 接觸（Contact，適用基本動作、動作分析）

定義模型的配對組來檢查之間的接觸，否則會忽略接觸，同時穿過彼此，例如：球停在球拍上，若沒有設定**接觸**就會貫穿。

通常**接觸**不會獨立模擬會配合其他模擬元素，本節模擬球落到球拍後停止，同時說明這 2 種模擬元素。

步驟 1 研究類型：基本動作

步驟 2 重力

定義 Y 軸重力方向。

步驟 3 播放

球會穿透球拍。

步驟 4 設定接觸

將球與球拍加入接觸。

步驟 5 播放

看到球掉落在球拍上，下圖左。

步驟 6 調整播放

目前播放速度太快，只要進行重放速度 0.1X→播放。接下來的設定為非必要項目，只是讓同學對這些設定多一些體驗：1. 將秒數調整為 0.5 秒、2. 重放速度 0.5x、3. 重放模式為**連續播放**Q，下圖右。

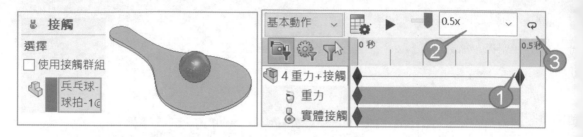

1-7-5 模擬元素通用事項：學習與選擇篇

模擬元素的學習有階段性，本節說明模擬元素一開始的認知。

A 學習（使用）階段	E 模擬元素無法轉移
B 模擬元素記錄	F 條件遺失
C 模擬元素適用組合件	G 進階控制，動作分析或 Simulation
D 有面選面，沒面選邊線	

A 學習（使用）階段

模擬元素橫跨三大研究類型，除非很熟練否則先讓動作達到理想狀態，再進階加入其他設定，例如：**動畫**的模擬元素會了以後→**基本動作**的模擬元素→**動力分析**的模擬元素。

B 模擬元素記錄

完成的元素會在記錄在 Motion Manager，如同特徵可以編輯它們。

C 模擬元素適用組合件

組合件才能控制模型之間相對運動，零件看不到模擬元素，下圖右。

D 選擇：有面選面，沒面選邊線

面可以是平面或圓柱面，面選擇速度快且結構強，這觀念跟建模是一樣的。

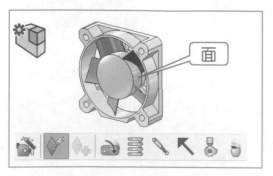

🗉 模擬元素無法轉移（互換）

旋轉動力🛞完成後無法改變為**直線動力**➡，只能刪除重做，就像旋轉特徵🇸無法改為申長填料🗂。

🇫 條件遺失

當模型變更到當初的模擬元素選擇，會造成已完成的模擬元素條件遺失，模擬元素呈灰階狀態，這時就要**編輯模擬元素**將條件重新給回來。

很容易以為不小心被自己抑制，想要讓他**恢復抑制**會沒有這個選項。

🇬 進階控制，動作分析或 Simulation

有些設定需要 1.**動作分析**或 2.Simulation🔘，模型才會有反應，例如：表達式、彈力的扭轉彈力、阻尼器，承載面（Simulation），例如：下方標示 1、標示 2 的項目。

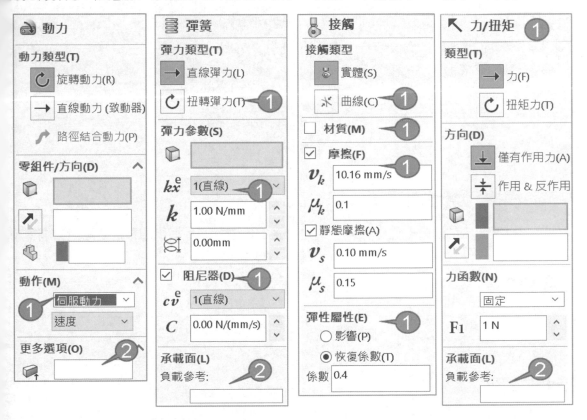

1-7-6 模擬元素通用事項：時間篇

模擬元素完成後往往被預設的 5 秒卡住，特別是這機構很簡單不需要 5 秒看完全程。對進階者而言會覺得 5 秒很長，學習到一定的境界就是憑感覺做事。

A 預設模擬 5 秒的由來	C 破除模擬 5 秒的限制原理
B 破除 5 秒限制	

A 預設模擬 5 秒的由來

模擬元素設定完成後，會自動排入第 5 秒位置，目前沒有選項控制預設時間，只能事後調整。製作過程經常不需 5 秒這麼長的時間，會造成模擬等待影響動畫製作效率。

B 破除 5 秒限制

通常執行模擬元素後再縮短時間，其實可以在製作模擬元素之前就定義時間。1. CTRL＋拖曳滑塊的畫格到第 2 秒→2. 執行模擬元素→3. 完成後見到模擬時間只有 2 秒。

C 破除 5 秒限制的原理（放置關鍵畫格）◆₊

承上節，是快速操作但還是要說明**關鍵畫格**的原理。1. 在第 2 秒的滑塊時間上右鍵**放置關鍵畫格◆₊**→2. 模擬元素→3. 完成後可以見到模擬時間只有 2 秒。

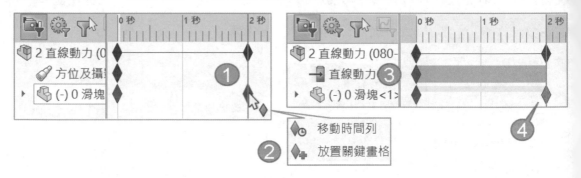

1-7-7 模擬元素通用事項：單位與尺寸

不同模擬元素的力量單位會不同，或是得到的單位與 SW 提供的單位不同可以調整單位，不需要人工換算或很勉強忍耐單位不同的不便。

A 單位變更	E 取代尺寸單位
B 雙重單位顯示	F 不支援參數顯示
C 雙重單位尺寸長度	G 精確數據（數值+單位）
D 臨時尺寸顯示	

A 單位變更

在模擬元素的數值輸入視窗中直接變更單位，例如：直線動力 10mm/s→10cm/s，常用在暫時性修改。

在文件屬性的單位修改，可不必為每個值做單位改變，屬於永久更改。通常不想進入文件屬性的單位改來改去，都會使用暫時性修改方法。

B 雙重單位顯示

　　模型預設單位 mm（毫米），力學單位 M（米），將這 2 單位呈現在尺寸上比較容易識別，於文件屬性的尺寸☑**雙重尺寸顯示**和☑**雙重單位顯示**（箭頭所示）。

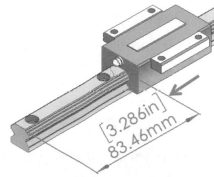

C 雙重單位尺寸長度

　　在文件屬性的單位→雙重單位尺寸長度，切換第 2 單位，例如：米。

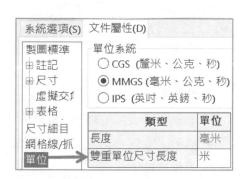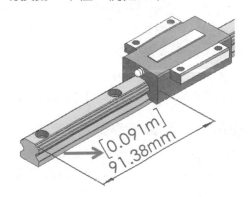

D 臨時尺寸顯示

　　動作研究經常在模型上標註臨時尺寸，直接查看模型位置或大小，1. **尺寸標註**→2. **參考尺寸**→3. **標尺寸**，下圖左（箭頭所示）。

E 取代尺寸單位

　　文件屬性設定雙重單位，會讓**所有尺寸**都有雙重單位。如果不想讓尺寸看起來這麼複雜的話：1. 點選尺寸→2. 其他→3. ☑取代單位→4. 由清單切換單位即可，例如：米，下圖右（箭頭所示）。

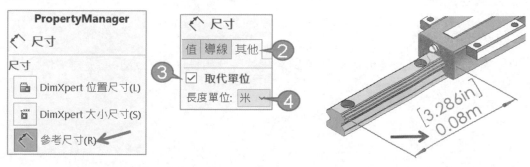

F 不支援參數顯示

快點 2 下模擬元素圖示無法呈現參數,如果這部分可以實現,未來模擬元素可以與數學關係配合,那 SW 功能會更強大。

G 精確數據(數值+單位)

拖曳連桿雖可在運動上帶來便利,畢竟只能展示連桿機構運動情形,無法得到連續性以及動力量化值。在操作上給予動力參數,例如:連桿轉動 100RPM,可以得到更精緻且正確的動畫,客戶會覺得專業以及肯定軟體能力,下圖左。

1-7-8 模擬元素通用事項:計算篇

本節說明模擬元素其他雜項,雜項一多又可以成為通篇,先前模擬元素通用事項屬於雜項,後來花一些時間整理為通用事項。

A 不足定義模型	D 質量不變
B 過多的模擬元素,模型無法作動	F 質量變更
C 暫時不考慮材質	G CPU 運算,不得以才用模擬元素

A 不足定義模型

所有模擬要給參考邊線或面,參考必需可動的,例如:滑塊在滑軌上直線運動,可在滑塊定義直線動力。在機構學就是自由度,讓機構擁有運動狀態,下圖左。

B 過多的模擬元素,模型無法作動

將過多相同動力類型加至相同模型,雙重動力影響力的傳達,例如:2 旋轉動力加入到相同連桿模型中、同時給滑塊向左和向右的移動動力,下圖右。

C 暫時不考慮材質

模型暫時不考慮材質,先讓動作達到理想狀態→再使用動力分析,只有動作分析需要材質。

D 質量不變（適用動畫、基本動作）

運動模擬之前因為時間關係並不會把質量定義好，來節省時間或避免運動過於複雜解讀，會先把示意的動作完成後，才會把模型加入質量。

E 質量變更（適用動作分析）

動作分析需要零件質量，常用 2 種方法將模型加入質量：1. 在組合件利用**物質特性**的**取代質量屬性**，分別定義零件質量。

2. 模型大量（大概）加入材質，這是最快的方法，只為了應付能夠進行**動作分析**。

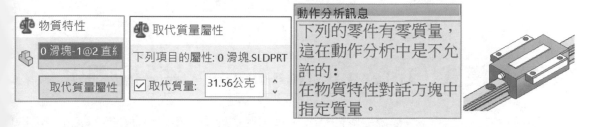

F CPU 運算，不得以才用模擬元素

模擬元素越多計算越久，減少模擬元素的數量，常以結合條件來克服，例如：空拍機有 4 個螺旋槳就不會用 4 個，會用**齒輪結合**來整合，到時只要一個即可，下圖左。

1-7-9 模擬元素加入順序

好酒沉甕底，本節故意排在最後，算是練功的火候，有沒有想過你會先加入哪一個模擬元素，這要建立習慣，習慣建立後速度就會快。

A 個人習慣

也沒有別的原因就是習慣先做動力（旋轉/直線），個人習慣也罷，但仔細想一下，把個人習慣進行管理，不再隨性的加入。

B 簡單的先做

簡單=模擬元素步驟少，例如：1. 重力→2. 接觸→3. 動力→4. 彈力…等。

C 動作順序

球先向下再滾動，就會先重力→接觸（地面停止）。

D 思維順序

車輪轉動到車撞牆停止，就會先動力→接觸（撞牆停止）。

E 工具列的指令順序（普世觀感）

由左到右的順序是大家最習慣的，只是很少人會留意要把這順序當作習慣。

F 調整模擬順序

以上說得這麼好，就是因為無法調整模擬元素的順序，如果很介意順序，或是必須製作教材，只能刪除模擬元素重新製作，也希望 SW 改進。

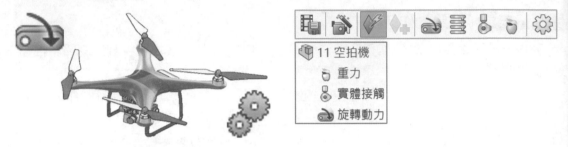

1-8 插補模式（Interpolation mode，適用動畫）

插補模式可以在**不需要模擬元素**的情況下得到運動模擬，讓動作研究製作時間減短和提高計算能力。甚至不一定要機構運動才可以用，例如：外觀變化。

A 插補模式在畫格上

只要有畫格都可使用**插補模式**，因為插補模式要被記錄在畫格上，不過**插補模式**無法控制時間。

B 執行插補模式

在畫格上右鍵→清單選擇 5 種模式，讓模型加速、減速、停止…等效果，下圖右。

C 插補模式支援

插補模式只是動畫，不支援模擬元素，即便在**基本動作**和**動作分析**上執行插補模式會沒反應。換句話說，拖曳產生的動作研究不支援**基本動作**和**動作分析**。

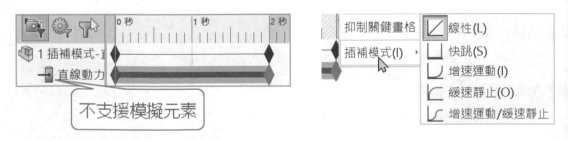

1-8-1 線性（Linear，預設）

滑塊以等速運動從 A 移到 B，2 秒後到達 200mm 位置，下圖左。

-8-2 快跳（Snap）⊔

滑塊一開始會保持在位置 A，到第 2 秒時會快跳到位置 B（200mm），下圖右。

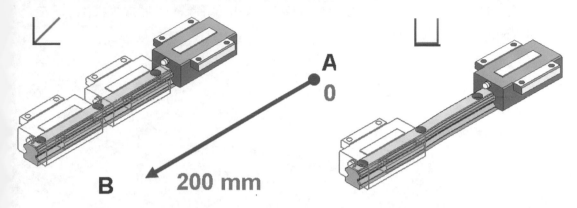

1-8-3 增速運動（Ease in）⌐

滑塊一開始從位置 A 緩慢移動，朝位置 B 加速。

1-8-4 緩速靜止（Ease out，減速運動）⌐

滑塊一開始從位置 A 移動，朝位置 B 減速。

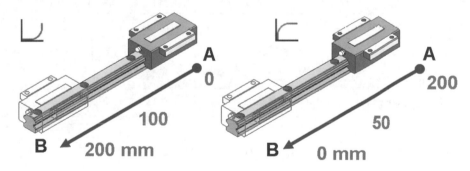

1-8-5 增速運動/緩速靜止（Ease in/Ease out）⌐

滑塊由位置 A 加速度到中間距離後，
再減速朝 B 停止。

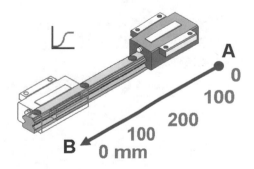

1-9 視圖（適用動作分析）

控制時間介面的顯示方式：1. 以事件為基礎的動作視圖、2. 時間線視圖，在介面右上方點選指令，來回切換這 2 項。

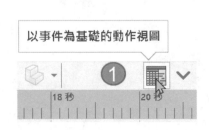

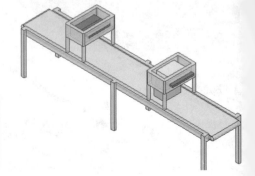

1-9-1 以事件為基礎的動作視圖（Event-based Motion View）

不知道模型運動的確切時間，以觸發（感測器）產生動作，例如：輸送台運送紙箱，紙箱離閘門 10cm 時，閘門才會開啟。

工作	觸發器			動作				概	時間		
名稱	觸發器	條件	時間/延	特徵	動作	值	持續		開	結	
push solid box	sensor	警示	0.1s 延	Actuat	變更	75	1s		0.3	1.3	
retract actuator 1	push s	工作	<無>	Actuat	變更	-75	0.2s		1.3	1.5	
push solid box to b	push s	工作	<無>	Actuat	變更	50	0.6s		1.3	1.9	
retract actuator2	push s	工作	<無>	Actuat	變更	-50	0.1s		1.9	2.0	

1-9-2 時間線視圖（TimeLine View，預設）

點選由返回預設畫面。

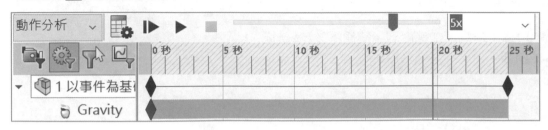

1-10 動作研究屬性總論

動作研究屬性⚙=動作研究選項（簡稱研究屬性），可調整動作研究 1. 播放流暢度、2. 計算準確度，希望未來統一稱選項，學習一致性，還好指令圖示與選項統一為⚙。

A 動作研究屬性分類

動作研究屬性分 4 大部份：1. 動畫、2. 基本動作、3. 動作研究、4. 一般選項。

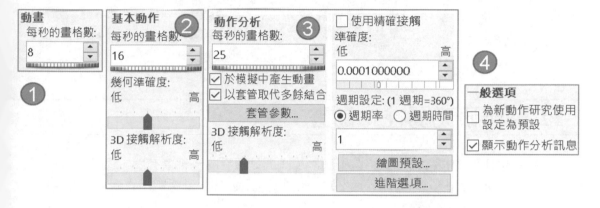

1-10-1 新舊版本設定與計算

動作研究的計算會因為新版本核心提升計算解析，例如：2007 完成的動作研究，動作研究會儲存先前動畫與設定，播放可以看出完整的動作，下圖左。

以 2022 版開啟並重新計算動作研究，播放後發現動作沒到位，必須重新製作，下圖右，如此證明新舊版核心計算差別，也不是每個版本這樣，通常是跨很多版本。

A 不同版本的量化數值無法套用

理論上不同版本的量化數值無法套用，尤其是**基本動作**和**動作分析**，當你覺得動作研究怪怪的時候，初學者會想到重新製作，進階者會想到修改，就往動作研究屬性來思考。

1-10-2 記憶動作研究屬性

每個動作研究標籤可以記憶**動作研究屬性**⚙，常利用多個動作研究標籤來比對不同的研究屬性差異，這點就相當好用，下圖右。

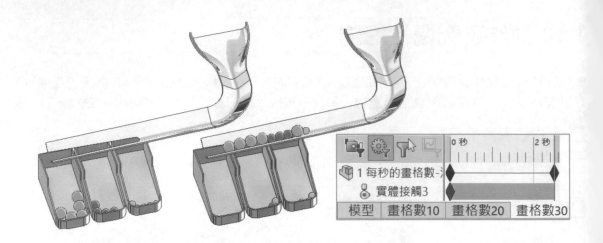

1-11 動作研究屬性：動畫

控制每秒抓取的畫格數，畫格數量與計算時間、觀看的流暢度有關，畫格數越多播放越流暢，相對運算比較久，播放通常 20，製作過程設定 10，畫格數不影響播放速度。

A 每秒畫格數應為共同設定

3 大研究類型都有**每秒畫格數**，也希望 SW 將每秒畫格數列為統一設定。

1-11-1 每秒畫格數（Frame per second）

每秒畫格數（簡稱畫格數）和計算速度有關，每秒畫格數 10，動畫 5 秒，電腦必須計算 50 張畫面，在時間不變的情況下，提高畫格數計算會更久。

A 驗證每秒畫格數的計算

每秒畫格數 1，時間 5 秒，播放過程會見到 1 秒滑塊移動 1 次。

B 畫格數支援

畫格數支援 10 億，不支援小數點，通常用到 300 以上電腦就要算很久了。

C 重新計算

更改畫格數必須重新計算。

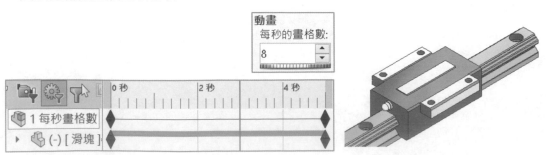

1-11-2 初期畫格數

動畫初期只是驗證動作可行性，動作研究最耗時間就是計算了。我們會把**畫格數**和**秒數**降低，縮短動作研究的試誤時間，例如：畫格數 5，動作時間 1 秒。

1-11-3 最終設定

動畫完成後再增加畫格數為 20 或 30 即可，太高的畫格數眼睛看不出來。眼睛能辨識的畫面每秒 24 就不會延遲（頓頓的），這也就是為何要各位調到 20-30 之間即可。

A 高轉速的效果

要呈現高速運轉效果，例如：直升機螺旋槳，就要調高畫格數，並與播放速度搭配。

1-11-4 畫格數建議訊息

調整重放速度 0.1X→重新計算，系統會出現是否自動將畫格數增加的訊息，系統出現警告並說明要調整的方向機制也可以說是 AI 助攻，這部分未來會更有看頭。

A 是

滿足動作的呈現，但會增加計算時間。

B 否

自行調整播放速度，通常將播放速度往上調成 0.5X-1X。

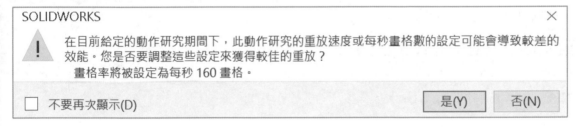

1-11-5 畫格數的解決方案

模型運動沒準確到位，誤以為指令設定問題，部分情況可以由**每秒畫格數**來解決，就不必大費周章深入設定：動作研究類型、幾何準確度、3D 接觸準確度…等。

1-11-6 畫格數與播放速度搭配

當畫格數多寡看不出差異時，不必來回調整畫格數，只要調整**播放速度**更能看出差異，其實播放速度有很多應用，只是沒想到可以這樣用。

1-11-7 畫格數與繪圖結果（適用動作分析）

畫格數與時間有關，在繪圖曲線的圖表可以看出，畫格數多的圖表曲線比較順暢，下圖左，反之的圖表曲線比較多直線，下圖右。

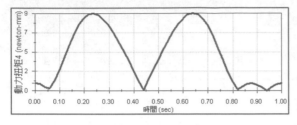
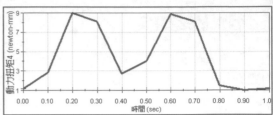

1-12 動作研究屬性：基本動作

基本動作開始走向進階之路，設定：1. **每秒畫格數**、2. **幾何準確度**、3. **接觸解析度**。

A 搭配設定

2、3 原則上越高越好，但運算時間會加長，如果又要運算時間短，動畫又要精緻，完美的結果是搭配性的調整，就不是將所有項目調到最高=最好。

B 量化幾何準確度、接觸解析度

要得到最佳解時，這些數值就是技術，拖曳滑動桿可以見到數值，例如：溜滑梯的幾何準確度=8、3d 接觸解析度=1。

C 口語化（進階者溝通語言）

口語化稱 81，或上 8 下 1，很多人看不出你們之間的對話了。也希望未來能直接輸入數值，試誤的時間可以縮短。

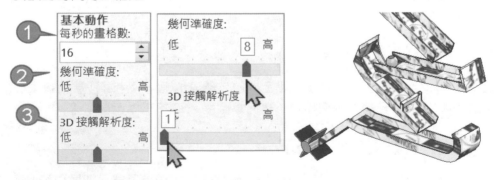

1-12-1 每秒畫格數

1. 先解決動作的理想性→2. 調整**每秒畫格數**。通常畫格數不影響動作正確性，實際是會有影響，本節開始對畫格數有進一步的認知。

A 畫格數比動畫多 2 倍

　　基本動作的**每秒畫格數**會比動畫大 2 倍，來確保動作的正確性，當短時間內運動發生突變時，會更凸顯畫格數的重要性。

B 溜滑梯組

　　在**幾何準確度**、**3d 接觸解析度**相同的情況下分別以每秒畫格數 10、20、30 查看差異。

每秒畫格數	動作
10	球往下穿透到第 3 層才開始滑動，下圖左
20	球往下正確滑動，下圖右
30	看起來比較流暢

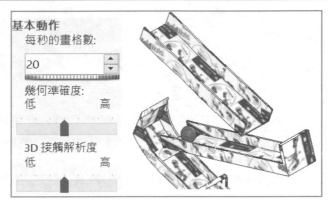

C 行星泵

　　轉子帶動齒輪，分別以每秒畫格數 10、20、30 看出他們的變化。

每秒畫格數	動作
10	轉子運動正確，但後方齒輪速度跟不上 齒輪方向看起來好像反轉
20	轉子運動正確，齒輪速度正確
30	看起來和 20 差不多，不必再將畫格數往上調

1-12-2 幾何準確度（Geometry Accuracy）

　　系統將模型表面劃分多網格，由控制棒調整網格數量。準確度越高，計算更準確，但計算時間長，例如：中空球本身不平整，由上往下滾動，遇到斜坡查看會不會完整的滾動。

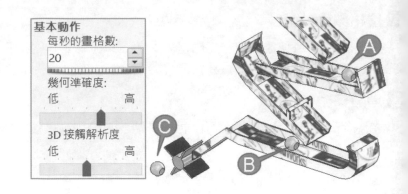

A 幾何準確度：低 1

　　球轉動到前段停止。

B 幾何準確度：中 5

　　球轉動到 2/3 停止。

C 幾何準確度：高 8

　　完整的滾動到結束。

1-12-3 3D 接觸解析度（3D Contact Resolution）

　　設定模型接觸的貫穿量（物體穿透），例如：日內瓦機構的**軸棒**和**溝槽**接觸後帶動整組機構運作，接下來說明 3 種接觸度的效果，本節幾何準確度統一 10。

　　如果模型有加入**接觸**，3D **接觸解析度**設定就沒意義。

A 接觸解析度：最低 1

　　2 模型間的貫穿不準確，十字盤會抖動，但運算速度快，適合初級動作研究看結果。

B 接觸解析度：中 5-6

　　介於貫穿和完整帶動，十字盤會抖動，運動到後面還會出現貫穿的情形。

C 接觸解析度：最高 10

　　完整的帶動，十字盤不抖動，結果與運算效能的平衡。

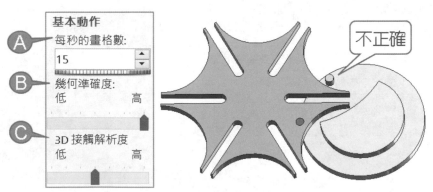

1-12-4 幾何準確度與 3D 接觸解析度搭配（試誤調整）

　　實務上不見得很了解這兩項設定，通常都是亂調居多，有幾種調整設定：1. 高高、2. 低低、3. 低高、4. 高低、5. 中間、6. 中間附近、7. 一高一中... 等，來回查看計算結果。

　　這兩項設定至少會形成九種（3x3）結果，我們常用一高一低查看運動結果，這手法就是最簡單解決動作研究的方法。

A 動作研究：彈珠盒

本節比較容易體會這 2 者之間大致差異，絕大部分情況球可以完整落盤，本題目反而要讓球跑出來還蠻難設定的，下圖左。

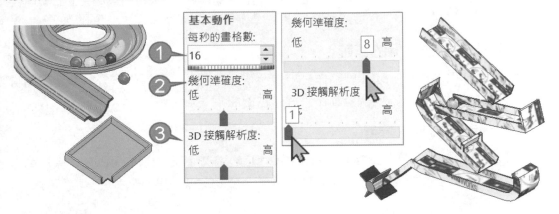

1-12-5 動作研究：溜滑梯

完整的球可以順暢溜下，當球中間有 1 個洞時，計算就會比較複雜，球無法完整落下，這時靠動作研究屬性克服，下圖左。

A 動作研究屬性

調整 1. 每秒畫格數 20、2. 幾何準確度 9、3. 3D 接觸解析度：沒影響。

B 孔直徑、重力值

其實孔直徑也會影響球滾動，孔比較大時**幾何準確度**和 **3D 接觸解析度**參數會不一樣，還有重力值⬦會影響球落下速度。

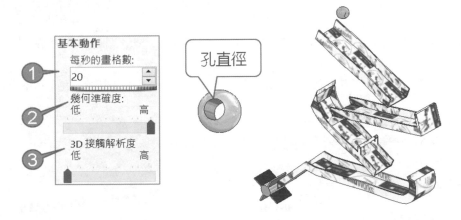

1-13 動作研究屬性：動作分析

設定**動作分析**的計算設定，本節設定有些和**基本動作**相同：1. 於模擬中產生動畫、2. 以套管取代多餘的結合、3. 3D 接觸解析度、4. 準確度、5. 週期設定、6. 進階選項。

A 基本動作於動作分析的跨越

原本**基本動作**的模型，切換到**動作分析**會發現很難運動，因為**動作分析**會考慮到材質摩擦力...等條件，有部分就要調整動作研究屬性的設定。

B 3D 接觸解析度、準確度

本節的 **3D 接觸解析度、準確度**與**基本動作**相同，在計算上也是交叉調整，只是**動作分析**的比較精確，所以計算會比較久，這時調整這 2 項設定低一點再來計算。

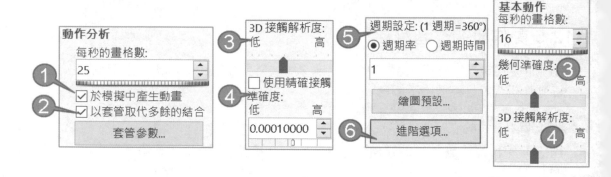

1-13-1 於模擬中產生動畫（Animate during simulation）

計算過程模型是否要顯示動作。

		優點	缺點
A	☑於模擬中產生動畫	計算過程看出運動預覽，可 ESC 中斷計算	運算速度比較慢一點
B	□於模擬中產生動畫	運算速度快，立即完成。	模型為初始位置，看不出過程

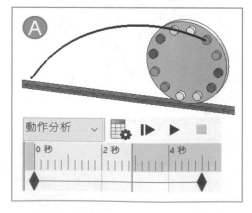

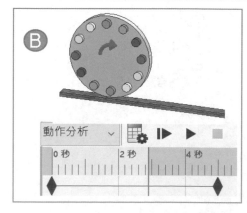

-13-2 以套管取代多餘的結合（Replace redundant mates）

是否使用（Bushing）🐛解決多餘的結合，降低自由度以尋求更有效率的運動解析，更之本節設定必須**重新計算**🖳。

A ☑以套管取代多餘的結合

將多餘的結合直接刪除，把結合條件加入套管會多了套管圖示🐛，常用在原本無法正常解析的運動，加入套管後就會解決，下圖右。

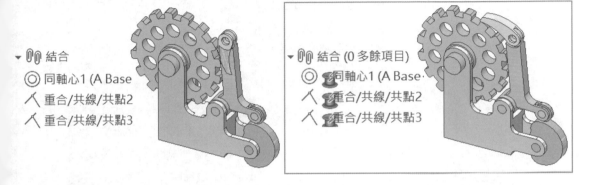

B ☐以套管取代多餘的結合（預設）

當套管的運動解讀沒有比較好時，回復到預設無套管狀態。**每秒畫格數**會影響到機構運動的細膩度，當畫格數低時，機構無法套用到正確位置，就會建議☑套管取代⋯。

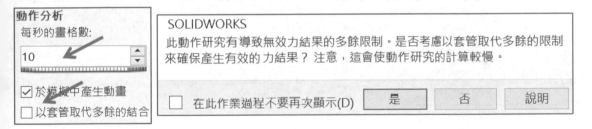

C 套管參數（Bushing Parameters）

按下套管參數按鈕，變更套管的**勁度**與**阻尼**。

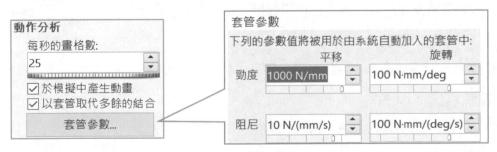

D 查看自由度

在結合群組⊙⊙上右鍵→自由度，在自由度視窗下方可以見到本節設定的差異，例如：以套管取代結合，會刪除系統認為多餘的自由度和多餘限制。

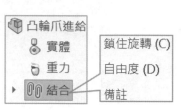

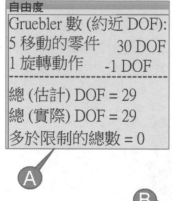

自由度
Gruebler 數 (約近 DOF):
5 移動的零件　30 DOF
1 旋轉動作　-1 DOF
總 (估計) DOF = 29
總 (實際) DOF = 29
多於限制的總數 = 0

Ⓐ

自由度
Gruebler 數 (約近 DOF):
5 移動的零件　30 DOF
5 圓柱接合　-20 DOF
6 平坦接合　-18 DOF
1 旋轉動作　-1 DOF
總 (估計) DOF = -9
總 (實際) DOF = 4
多於限制的總數 = 13
下列多餘接合限制將被移除
同軸心1,繞 Y 旋轉
同軸心1,繞 X 旋轉
同軸心3,繞 X 旋轉

Ⓑ

E ☑☐套管結合會影響繪圖結果

由圖表可以得到右邊的比較正確，如果分不出來，只要嘗試☑☐套管看結果即可。

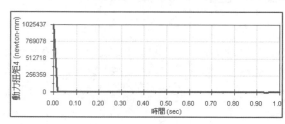

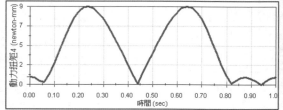

1-13-3 3D 接觸解析度（適用實體）

本節理論與**基本動作**相同（是否提高模型表面的網格數進行接觸計算），不過**動作分析**的 3D **接觸解析度**理解會比**基本動作**還嚴謹，可以控制 1-100 區間。

A 接觸解析度：最低 1

2 模型間貫穿很嚴重，十字盤會跟著轉動，但運算速度快。

B 接觸解析度：中 50

介於貫穿和完整帶動，十字盤稍微牽動並與轉盤碰撞。

C 接觸解析度：最高 100

完整帶動，十字盤稍微抖動，要達到理想狀態要與下方精確接觸互相搭配。

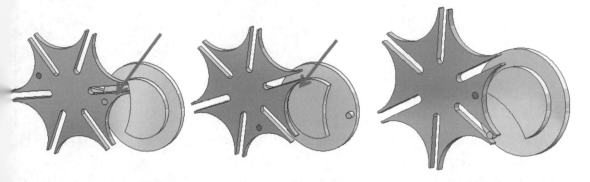

1-13-4 使用精確接觸（Use Precise Contact，適用實體接觸）

承上節，以**數學關係式**來計算接觸，本節是動作的解決方案，本節應該稱**精確接觸**。

A ☑使用精確接觸

希望球會在球拍上停止或轉盤正確的接觸，這是最基本需求，在**基本動作**達得到但**動作分析**就奇怪無法達到，其實貓膩就是這。

這時 3D **接觸解析度**灰階無法使用，因為它們是不同的演算法（箭頭所示）。

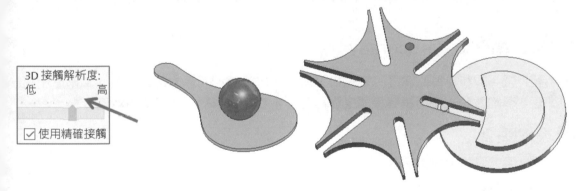

3D 接觸解析度：
低　　　高
☑ 使用精確接觸

B ☐使用精確接觸（預設）

提高運算速度，並與 3D **接觸解析度**搭配，適用一開始只要看結果有到位就好，例如：彈珠盤有 1-13-4 沒有使用此設定，結果是一樣的，但運算時間可以縮短，下圖左。

另外，球會穿透球拍，即便這設定運算速度快但不合理，就不適合本節。

C 接觸的阻尼相關

本節的設定絕大部分會配合**接觸**使用，而又會和阻尼有關，本節設定阻尼 1N/(mm/s)，下圖右（箭頭所示）。

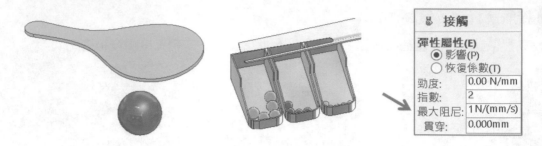

D 精確接觸的對照

接觸=物體之間的接觸，在文字上看起來很像說這幹嘛，看完對照更能理解接觸含義，這就是靈魂和火候。

方塊由高處落下接觸到地面，☑**精確接觸**，方塊落下會**貼地滾動**，下圖左。☐**精確接觸**，方塊落下會**彈性滾動**，下圖右。

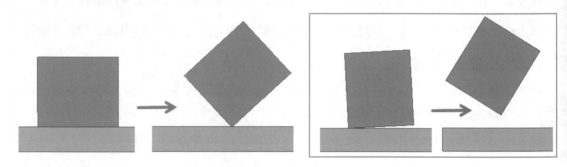

1-13-5 準確度（Accuracy）

承上節，調整計算的精度，越高計算越久，本節說明和**基本動作**的**幾何準確度**相同，下圖左。**準確度會與使用精確接觸**搭配設定，本節為了強調說明☑**使用精確接觸**。

A 準確度-低

方塊落下貼住地面會滾動。

B 準確度-高

方塊落下貼住地面不動。

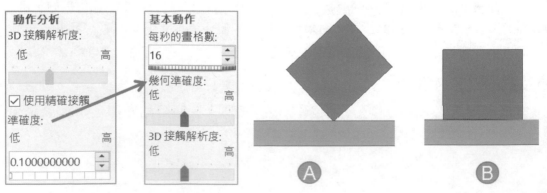

C 案例：日內瓦機構

旋轉帶動十字盤的過程，**準確度低**造成十字盤抖動，**準確度高**機構完整帶動。

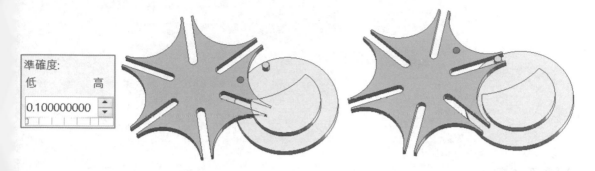

1-13-6 週期設定（Cycle settings）

設定計算的週期，用於動力或力元素的週期角度，1. 週期率或 2. 週期時間，這兩項設定只是定義計算基準並不影響結果，例如：週期率 10→週期時間 0.1。

週期計算適合循環動作，本節以球利用**路徑結合動力**，繞 100 周長進行說明。

A 週期率

指定每秒週期率，例如：10，代表 1 秒 10 個週期。

B 週期時間

以秒為單位的週期期間，所以會見到單位 s。

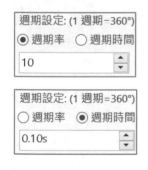
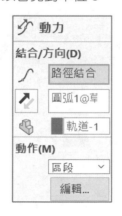
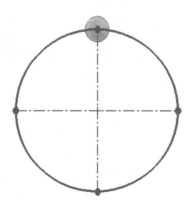

C 週期角度

週期應用在週期角度。

步驟 1 編輯 ⟋ →進入函數產生器視窗。

步驟 2 獨立變數設定週期角度

步驟 3 開始 0 度、結束 360 度

步驟 4 值 100（圓周長）

步驟 5 確定，結束視窗，關閉動力屬性

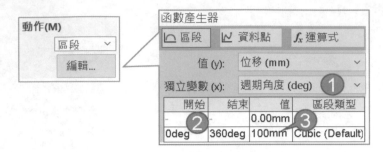

D 驗證週期設定

週期和運動時間有絕對的關係，動作研究的長度 2 秒，週期時間 2 秒，可以得到正確的運動。以預設的週期率 1 會得到不正確的運動結果。

1-13-7 繪圖預設（Plot Default）

設定**動作分析**產生圖表的預設顯示，讓圖表更人性化，切換上方標籤由字面不難理解它們的涵義。點選**繪圖預設**，進入**繪圖預設**視窗進行以下設定。

A 圖表

定義圖表整體的樣貌：邊界、區域、軸/網格線的顯示，下圖右。

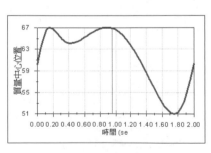

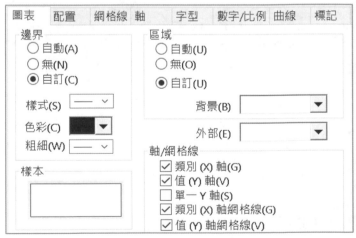

B 配置

定義水平/垂直繪圖的大小，下圖左。

C 網格線

定義圖表內的網格線的顏色和線型，下圖右。

 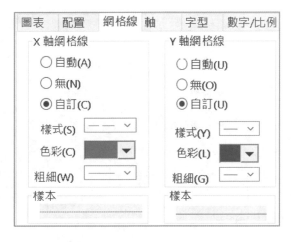

D 軸

設定 XY 軸的線條顏色、線型、記號標示類型，下圖左。

E 字型

定義圖表上的文字大小、顏色，下圖右。

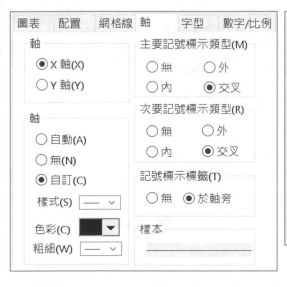 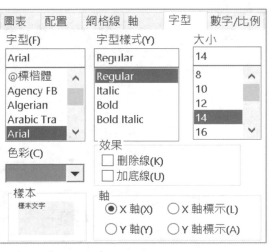

F 數字/比例

定義 XY 軸的數字格式/比例大小，下圖左。

G 曲線

定義產生的曲線顏色、樣式、粗細、數量，下圖右。

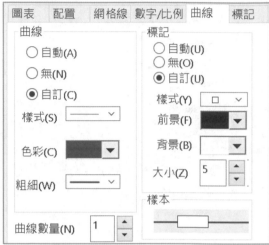

H 標記

指定至繪圖曲線中的直線或符號，當模型移動時也會移動。 它會顯示在目前模型位置的繪製數量的值，下圖左。

I 儲存頁面

將設定儲存，下回開啟頁面時，會記錄之前的設定，下圖右。

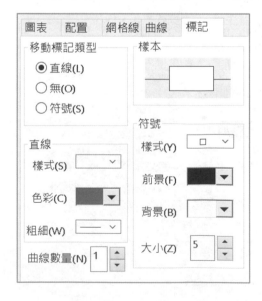

1-13-8 進階選項（Advance Option）

設定動作研究計算選項，這部分超過大郎能力，SW 線上說明有完整介紹，這部分最好找專家教你比較快，自行閱讀實在很吃力。

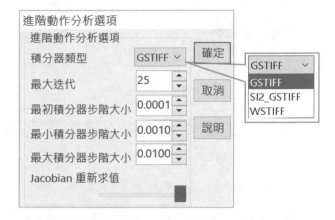

A 積分器類型（Integrator Type，預設 GSTIFF）

GSTIFF 積分器由 **C.W.Gear** 所發展一種可變動順序、可變動步階大小的積分法，資料來源：SolidWorks 線上說明，積分方法。

清單為插補選擇積分方法：1. GSTIFF、2. SI2_GSTIFF、3. WSTIFF。Gstiff 是最常用的積分器，它包括 13、I1、SI2 形式。

對非連續的求解，SI2 積分器穩定性比較好，但是 SI2 求解速度比較慢。

B 最大迭代（Maximum Iterations，預設 25）

在給定的時間步階中搜尋解答時，數值積分器反覆的最大次數。

C 最初積分器步階大小（Initial Integrator Step Size）

指定時間步階中搜尋解答時，數值積分器反覆的最大次數。

D 最小積分器步階大小（Minimum Integrator Step Size）

指定不同步階積分器所使用的第一個積分步階大小。最初積分器步階大小控制積分方法開始的速度，以及其最初的精確性，**可以增加此值來在之後的執行更快的模擬**。

E 最大積分器步階大小

指定積分時間步階上限。如果積分方法沒有偵測到短期事件（例如衝擊），這會是相當重要的。將此設定為與短期事件相同的順序，如果值過大，某些事件可能會被忽略。

F Jacobian 重新求值（Jacobian Re-evaluation）

指定矩陣重新求值的頻率。更頻繁的重新求值會提供較精確的模擬，但模擬的時間會增加。**如果模型沒大幅變更，使用較小的 Jacobian 可以讓計算時間縮短。**

1-14 動作研究屬性：一般選項

為**動畫**、**基本動作**、**動作分析**共同設定，不影響目前動作研究，只對新研究變更。

一般選項　　　　　　　　　　　　⌃
☐ 為新的動作研究使用這些設定為預設
☐ 顯示所有動作分析的訊息

1-14-1 為新的動作研究使用這些設定為預設

新增動作研究會套用上述設定，例如：每秒畫格數 20，每次產生新動作研究就不必重新調整每秒畫格數。

1-14-2 顯示所有動作分析求解器訊息（適用動作分析）

動作分析計算的過程是否要顯示動作分析訊息，該訊息可以告知問題，絕大部分都是英文呈現的積分器內容。

動作分析訊息

下列的零件有零質量，在動作分析中是不允許的
　　　零件2^組合件1-
在物質特性對話方塊中指定質量。

動作分析訊息

```
Begin Simulation
****** Performing Dynamic Simulation using Gstiff I3
 The system is modelled with INDEX-3 DAEs.
 The integrator is GSTIFF, CORRECTOR = modified
 Integration error =      1.000000E-4
```

Motion Manager 動作管理員

本章介紹 Motion Manager（動作管理員）樹狀結構內容，和**特徵管理員**一樣在左邊，絕大部分內容和特徵管理員相同。

A 學習基準：特徵管理員

以**特徵管理員**為主判斷 Motion Manager 的學習。

會發現有些項目特徵管理員有，而 Motion Manager 沒有，這代表動作研究不支援。

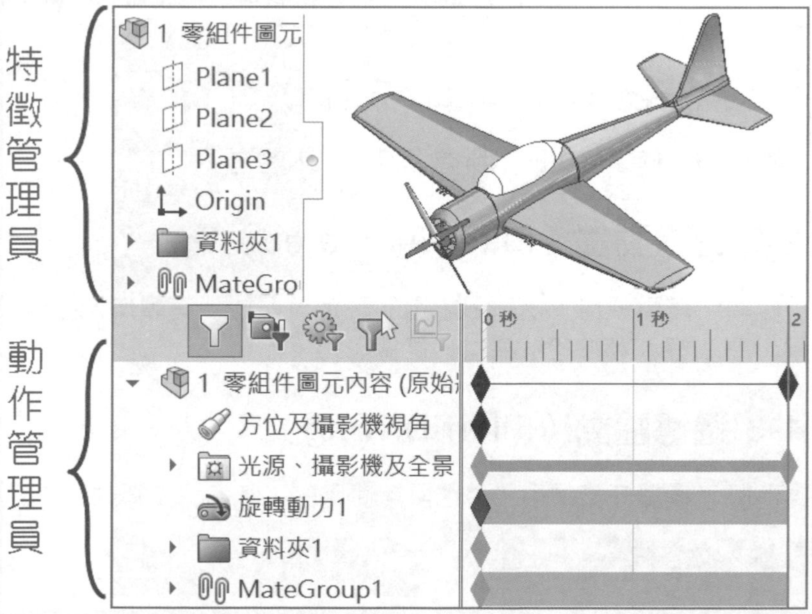

特徵管理員

動作管理員

B 學習基準：組合件

組合件是動作研究核心，零件不支援的都可完成，例如：把飛機零件加入組合件，雖然組合件只有 1 零件也不是真的要組裝，只是要提高動作研究的功能。

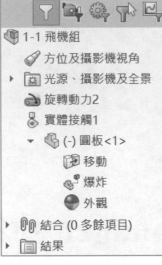

組合件

零件

2-1 濾器（Filter）

控制並簡化 Motion Manager 顯示內容，可以減少動畫製作時間（不必上下捲動，以及視覺清楚），常使用過濾驅動🔧或過濾動畫🎥，很可惜無法過濾方位及攝影機視角🔭。

2-1-1 無濾器（No Filter，預設）🔽

不過濾任何項目（顯示所有項目），下圖左。

2-1-2 過濾動畫（Filter Animated）🎥

僅顯示變更項目，這是最常用的設定，例如：有製作模擬元素、移動模型，下圖中。不過，圖示很容易被誤解是在過濾攝影機。

2-1-3 過濾驅動（Filter Driving）🔧

僅顯示模擬元素項目，這也蠻常使用的，例如：旋轉動力、彈簧、重力...等，下圖右。

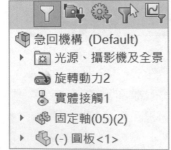

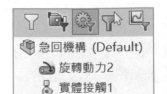

2-1-4 過濾選擇（Filter）

僅顯示點選的項目，例如：大量編輯旋轉動力，希望只要呈現即可，1. 點選 →2.，下圖左。

2-1-5 過濾結果（Filter，適用動作分析）

僅顯示**結果與繪圖資料夾**內的項目，下圖右。

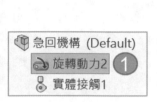

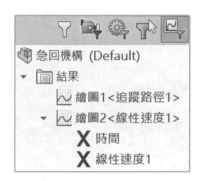

2-2 模型圖示

在零件或組合件的模型圖示右鍵，由清單可見模型控制和動作研究有關作業。有部分來自特徵管理員，通常不必刻意理解有哪些項目，只要關注和動作研究有關的項目即可。

A 零件和組合件的支援差異

會發現只有組合件才有動作研究相關的項目，下圖右（箭頭所示）。

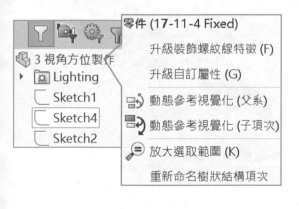
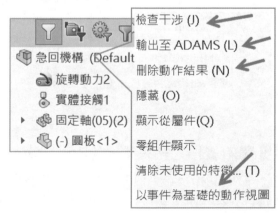

2-2-1 檢查干涉

在播放動畫過程進行**干涉檢查**，動作研究製作過程萬一模型有干涉，動畫會不穩定，尤其是在動作分析的類別，通常製作動畫之前會先做**干涉檢查**或**碰撞偵測**。

Motion Manager 最上層模型右鍵→**檢查干涉**，進入**隨時間經過尋找干涉**視窗，要使用干涉檢查之前必須製作動作研究，例如：已經完成缸桿的移動。

1. 選擇要檢查干涉的模型→2. 開始及結束畫格區間→3. 立即尋找。

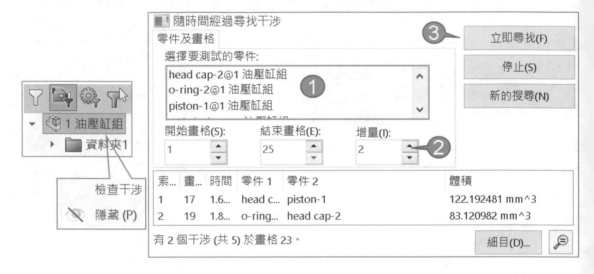

A 零件及畫格（Part and Frame）

在選擇要測試的零件欄位中，點選、框選或 CTRL＋A 全選要檢查干涉的模型。

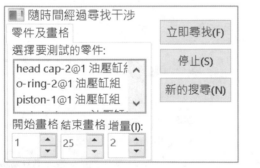
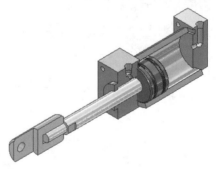

B 開始畫格、結束畫格（End Frame）、增量（Increment）

設定開始及結束檢查的畫格區間，畫格就是照片張數。若動作研究 2 秒，每秒畫格 10，總畫格=20，所以會設定開始畫格=1、結束畫格=21。開始畫格必須由 1 開始（不能為 0），結束畫格可以為 0。

在增量中，減少運算時間或不必檢查這麼細，例如：增量 2，畫格檢查 1、3、5、7…。

C 干涉視窗與清單

完成以上設定在視窗右方進行：1. 立即尋找、2. 停止、3. 新的搜尋。

D 清單

由清單看出干涉位置，清單顯示：索引、畫格、時間、零件 1、零件 2、體積，下圖左。

E 細目（Detail）

點選右下方的細目按鈕，列出干涉體積、面積、位置的詳細資訊，下圖中。

F 放大選取範圍

點選要看的項目→，放大選取範圍，下圖右。

索引	畫格	時間	零件 1	零件 2	體積
1	3	0.080	雙臂曲柄	滑塊-1	40.57(
2	5	0.127	雙臂曲柄	滑塊-1	23.628
3	7	0.200	雙臂曲柄	滑塊-1	21.91'
4	9	0.280	雙臂曲柄	滑塊-1	31.89(
5	11	0.360	雙臂曲柄	滑塊-1	37.14(
6	13	0.440	雙臂曲柄	滑塊-1	39.74:
7	15	0.520	雙臂曲柄	滑塊-1	41.39{

干涉詳細資訊
體積: 0.002020 mm^3
面積: 0.241212 mm^2
約近最小邊界方塊

	Z	X	Y
角落 1:	14	-4.827	33.03
角落 2:	14	-4.721	33.09
長度:	0.959	0.106	0.061

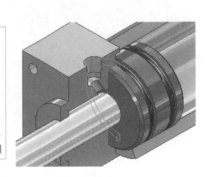

2-2-2 輸出至 ADAMS（適用動作分析）

將模型和**結果及繪圖**數據給 ADAMS 使用。

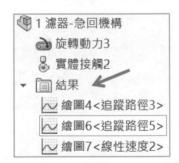

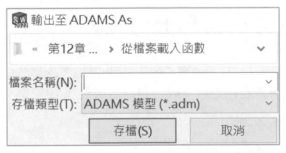

2-2-3 刪除動作結果

刪除**結果及繪圖**的計算，播放過程發現不是自己要的，可以停止後→刪除已經計算的動作，編輯後再重新計算。本節很容易誤以為把內的繪圖刪除，其實繪圖結果還在。

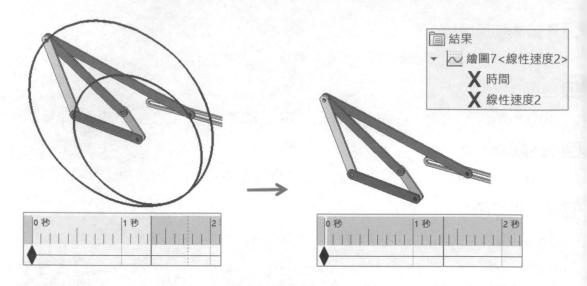

A 刪除 SolidWorks Motion 的結果

刪除過程會出現訊息，由訊息會誤以為把動作研究刪除，其實不是。

2-3 方位及攝影機視角🖊

將模型進行 1. 視角方位、2. 模型檢視（旋轉🔄、拉近拉遠🔍、移動✛）或 3. 攝影機視角控制🎥。重點在動畫播放的過程是否要 1. 重新開始播放視角，或 2. 產生視角的畫格。

A 任督第 2 脈

本節是動作研究的**任督第 2 脈**，初學者一開始會被這 2 名詞搞混（1. **停用視角關鍵畫格的重放**、2. **停用視角關鍵畫格的產生**），圖示也不好辨認，更重要的右鍵不容易切換這 2 種設定，所產生的結果交叉變化有多種組合。

很可惜無法更改預設，每個動作研究要重複設定，這部分能搞懂，就完成動作研究的經絡。

B 停用視角關鍵畫格的重放/產生

於方位及攝影機視角🖊右鍵：1. 停用視角關鍵畫格的重放（Disable Playback of View Key）🖊、2. 停用視角關鍵畫格的產生（Disable View Key Creation）🔷。

這部分也只能右鍵，經常來回右鍵開啟/關閉它們，建議右鍵 B 或右鍵 C，一開始很難知道差異，以及動畫製作不出來和它們有關。

C 最理想的畫面與學習

希望直接顯示指令變化，不須憑印象來回切換。要學習它們：1. 仔細看懂圖示、2. 面對名詞共通性：視角關鍵畫格。

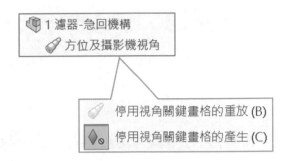

1. 停用視角關鍵畫格的重放
2. 啟用視角關鍵畫格的重放
3. 停用視角關鍵畫格的產生
4. 啟用視角關鍵畫格的產生

2-3-1 停用視角關鍵畫格的重放

是否播放視角的動畫，**停用視角關鍵畫格的重放**應該稱**視角關鍵畫格的重放**，普世觀感☑=要，可惜這裡卻☑=不要，就造成難以理解的混淆。

A ☑停用視角關鍵畫格的重放

不播放視角的動畫，時間線灰階，使用率最高，下圖左。

B □停用視角關鍵畫格的重放（預設）

播放視角的動畫，時間線黑色，下圖右。

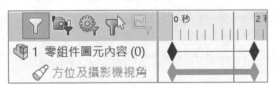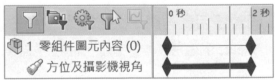

2-3-2 停用視角關鍵畫格的產生

是否要製作視角的關鍵畫格，**停用視角關鍵畫格的產生**應該稱**視角關鍵畫格的產生**。

A ☑停用視角關鍵畫格的產生

播放過程進行視角的控制不產生視角的關鍵畫格，時間線黑色。

B □停用視角關鍵畫格的產生（預設）

承上節，說明相同，但非播放狀態下進行視角控制，會產生視角畫格。

C 自動關鍵畫格

為了保險起見，避免進行視角的控制自動加入畫格，可關閉**自動關鍵畫格**。

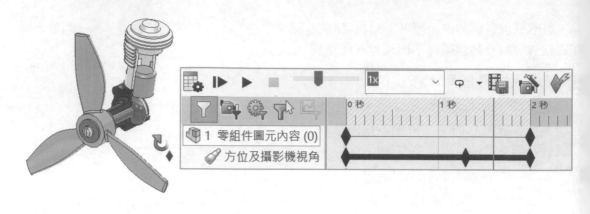

2-3-3 ☑停用視角關鍵畫格的重放✐、☑停用視角關鍵畫格的產生◆。

全關，時間線為灰色關閉狀態。系統不執行**方位**和**攝影機視角**的動畫，可以防止**視角**更改和**寫入關鍵畫格**，這是最常用的設定。

A 動畫播放過程

動畫播放過程中，任意改變**視角**，不產生新的視角畫格。

B 停止動畫播放

停止播放後，旋轉模型，不產生新的視角關鍵畫格。

C 最大好處

播放過程旋轉模型查看不同視角的引擎運動狀態，不會動到先前製作的視角動畫。

D 同時停用視角關鍵畫格的重放/產生✐

最簡單的做法，在望遠鏡上右鍵 B，下方的設定會跟著關閉。

E 新動作研究（複製用）

產生新動作研究會第一步驟在**方位及攝影機視角**✐上右鍵➜B（停用視角關鍵畫格的重放）再繼續作業，也希望未來版本可以預設的**方位及攝影機視角**設定✐。

由於每次這樣做很麻煩，所以我們會做 1 個把以上設定都關掉的範本，到時候要用動作研究的時候（複製該範本）就不用每一次關閉。

2-3-4 □停用視角關鍵畫格的重放✎、☑停用視角關鍵畫格的產生◆。

1. 視角播放和視角畫格產生、2. 方位及攝影機視角的時間線為黑色啟用狀態，系統會執行方位和攝影機視角動畫，不會產生新的視角畫格。

Ａ 動畫播放過程

動畫播放中，旋轉模型過程會出現**停用**✎，動畫會暫停可以用來檢視模型，中鍵放開後動畫繼續，任何視角改變後，都會回到視角初始狀態，無法改變**視角方位**。

Ｂ 停止動畫播放

停止播放，旋轉模型改變視角，不會產生新的視角關鍵畫格。

Ｃ 最大好處

播放過程如何變更視角，不會動到先前製作的視角動畫。

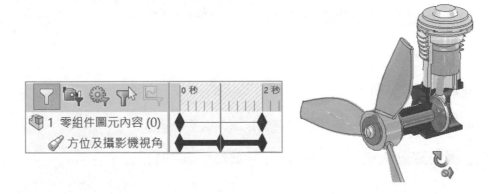

2-3-5 ☑停用視角關鍵畫格的重放✎、□停用視角關鍵畫格的產生◆。

無法☑**停用視角畫格重放**✎和□**停用視角畫格產生**◆，這時出現訊息：因為這是衝突的，換句話說沒這樣的設定。

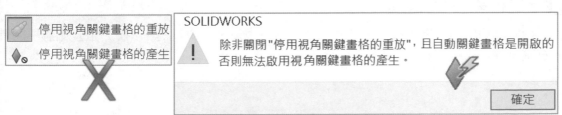

SOLIDWORKS

除非關閉"停用視角關鍵畫格的重放"，且自動關鍵畫格是開啟的否則無法啟用視角關鍵畫格的產生。

確定

2-3-6 □停用視角關鍵畫格的重放🖋、□停用視角關鍵畫格的產生♦。

1. 視角播放和啟用視角畫格產生、2. 方位及攝影機視角的時間線為黑色啟用狀態，系統執行方位和攝影機視角動畫。

A 動畫播放過程

可見螺旋槳轉動和無法改變視角方位，旋轉模型過程會出現畫格符號🔄。任何視角改變都會回到視角初始狀態，不產生新的視角畫格。

B 停止動畫播放

停止播放旋轉模型會產生新視角畫格，常用在動畫張力，算相當高的技術。

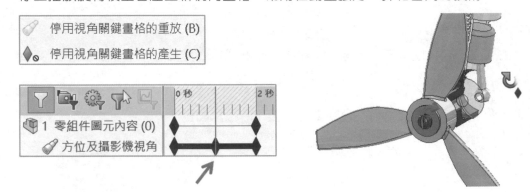

2-3-7 視角方位製作

本節說明視角方位轉換運用，重點在有效率的選擇視角。

A □停用視角關鍵畫格的重放🖋→□停用視角關鍵畫格的產生♦。

方位及攝影機視角右鍵→依序關閉這 2 項設定，讓🖋方位及攝影機視角可使用。

B 多種視角方位的作業

切換視角方位依常用順序多種方式：1. 方位視窗、2. 快顯視角、3. 方位及攝影機圖示上右鍵→視角方位、4. SHIFT＋方向鍵（上下左右）。

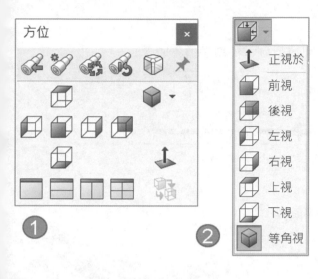

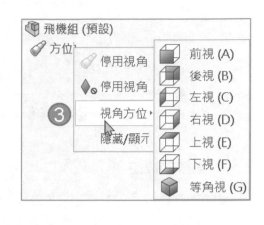

C 製作產品所有視角動畫

分別完成多個視角動畫，不能直接前→後，這樣看起來會太緊湊。本節常用在一開始的產品檢視，先讓客戶完整的看出模型所有外觀，這部分算是貼心的舉動。

步驟 1 空白鍵開啟方位視窗→保持顯示✦

步驟 2 加大時間解析度⊕：加大時間解析度到 1 秒可見

步驟 3 模型起始視角：等角視

步驟 4 放置時間到 0.5 秒→切換視角：前視

步驟 5 放置時間到第 1 秒→切換視角：右視

步驟 6 依序完成

1. 前→2. 右→3. 後→4. 左→5. 上→6. 下→7. 等角視，每段視角 0.5 秒，共 3.5 秒。

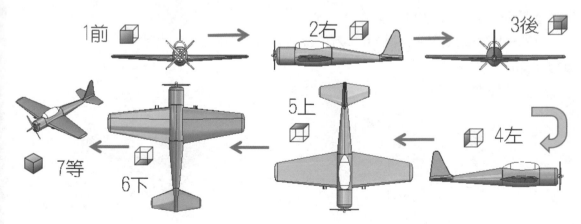

步驟 7 播放

可看見視角轉換動作研究，播放過程可以見到視角轉換順不順。

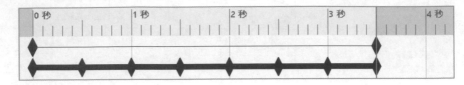

2-3-8 翻滾飛行

將零件製作視角的動作研究，直線飛行過程＋
翻滾，這動畫分 2 階段進行會比較容易：

1. 直線飛行共 3 秒
2. 在第 1 秒～2 秒加入翻滾。

A 第 1 階段：直線飛行

先完成簡單的直線飛行共 3 秒，利用動畫三部曲完成。

步驟 1 移動模型到起始位置

CTRL＋中鍵拖曳飛機到右上角。

步驟 2 放置時間

放置時間到第 3 秒，定義飛行時間。

步驟 3 移動模型到結束位置

CTRL＋M 移動飛機到結束位置，**方位**及**攝影機視角** 已加入時間線。

步驟 4 播放

可見飛機直線飛行。

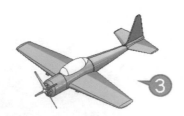

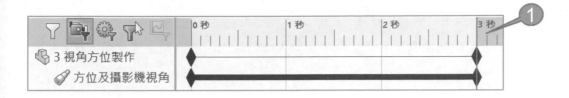

B 第 2 階段：翻滾

在已完成的時間中加入翻滾動作。

步驟 1 放置時間到第 1 秒

發現飛機跟著動作到第 1 秒位置，能體會快速查看的意涵。

步驟 2 放置關鍵畫格：翻滾起始時間

在第 1 秒的方位時間上右鍵→**放置關鍵畫格**，可以見到畫格在時間上，下圖左。

步驟 3 放置時間到第 2 秒：翻滾結束時間

可見飛機到第 2 秒的位置，定義翻滾動作的結束時間到第 2 秒。

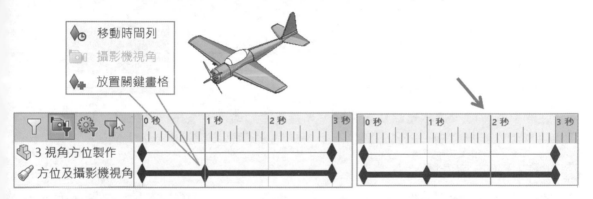

步驟 4 旋轉飛機 180，與播放

在飛機邊線上按一下中鍵→看見✣圖示後，中鍵拖曳機身順時針旋轉 180。播放後可以見到飛行過程翻轉 180 度。

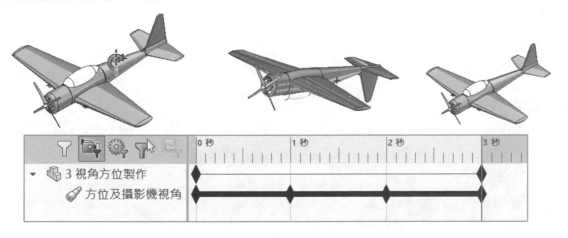

2-3-9 練習：動畫＋視角

自行完成視角轉換動畫，螺旋槳本身具備旋轉動力，播放動畫過程可以任意切換視角與檢視模型。

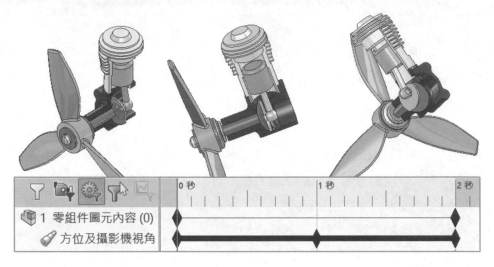

2-4 光源、攝影機及全景

展開資料夾，顯示**光源**及**攝影機**，光源是塗彩環境下照亮作業，可以將光方向、強度和色彩加入動畫控制，讓動畫增色不少，快點 2 下圖示來編輯或查看屬性。

A 動作研究支援邏輯

動作研究支援參數變化，而光源屬性都有參數，例如：顏色、亮度、位置…等。

B 光源製作

光源動畫製作和 3 部曲相同：1. 放置時間➔2. 更改光源屬性或位置。光源雖然有不同種類，但設定大致相同，所以僅針對重點演練即可上手。

C 塗彩

塗彩狀態才可以見到光源變化。

D 光源指令位置

本節說明光源共通性與設定，顯示管理員●與 Motion Manager 設定是一致的。

2-4-1 加入光源、顯示光源

光源資料夾右鍵分 2 大類（加入/顯示）：1. 加入**投射光源**、**點光源**、**陽光**…等、2. **顯示光源**或**顯示攝影機**。

A 顯示光源💡或顯示攝影機📷

將光源或攝影機顯示在模型上,直接看它們位置,當參數改變看得出位置變化。

2-4-2 在任何光源按右鍵選擇

在任何光源上右鍵可以見到 3 項:1. 開關、2. 編輯(屬性)、3. 顯示光源。

A 在 SolidWorks 中開啟/關閉

開啟或關閉光源。

B 編輯 00 光源

設定光源屬性,也可以快點 2 下光源圖示進入屬性,而且比較快。

C 顯示光源

將光源以具體的圖示在模型上顯示,用來查看位置。

D 刪除光源

可直接 Delete,不過**周圍亮度**為絕對光源無法刪除,下圖左。

2-4-3 主要 PhotoView 360 光源 🎇

🎇不支援 Motion Manager 並以**灰階**顯示,所以無法設定,下圖右。

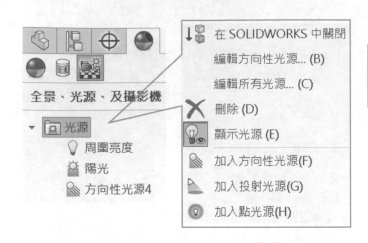

2-4-4 周圍亮度（Ambient）開關動畫💡

將光源從所有方向均勻照射在模型上，如同太陽光。

A 周圍亮度開→關

設定 0～2 秒調整周圍亮度。

步驟 1 放置時間到第 2 秒

步驟 2 關閉周圍亮度

1. 快點 2 下周圍亮度圖示💡，進入屬性→2. □周圍亮度，周圍亮度時間線立即產生。

步驟 3 播放

可見整體亮度由亮到暗。

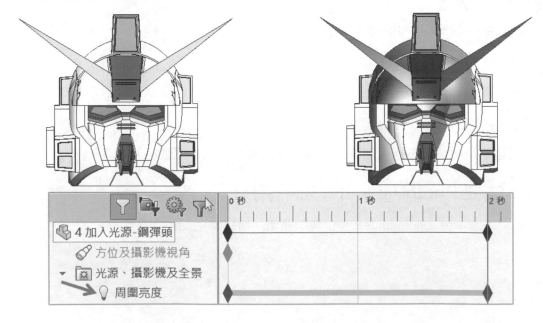

B 調整亮度值 ●

　　控制光源強度。移動滑動桿或輸入 0～1 之間的值，越高越亮，例如：模擬太陽光，中午最強、傍晚微弱、0 夜晚，本節設定 0～2 秒調整周圍亮度。

步驟 1 放置時間到第 2 秒

步驟 2 改變周圍亮度💡

　　1. 快點 2 下💡進入屬性➔2. 將亮度 0.1 調整到 0.9，周圍亮度時間線立即產生。

步驟 3 播放

　　可見亮度逐漸變化並影響到模型，模型越來越亮。

C 編輯色彩

　　於光源屬性中，點選**編輯色彩**➔顯示色彩調色盤，指定周圍亮度色彩，例如：模擬太陽光，中午黃色，傍晚淡紫色，設定 0～2 秒改變周圍亮度的顏色，由白到綠色。

步驟 1 放置時間到第 2 秒

步驟 2 改變周圍色彩

　　1. 點選**編輯色彩**進入色彩視窗➔2. 將白色調整為綠色，周圍亮度時間線立即產生。

步驟 3 播放

　　可見光源色彩逐漸變化並影響模型。

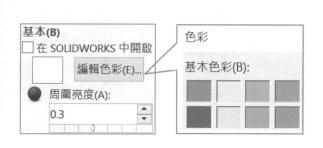

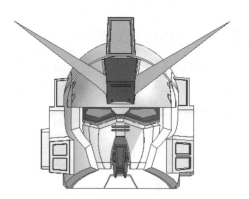

2-4-5 方向性光源（Directional）的位置動畫🔦

　　距離模型無限遠的平行光源，模擬太陽光位置，光源永遠指向原點，可拖曳光源調整位置。設定 0～2 秒改變鋼彈頭上方光源位置。

步驟 1 顯示光源

　　在光源資料夾上右鍵➔顯示光源🔦，完成後可以看到燈頭位置。

步驟 2 放置時間到第 2 秒

步驟 3 改變光源位置

　　快點 2 下方向性光源圖示🔦進入屬性➔拖曳燈頭位置，光源時間線立即產生。

步驟 4 播放

播放看出燈頭會動，且模型亮度隨燈頭位置改變。

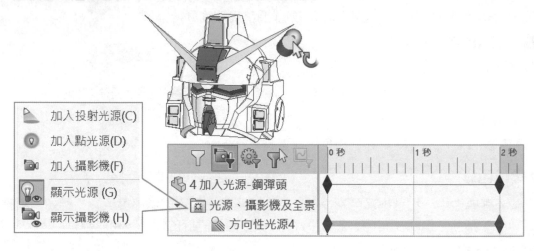

2-5 模擬元素設定

使用的模擬元素記錄在這，不同模擬元素右鍵的項目有些不同，這些項目絕大部分與特徵管理員都有。

A 常用的模擬元素項目

編輯特徵、刪除、抑制、隱藏、加入至資料庫、關閉，其中抑制、關閉、隱藏看起來很像一開始不容易理解。

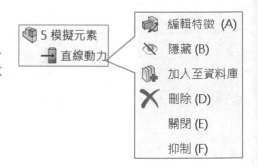

2-5-1 編輯模擬元素

有 3 種方式編輯模擬元素：1. 快點 2 下關鍵畫格（大家喜歡這招）、2. 快速鍵：模擬元素上執行**編輯特徵**快速鍵（適合進階者）、3. 模擬元素上右鍵→編輯特徵，下圖右。

2-5-2 抑制/恢復抑制

將模擬元素不做動,模擬元素為灰階狀態,本節與特徵抑制觀念相同,下圖左。

2-5-3 關閉/開啟(動作間隔,適合進階者)

是否將模擬元素加入關鍵畫格,本項目僅適用**動畫**,例如:時間在第 1 秒將模擬元素關閉,時間在第 2 秒將模擬元素開啟,這部分算是動作間隔的技巧,下圖右。

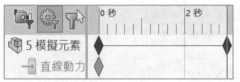 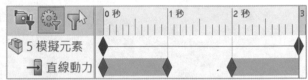

2-5-4 隱藏/顯示

播放過程是否顯示動力的箭頭,模擬元素為灰階狀態。在未播放狀態下點選模擬元素也可以顯示方向箭頭,下圖右。

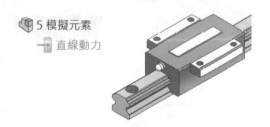 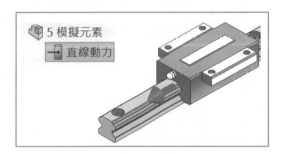

2-5-5 儲存模擬元素(適用進階者)

將模擬元素儲存在 Design Library/Motion 資料夾,用來套用其他動作研究(減少重複設定)。有 2 種方法儲存模擬元素:1. 拖曳法、2. 儲存法,過程中會開啟**加入至資料庫**視窗。

A 拖曳法

拖曳法是最簡單的作業,過程中對同學是新的體驗。

步驟 1 拖曳模擬元素

將模擬元素拖曳至右方 Design Library 資料夾空白處出現**加入至資料庫**視窗。

步驟 2 加入的項次

顯示目前的模擬元素名稱。

步驟 3 儲存至

設定檔案名稱。

步驟 4 Design Library 資料夾

指定儲存的資料夾，系統以實際檔案*.sldmtnfvt 儲存。

步驟 5 選項

可以看出檔案類型：*.sldsimfvt。

步驟 6 模擬元素項目

會見到資料夾中有模擬元素。

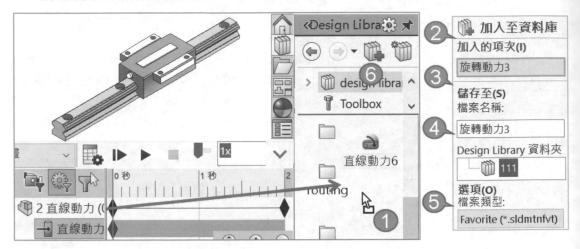

B 儲存法

1. 在模擬元素右鍵加入至資料庫 → 2. 指定存放的資料架。

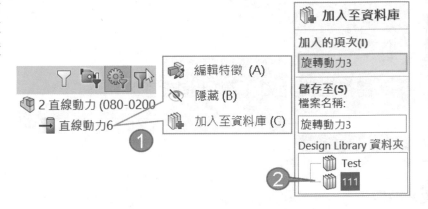

C 不支援儲存

無法儲存**接觸**、**重力**，拖曳至**資料庫**會顯示禁止符號，或模擬元素右鍵清單上，沒有**加入至資料庫**項目，希望未來不要有這樣的限制。

D 使用特徵庫的模擬元素

從右方拖曳儲存的模擬元素至模型中，就會出現模擬元素管理員。使用特徵庫的模擬元素必須啟用動作研究，否則無法加入模擬元素。

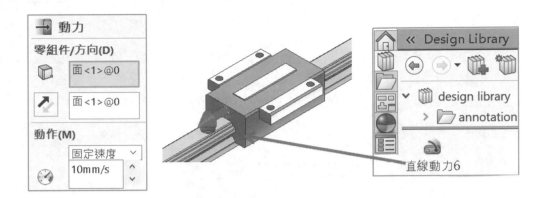

2-6 零組件圖元內容

Motion Manager 列出的圖示可以得知所支援的項目,例如:展開零件僅顯示:1. **移動**、2. **爆炸**、3. **外觀**及4. **結合條件**。

會發現沒特徵=不支援特徵尺寸變化。

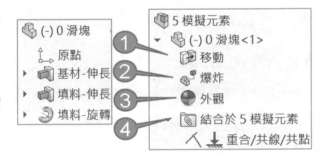

2-6-1 移動

模型被移動,會在時間列顯示移動範圍及時間,例如:滑塊在滑軌上移動,下圖左。

2-6-2 爆炸

模型**爆炸**或**解除爆炸**,必須透過**動畫精靈**產生,會顯示在時間列上,下圖右。

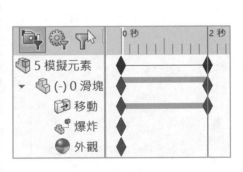

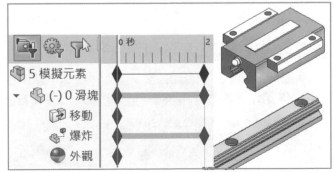

2-6-3 外觀

對模型變更外觀，會顯示在時間列上，例如：隱藏✎、塗彩🔲、變更色彩...等，下圖左。外觀=視覺，包含：1. 外觀（紋路或材質）、2. 色彩、3. 光源屬性，下圖右。

本節除了外觀還順帶說明加入背景帶來的動畫效果，算是心靈層次的體驗。

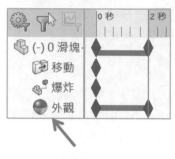
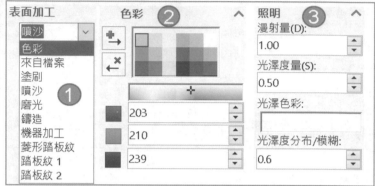

A 加入外觀的方式

1. 工作窗格外觀🔵、2. Motion Manager 的外觀、3. 文意感應。

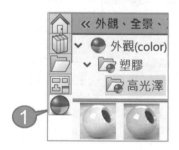
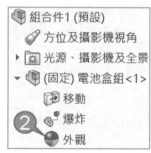

B 組合件的外觀與光源比較完整

在零件的 Motion Manager 就看不到外觀，換句話說在零件即便外觀由工作窗格加入也無法產生動畫，不過可以將零件產生組合件來使用外觀，下圖左。

C 外觀僅支援最上層的組合件

外觀不支援零件和模型面，例如：由工作窗格拖曳外觀到模型上，由文意感應只能選擇組合件圖示🔲才能套用外觀到動作研究，下圖右。

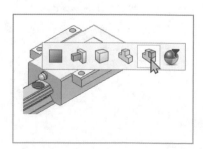

D 動作研究：色彩變化

承上節，讓滑塊移動過程更改為黃色。

步驟 1 製作滑塊在滑軌移動 2 秒的動作研究

步驟 2 工作窗格外觀

於塑膠之高光澤資料夾選擇黃色→拖曳到滑塊上方→點選組合件圖示。

步驟 3 播放

外觀已加入時間列，可見滑塊移動過程顏色的變化。

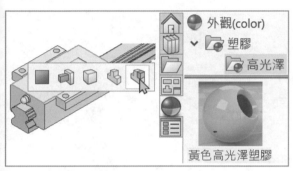

黃色高光澤塑膠

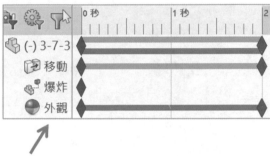

E 練習：紋路（材質）

製作磚的紋路到模型中，紋路不支援逐漸變化。

步驟 1 放置時間到第 2 秒

步驟 2 工作窗格外觀

石材→磚→拖曳老英格蘭磚外觀至組合件模型。

步驟 3 播放

外觀已加入時間列，可見到顏色的變化。

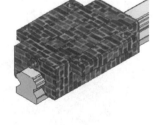

F 模型邊線

模型預設**帶邊線塗彩**，使用**塗彩**就沒有模型邊線，很容易讓模型輪廓不清楚，就要靠色彩來區分。不過沒有模型邊線，模型會顯得精緻些。

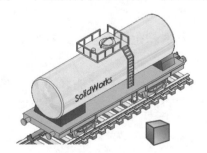

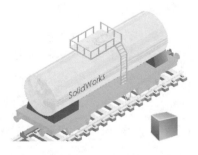

G 鏡面效果（套用全景 🔵）

讓模型背景模擬玻璃反射狀態，讓人感到專業。透過 1. RealView🔵、2. 加上**背景幕-有輔助光源的 Studio**，來完成鏡面背景，下圖左。

H 塗彩時含陰影🔵

陰影讓模型有空間和立體感，一般來說🔵用在靜態展現，如果用在動畫可以大大增加效果，如果加上 Realview🔵效果更佳，下圖右。

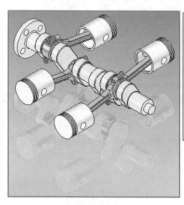

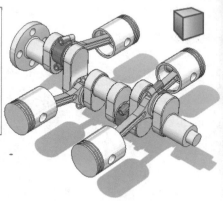

庭院背景

都會 3 影像 4

背景幕 - Studio 房間

背景幕 - 有輔助光源的 Studio

I 套用全景 🔵

🔵有許多背景可供選擇，基本上不要選擇複雜的背景，以免主題會被模糊掉，例如：廚房背景、或其他主題模糊的照片。

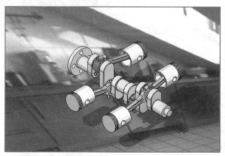
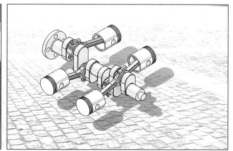

J 背景色彩－素面

素面指的是單一色彩，設定完成後可以感受到主體比較明顯，不會太單調，好比說大頭照。設定視窗背景色彩-素面，感覺**比較專業**。

這種效果適合短時間，看太久會有想打人的不耐，因為色彩佔據視覺，除非一直換場景，像看電影一樣，否則就會感到不耐，白色背景雖然單調，不過就很耐看。

K 漸層背景（頂部漸層色彩、底部漸層色彩）

產生漸層式色彩背景，讓色彩作上、下漸層顯示，讓模型主體更明顯，增加視覺效果，背景不會太單調，感覺比較自然。

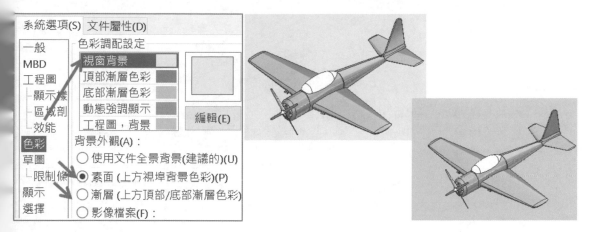

2-6-4 結合 🗐

由 Motion Manager 環境可以見到對**結合**🗐的支援，包含：**抑制/恢復抑制、刪除、尺寸控制**，這些控制不會反應到**特徵管理員**，本節說明**抑制**↓🗐與**恢復抑制**↑🗐，讓動作進行。

A 結合條件上右鍵

結合條件上右鍵可以見到：1. **抑制**和 2. **從動作研究中刪除**，這 2 項都可以用快速鍵控制，例如：有製作抑制快速鍵可以在這裡用。

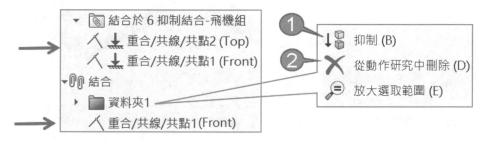

B 抑制結合：飛機飛行

設定飛機往 Z 軸移動。由於飛機已完全定義，所以要**抑制**↓🗐相關結合條件，讓動作進行。↓🗐結合條件要在時間 0 秒位置，系統才會認為整個時間為抑制狀態。

步驟 1 查看飛機結合資料夾

展開結合資料夾，發現 3 個重合結合條件將飛機完全定義，所以飛機無法移動。

步驟 2 抑制↓🗐結合條件

由於**重合/共線/共點 1** 控制飛機 Z 軸的前後飛行，將該條件抑制。

步驟 3 放置時間到第 2 秒→拖曳飛機飛行

步驟 4 播放

已經見到移動的時間線產生→播放飛機飛行。

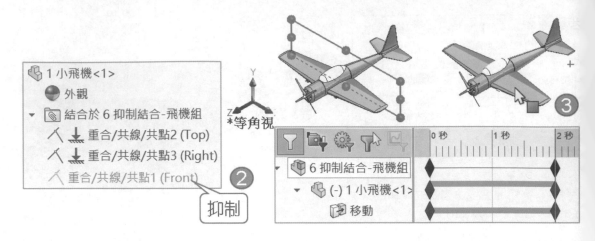

C 練習：活動窗運動

拖曳窗戶活動，所以要**抑制**相關結合條件讓動作進行，設定 0～1 秒開窗戶。常見同學放置時間後→才抑制結合條件，這樣播放過程無法開窗，直到第 1 秒才瞬間開窗。

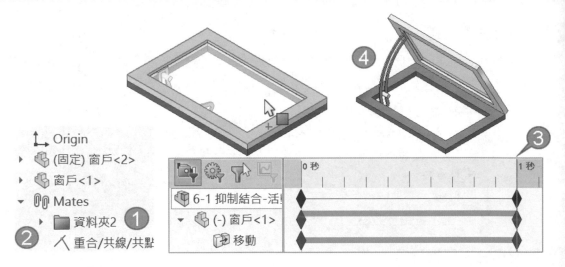

D 刪除結合資料夾的結合條件（從動作研究中刪除）

承上節，用刪除結合的方式完成窗戶開關，體會在 Motion Manager 刪除結合條件，並不影響特徵管理員。

步驟 1 刪除重合/共線/共點 1

在 Motion Manager 展開最下方的結合，可以見到結合有被資料夾整理過，只要刪除資料夾外的結合即可，這就是常見的為了動畫而製作資料夾整理。

步驟 2 放置時間到第 1 秒位置→拖曳打開窗戶

步驟 3 播放

已經見到移動的時間線產生→窗戶可以開啟。

步驟 4 查看特徵管理員的結合

點選模型標籤，特徵管理員的結合還在。

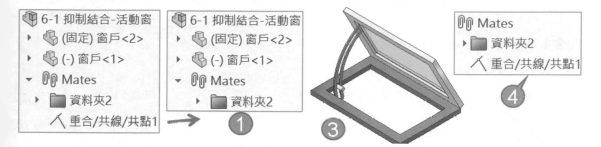

2-6-5 顯示/隱藏

動畫播放過程將模型進行**隱藏**、**透明度**…等視覺效果。

A 隱藏

隱藏零組件常用於**封閉式=機構**，例如：隱藏電池盒上蓋，容易查看內部機構，設定 0 ～2 秒上蓋逐漸隱藏。

步驟 1 放置時間到第 2 秒

步驟 2 隱藏上蓋

點選電池盒上蓋→隱藏，也可以游標在上蓋使用 Tab 鍵。

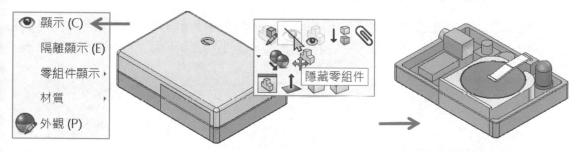

步驟 3 播放

隱藏由外觀控制並加入時間線，播放看出電池盒上蓋由實體漸變為隱藏。

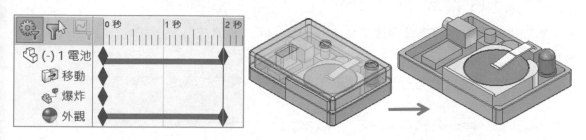

2-6-6 透明度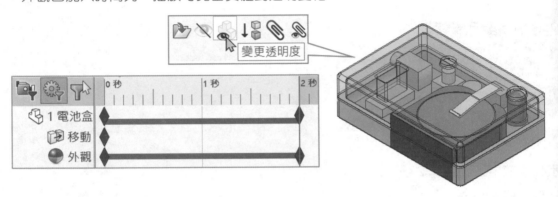

類似玻璃觀看，可將模型透明加入動作研究，例如：設定 0～2 秒上蓋**透明度**，本節做法和隱藏相同。

步驟 1 放置時間到第 2 秒

步驟 2 變更透明度

點選電池盒上蓋→文意感應**變更透明度**。

步驟 3 播放

外觀已加入時間列，播放可見由實體到透明變化。

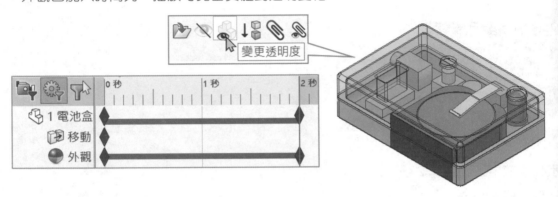

2-6-7 隔離顯示（Isolate）

隔離顯示（又稱隱藏其他），除所選模型外，其他模型被隱藏。**隔離顯示**常用在動畫播放過程中突然呈現某部分模型，不過**隔離顯示**無法加入動作研究，利用**顯示狀態**克服。

A 顯示狀態製作

本節作業可以在特徵管理員或 Motion Manager 進行，建議在特徵管理員進行。

步驟 1 隔離顯示

在特徵管理員對上蓋右鍵→隔離顯示，開啟隔離顯示工具列，僅顯示上蓋。

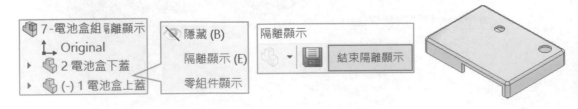

步驟 2 儲存顯示狀態

將目前狀態儲存成為**顯示狀態**，並命名隱藏下蓋，以便未來切換應用。

步驟 3 查看顯示狀態

隱藏下蓋的顯示狀態已出現在顯示狀態欄位，下圖右。

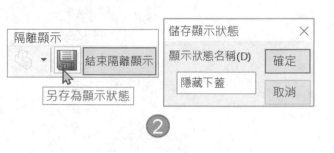
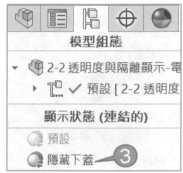

B 動作研究：電池盒組隔離顯示

步驟 1 放置時間到第 2 秒

步驟 2 顯示狀態→點選隱藏下蓋

步驟 3 播放

外觀已加入時間列，播放可見由實體到透明變化。

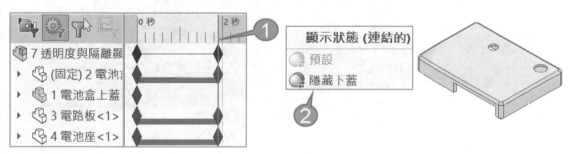

2-6-8 零組件顯示

將模型進行對塗彩、線架構、隱藏…等顯示樣式的動作研究，在動作研究管理員的模型上右鍵→零組件顯示，切換顯示樣式，建議**顯示窗格**（F8）切換顯示比較快。

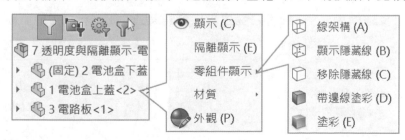

A 移除隱藏線

將上蓋由塗彩█→移除隱藏線◻。

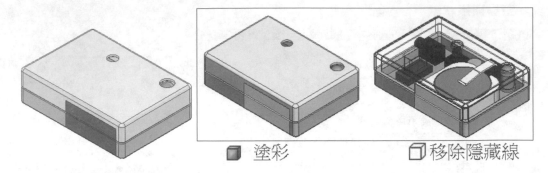

◼ 塗彩　　　　　◻ 移除隱藏線

步驟 1 放置時間到第 2 秒

步驟 2 移除隱藏線

在顯示窗格的電池盒上蓋切換→移除隱藏線◻，上蓋變成◻顯示。

步驟 3 播放

可以看見電池盒上蓋由**塗彩**█變更為**移除隱藏線**◻並加入外觀中。

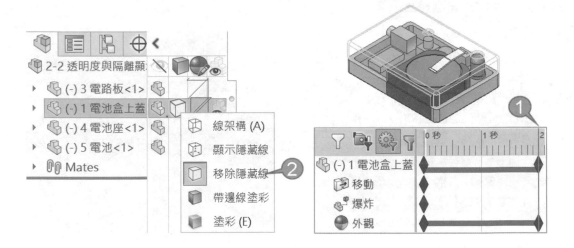

2-7 結果（Reault and Plot）📄

有使用**結果及繪圖**📈，會在最下方**產生結果資料夾**📄，在資料夾中放置圖表。

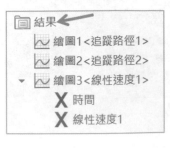

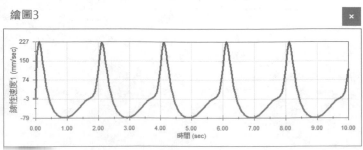

2-8 整理動作管理員結構

本節說明顯示動作研究管理員只要顯示的項目，讓動作研究作業具視覺簡化。

2-8-1 過濾顯示

他是最簡單也是常用的方法，因為立竿見影，尤其是過濾驅動🐝最常用，下圖左。

2-8-2 重新命名

將動作研究管理員的項目改名稱，目視管理，下圖右。

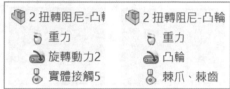

2-8-3 特徵管理員的結構

本節是重中之重，為了動作研究的製作心情，稍微複雜的機構必須 1. 建立資料夾、2. 調整模型和結合條件順序。

🅐 建立資料夾

將模型和結合條件整體建立資料夾，只要把動作研究會用到的移出資料夾外。

🅑 調整模型和結合條件順序

對於動作研究會用到的項目移到最下方，並建立順序甚至名稱。

🅒 爭議處理

比較有爭議的是模型加入資料夾，因為工作還會用到模型時，還要展開資料夾會顯得麻煩，要如何兩全其美呢，其實可以用 3. **過濾驅動**🐝，**僅顯示變更的項目**，下圖右。

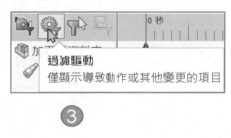

筆記頁

動畫精靈

藉由**動畫精靈**（Animator Wizard）一步步帶領完成動作研究，常用在組合件已經製作好的效果：爆炸、解除爆炸、結合控制器…等。

執行動畫精靈不需放置時間，由精靈將動作與時間帶入動作研究中。

A 進入動畫精靈

有 2 個地方進入動畫精靈：1. 動作研究工具列、2. 關鍵畫格上右鍵，絕大部分用 1 比較快與理解。

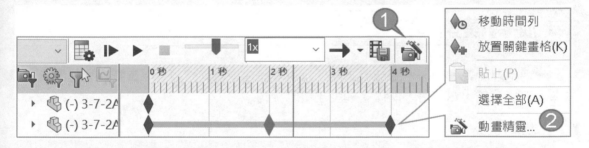

3-0 選擇動畫類型視窗

點選隨後開啟**選擇動畫類型**視窗，利用引導方式產生簡單動畫：1. 選擇動畫類型→2. 下一步。

3-0-1 動畫類型

分別為 5 種動畫類型，也可以看出支援度：1. 旋轉模型、2. 爆炸/解除爆炸、3. 輸入來自基本動作/動作分析、4. 日照追蹤研究、5. 結合控制器。

3-0-2 動畫類型說明

視窗左下方說明上述 5 種必備條件，原則上必須提前做相對條件，否則灰階無法選擇，例如：組合件要先完成爆炸視圖，否則灰階無法選擇爆炸、解除爆炸。

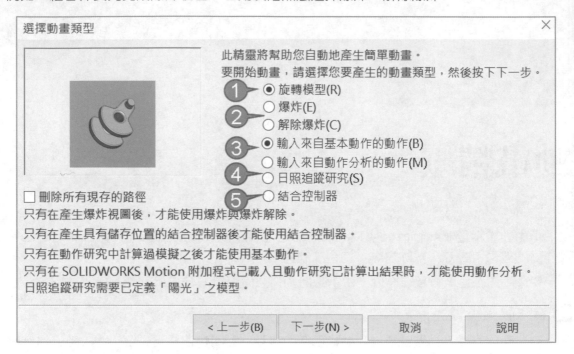

選擇動畫類型　　　　　　　　　　　　　　　　　　　　×

此精靈將幫助您自動地產生簡單動畫。
要開始動畫，請選擇您要產生的動畫類型，然後按下下一步。

① ⦿ 旋轉模型(R)
　○ 爆炸(E)
② ○ 解除爆炸(C)
③ ⦿ 輸入來自基本動作的動作(B)
　○ 輸入來自動作分析的動作(M)
④ ○ 日照追蹤研究(S)
⑤ ○ 結合控制器

☐ 刪除所有現存的路徑

只有在產生爆炸視圖後，才能使用爆炸與爆炸解除。
只有在產生具有儲存位置的結合控制器後才能使用結合控制器。
只有在動作研究中計算過模擬之後才能使用基本動作。
只有 SOLIDWORKS Motion 附加程式已載入且動作研究已計算出結果時，才能使用動作分析。
日照追蹤研究需要已定義「陽光」之模型。

　　< 上一步(B)　　　下一步(N) >　　　取消　　　說明

3-1 旋轉模型

設定模型旋轉的軸向、圈數、方向，類似產品在平台旋轉效果。旋轉模型是唯一不需具備先決條件就可以使用，例如：模型繞 Y 軸旋轉。

A 先睹為快

1. X 軸→2. 旋轉圈數：1→3. 逆時針→4. 下一步。

3-1-1 選擇旋轉的軸：X 軸、Y 軸、Z 軸

動畫精靈軸向與模型空間軸不同，🎥以螢幕平面定義（Z 軸朝自己），例如：螢幕向右軸向=X 軸、向上=Y 軸、垂直螢幕軸向=Z 軸（重點在這），切換軸向過程有動畫預覽，所以不難理解。

A 旋轉圈數

在固定的時間設定模型旋轉圈數，例如：Y 軸轉 2 圈。

B 順時針/逆時針

設定模型沿軸向的旋轉方向，順時針=右轉、逆時針=左轉。

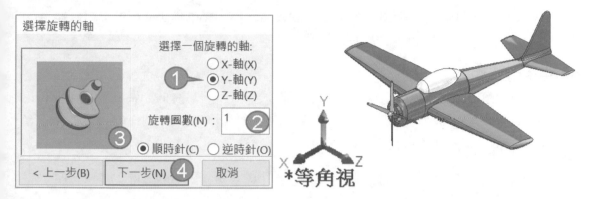

3-1-2 動畫控制選項

定義動畫與延遲時間。

A 時間長度（秒）

設定旋轉時間，例如：3 秒=轉 3 秒。

B 延遲時間（秒）

設定旋轉從哪一秒開始，經常從 0 秒開始產生動作研究，如果設定 2，就會從第 2 秒開始旋轉 3 秒，動畫總時間=5 秒。

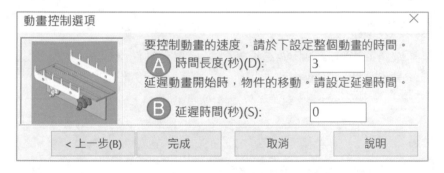

3-1-3 播放

可以看到**方位及攝影機視角**🔍的旋轉動作研究已加入時間列。

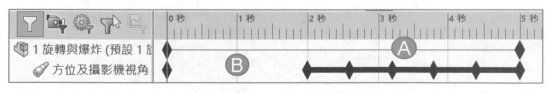

3-2 爆炸、解除爆炸

將組合件的**爆炸**、**解除爆炸**轉移到動作研究中，有很多動作研究可以用組合件製作的爆炸圖來做，減少動作研究製作與運算負擔。

A 適用組合件

必須先在組合件製作爆炸視圖，雖然零件也可以製作爆炸圖，不過目前不支援零件爆炸圖使用，我想未來是可以的。

B 無關聯性

組合件改變爆炸位置或步驟，要重新產生，因為精靈不具關連性。

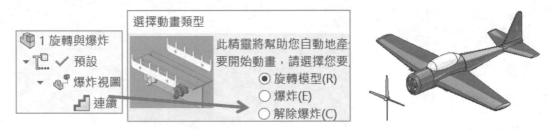

3-2-1 爆炸

將飛機螺旋槳的**爆炸**和**解除爆炸**加入動作研究。設定 0～2 秒螺旋槳爆炸，2～4 秒螺旋槳解除爆炸。

A 動作研究控制選項

設定爆炸動作研究的時間，時間長度（秒）：爆炸動作研究為 2 秒，延遲時間 0 秒：從 0 秒開始製作動作研究，完成後可見爆炸 2 秒的動作研究已加入時間列。

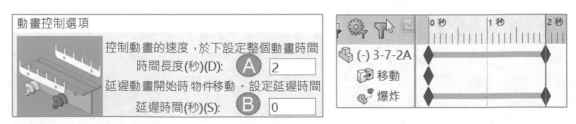

B 調整爆炸視圖秒數

是否還記得爆炸視圖預設為 4 秒，將爆炸視圖由產生到動作研究後，可以由動作研究任意更改時間。

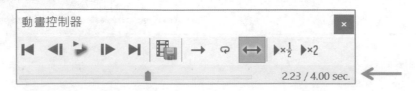

3-2-2 解除爆炸

承上節，接續製作解除爆炸，重點在延遲秒數。

A 選擇動畫類型

選擇**解除爆炸**→下一步。

B 動作研究控制選項

設定解除爆炸動作研究的時間，爆炸動作 0-2 秒，延遲時間從第 2 秒開始解除爆炸，這樣畫格就不會重疊。

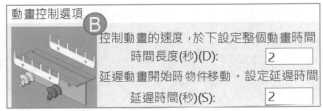

選擇動畫類型

此精靈將幫助您自動地產
要開始動畫，請選擇您要
　○ 旋轉模型(R)
　○ 爆炸(E)
　● 解除爆炸(C)

動畫控制選項

控制動畫的速度，於下設定整個動畫時間
　時間長度(秒)(D)：　2
延遲動畫開始時 物件移動。設定延遲時間
　延遲時間(秒)(S)：　2

C 播放

可以看到解除爆炸動作研究已加入時間列。其實只要利用**往復播放**◄─►同時得到爆炸與非爆炸狀態，就不必製作 2 次，下圖右（箭頭所示）。

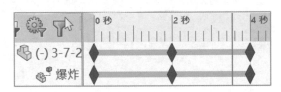
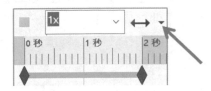

3-2-3 練習：加農砲爆炸，同步作業

透過完成加農砲 4 秒爆炸動作研究，本節爆炸動作比較多，完成後，經過畫格調整，會發現雖然時間一樣為 4 秒，讓步驟同步比較不單板，可看性也增加。

A 爆炸步驟製作

自行完成爆炸導入動作研究。

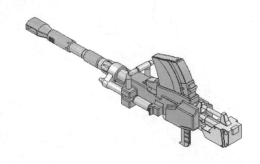
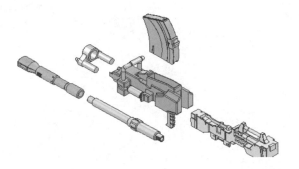

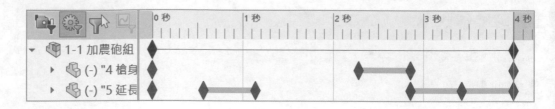

B 爆炸步驟同步作業

爆炸步驟為一個步驟完成才接下一步驟，看起來很死鹹，拖曳畫格讓上下 2 模型的窗格重疊，例如：槍身和彈夾同時進行。

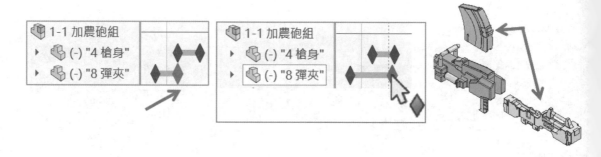

3-2-4 實務：爆炸與隱藏/顯示

模擬素材棒透過模具壓製產生實品，運用 引用**爆炸視圖**可完成 80%動作研究，動作研究只要製作細節即可。

於動作研究製作 1. **素材棒**與 2. **成品**隱藏/顯示作業，這部份有點燒腦，會了話有很多製程動畫都這樣套用。

A 製作爆炸視圖

在組合件完成爆炸視圖，加工製程為爆炸狀態→組合壓製完成，換句話說爆炸狀態=預設畫面，可以見到模具所有組成，再由動作研究完成實際加工樣貌。

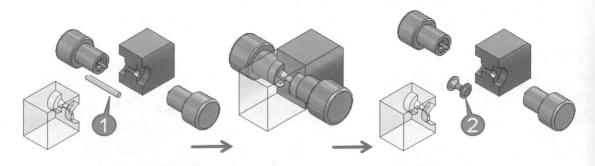

3 動作研究：爆炸視圖（0～3 秒）

本節就是重點了，有很多議題是新體驗。

步驟 1 選擇動畫類型

重點：模型目前為爆炸狀態，製作☑**解除爆炸**將素材擠壓。雖然 1. 素材棒與 2. 成品為重疊狀態，下圖中。這就是核心所在，到時動作研究在某個時間點交互顯示 1. 素材棒或2. 成品即可。

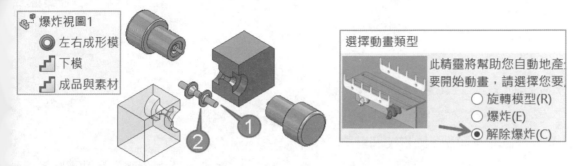

步驟 2 動畫控制選項

由動畫精靈產生 3 秒動畫，傳遞到動作研究，下圖左。

步驟 3 播放查看

可以體會目前為素材棒擠製作業，成品不應該出現，所以先將它隱藏。

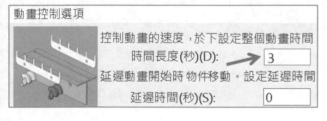

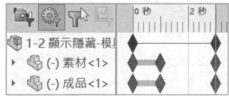

步驟 4 隱藏成品

放置時間在第 0 秒→點選成品→由文意感應**隱藏零組件**。

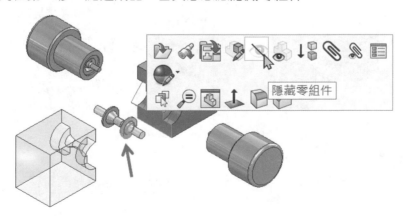

步驟 5 播放

看見素材棒移動模具擠壓效果。

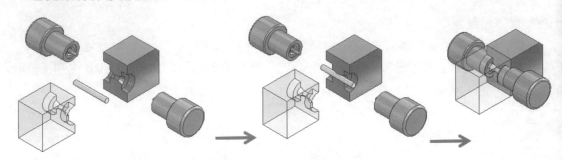

C 動作研究：隱藏素材棒（3-6 秒）

承上節，重複作業進行調整即可，調整過程只是邏輯思考。

步驟 1 選擇動畫類型、動畫控制選項

目前為解除爆炸（非爆炸）狀態，所以☑爆炸，下圖左。**產生 3 秒爆炸動畫**將傳遞到動作研究，其中延遲時間設定 3 秒（因為前 3 秒已經過了），下圖右。

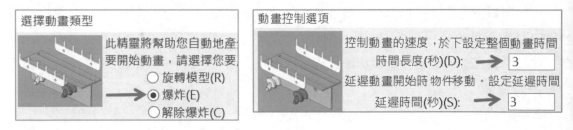

步驟 2 播放查看 3-6 秒的型態

由爆炸狀態應該呈現成品，素材棒隱藏。

步驟 3 查看素材棒外觀

展開素材棒結構，可以見到素材棒外觀沒有關鍵畫格，下圖右（箭頭所示）。

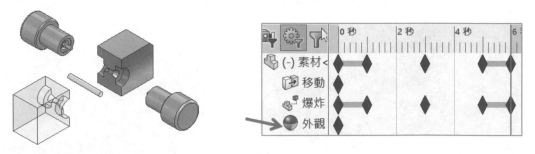

步驟 4 隱藏素材棒

1. 放置時間第六秒→2. 隱藏素材棒→3. 播放會發現 0-6 秒隱藏素材棒。

步驟 5 初部調整隱藏素材棒的關鍵畫格

由第 0 秒拖曳素材棒的畫格到第 3 秒→播放會發現 3-6 秒開始逐漸隱藏素材棒,到第 6 秒才完全隱藏素材棒,還可以更細膩呈現隱藏效果。

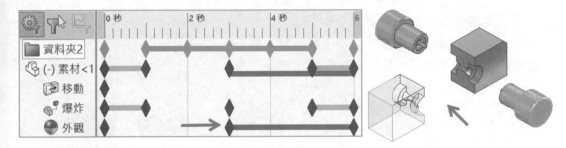

步驟 6 細部調整隱藏素材棒的關鍵畫格

由第 6 秒拖曳隱藏素材棒的關鍵畫格到第 3.2 秒→播放會發現 3~3.2 秒成形模開始退出立即隱藏素材棒,本節故意極短的 0.2 秒讓觀眾看不出素材棒→成形的重疊狀態。

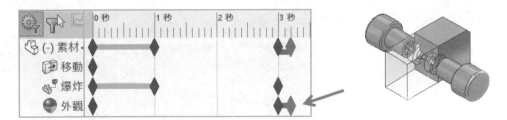

D 動作研究:顯示成品(3-6 秒)

承上節,套用隱藏素材棒的觀念,顯示成品。

步驟 1 查看成品棒外觀

展開成品棒結構,成品外觀沒有關鍵畫格。

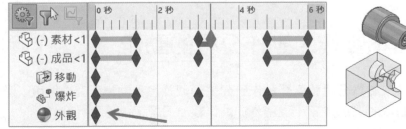
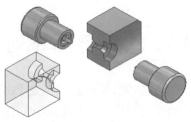

步驟 2 顯示成品

1. 放置時間第 6 秒→2. 在成品上右鍵**顯示成品**→3. 播放會發現 0-6 秒顯示成品。

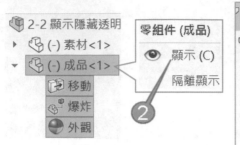
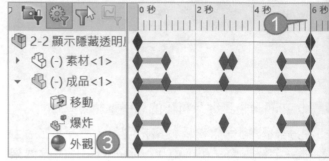

步驟 3 初部調整顯示成品關鍵畫格

由第 0 秒拖曳**顯示成品**畫格到第 3 秒→播放會發現 3～6 秒開始逐漸**顯示成品**，到第 6 秒才完全**顯示成品**，還可以更細膩呈現**顯示成品**效果。

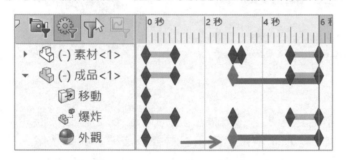
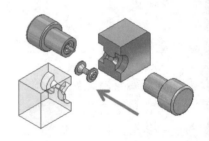

步驟 4 細部調整顯示成品的關鍵畫格

由第 6 秒拖曳**顯示成品**的關鍵畫格到第 3.2 秒→播放會發現 3～3.2 秒成形模開始退出立即**顯示成品**。

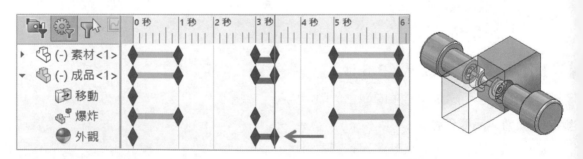

3-3 輸入來自基本動作、動作分析的動作

將已完成的**基本動作**或**動作分析**輸入至**動作研究**，類似錄影到動作研究中，可以避免重新計算，相對也無法更改，完成後會出現輸入的**動作**，下圖左（箭頭所示）。

A 不是已經有了動作研究為何要重做

　　開啟已完成 2 個動作研究模型，分別為：**基本動作**或**動作分析**，會發現**過時的斜影線要重新計算**⚙，下圖右。其實模型沒有被改變可以不必⚙，但習慣上還是會🗀感覺比較保險，就會浪費一些時間做無效動作。

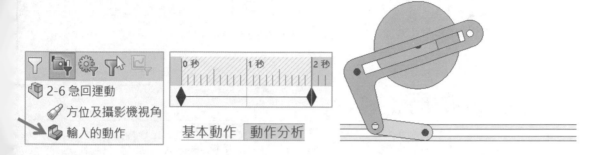

3-3-1 選擇動畫類型

　　☑輸入來自基本動作的動作→下一步，下圖左。

3-3-2 選擇一個動作研究

　　目前有**基本動作**和**動作分析** 2 個標籤，選擇其中一個，下圖右。

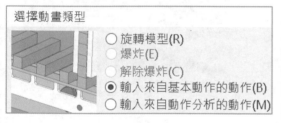 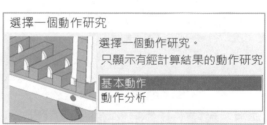

3-3-3 動畫控制選項

　　由動畫精靈產生 3 秒動畫，傳遞到動作研究。

A ☑將零組件定位於開始時間處以符合起始的模擬狀態

　　是否要將**模型**起始位置，完整傳遞於動作研究模式。

3-3-4 播放

　　完成後可以見到**輸入的動作**🦴，可以調整他們的時間，但沒有相對零組件的畫格，並且研究類型只能為**動畫**。

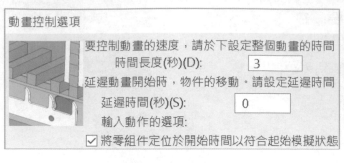

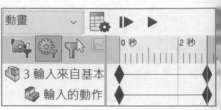

3-4 日照追蹤研究

將太陽光加入模型內，模擬太陽照射時的移動。必須☑PhotoView360 才可以在光源加入陽光☀，有了☀才可在動畫精靈加入日照追蹤研究。

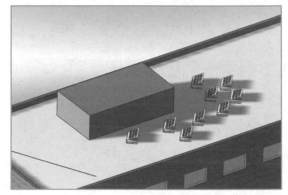

3-4-1 選擇日照追蹤研究類型

設定太陽在選定日期中經過某個時間範圍位移變化。

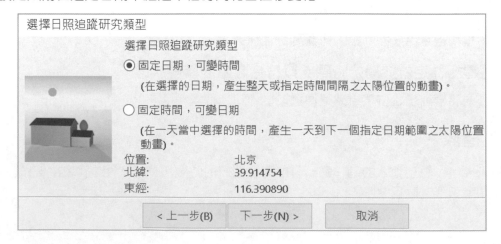

A 固定日期，可變時間

指定日期，設定太陽光照射時間是整天或時間範圍，下圖左。

B 固定時間，可變日期

指定時間範圍，可更改太陽光照射的日期，例如：夏天日照比較久，下圖右。

3-4-2 動畫控制選項

承上節，設定太陽範圍位移變化。

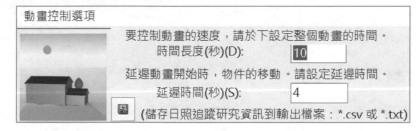

A 儲存資訊至檔案

將太陽照射研究資訊儲存出來。

	A	B	C	D
1	太陽照射研究資訊			
2	位置:	北京		
3	北緯:	39.91475		
4	東經:	116.3909		
5	GMT 時區	8		
7	日期	時間 (hh:	高度 (度)	方位角 (I
8	2023/1/1	17:15	-3.3	242.6
9	2023/1/2	17:15	-3.2	242.6

3-5 結合控制器

將組合件製作的**結合控制器**傳遞至動作研究，讓動作更具支配性，僅支援動作類型：的動畫。

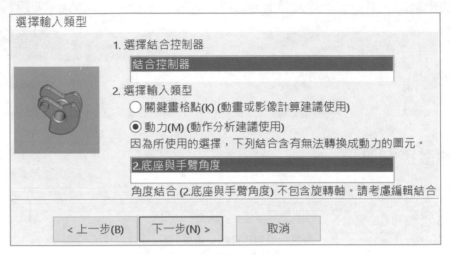

3-5-1 選擇輸入類型

選擇要輸入至動作研究的結合控制器類型：1. 關鍵畫格點（動作研究或影像計算建議使用）、2. 動力（適用動作分析），本節選擇第 1，下圖左。

3-5-2 動畫控制選項：時間長度

定義**動畫時間**與**延遲時間**。時間長度=**結合控制器**的時間（無法更改），例如：結合控制器產生的時間 8 秒，這 8 秒無法更改。

A 事後更改時間

別擔心目前看到 10 秒，只是目前灰階不讓更改，可以在完成後於動作研究更改。

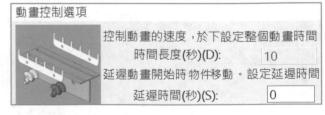

3-5-3 播放

可以見到結合條件的參數控制被轉移到動作研究中。

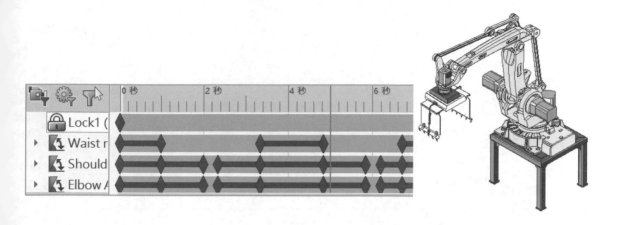

3-6 刪除所有現存的路徑

刪除已經製作好的畫格，不必產生新動作研究→重新使用✋，本節不適用結合控制。

3-6-1 刪除先前製作的動作

1. 點選要刪除的動作類型→2. ☑刪除所有現存的路徑→3. 下一步→4. 時間皆為 0→5. 完成，可以見到爆炸的畫格全部被刪除，下圖右。

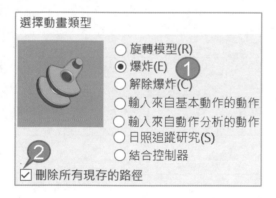

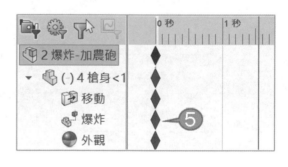

3-6-2 刪除後新增新類型

爆炸動作時間為 0～2 秒，更改為 1～4 秒開始，下圖左。1. 點選爆炸→2. ☑刪除所有現存的路徑→3. 下一步→4. 時間長度 4、延遲時間 0→5. 完成，下圖右。

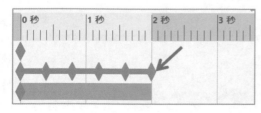

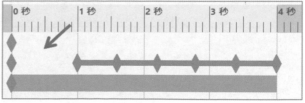

筆記頁

草圖與圖塊動畫

草圖動畫大多應用在設計初期，先模擬機構運動的可行性再建模。

A 僅支援草圖

由於零件可支援的項目僅有草圖，沒支援特徵尺寸，讓很多動畫無法很有效率執行，希望未來改進。

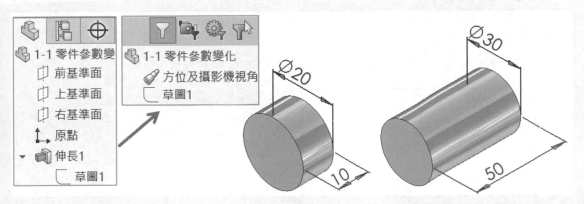

4-1 零件參數變化

本節進行草圖與特徵尺寸變化，加深對動作研究支援認知。

A 草圖環境的限制

草圖參數變化必須在草圖環境下進行，草圖環境無法**新增動作研究**，要新增動作研究必須退出草圖。

B 僅支援修正視窗

更改尺寸不支援 Instant 2d、Instant 3d，僅支援修正視窗下的改變，因為當初動作研究推出時還沒有、功能。

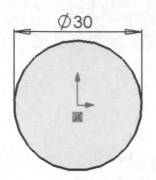
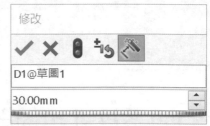

4-1-1 動作研究：草圖參數變化

改變矩型尺寸 50 改為 100。

步驟 1 放置時間到第 2 秒

步驟 2 改變 50 為 100

會發現時間線已加入。

步驟 3 播放，可見尺寸 50～100 變化

步驟 4 無法播放

退出草圖並播放，會發現草圖沒作動，因為僅支援草圖環境。

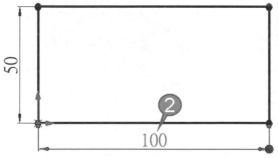
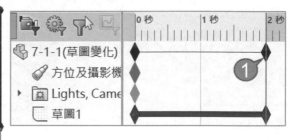

4-1-2 零件參數變化

本節進行草圖和特徵的尺寸變化，驗證為何無法完成動作研究。

步驟 1　放置時間到第 2 秒→編輯草圖

改變草圖圓 30→50，會發現時間線加入也可以播放。

步驟 2　改變特徵長度

退出草圖，改變特徵長度 50→100，會發現時間線沒有變化。

步驟 3 播放

看不出任何變化，以上可知動作研究沒支援特徵下的草圖以及特徵尺寸，但是業界都有這樣的需求，在關聯性動畫中，講解利用技巧完成特徵尺寸的動作研究。

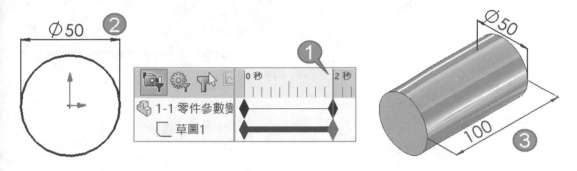

4-2 圖塊拖曳與尺寸

早期很流行圖塊技術，相對地圖塊動作研究也很瘋。現在不流行圖塊了，因為直接產生模型就好，本章還是保留傳統技術和大家分享，時代演進下一版圖塊動作研究不再介紹。

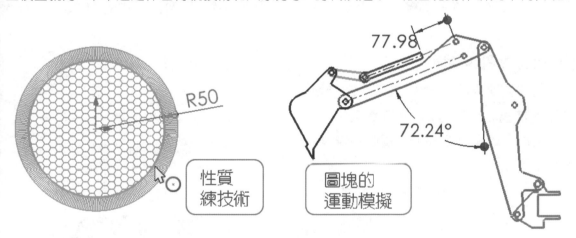

4-2-1 零件圖塊支援

在特徵管理員的草圖環境中新增數個圖塊，以限制條件對圖塊控制。例如：夾手由多個圖塊組成，由同心圓弧的限制條件和尺寸進行關聯，將尺寸進行動作研究。

A 圖塊長度尺寸

在圖塊之間標尺寸，將尺寸加入動作研究，播放後發現圖塊尺寸可以加入動作研究。

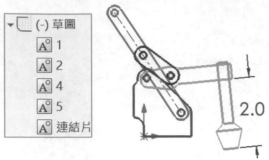

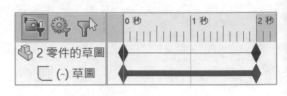

B 拖曳圖塊

拖曳圖塊並不會產生動作研究。

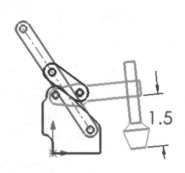

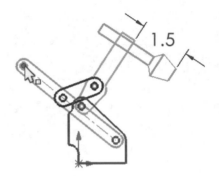

C 練習：圖塊角度

更改圖塊 2 尺寸，將尺寸納入動作研究。

步驟 1 放置時間到第 2 秒→改變尺寸

更改手臂角度 30→50，壓缸距離 180→50。

步驟 2 播放

可以看見同步運動效果，下圖右。

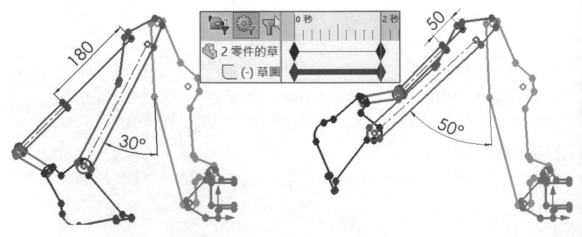

4-2-2 組合件圖塊

　　組合件圖塊支援**拖曳**與**模擬元素**，圖塊分別為 2 個零件，對 SW 來說就是組合件，所以動作研究的功能都可以滿足。

A 組合件圖塊的組裝作業

　　將 2 個零件加入**齒輪結合** 🔗。

B 拖曳圖塊

　　製作 2 秒圖塊拖曳動作，播放後可以得知他們為組合件移動。

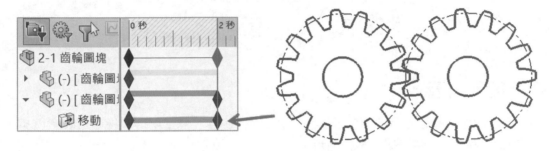

C 模擬元素

　　將圖塊加入旋轉動力，動力方向選擇圓邊線，播放後可以見到零件之間的 🔗。

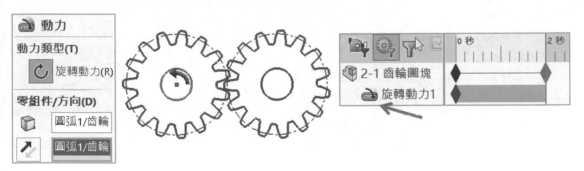

4-3 組合件圖塊：配置（Layout）🔷

　　配置為組合件作業，讓圖塊功能提高以及彈性，本節簡單敘述配置與動作研究的搭配，配置完整說明在組合件書中。

A 配置與非配置

　　如果組合件不是配置環境，圖塊必須要在草圖之下管理（要進入草圖），下圖左，配置環境可以直接在組合件下作業，下圖右。

B 配置環境

最上層組合件圖示旁多了 ⬙，圖塊為獨立不受草圖限制，如此動作研究的支援度就可以被擴充，例如：圖塊之間標尺寸、圖塊的模擬運動。

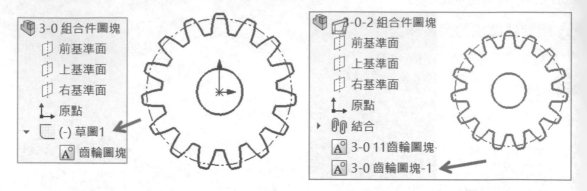

4-3-1 加入配置

在組合件中，會發現有配置工具列→點選配置 ⬙，進入配置環境和**編輯草圖**意思相同，就能拖曳圖塊到組合件，圖塊會在結合下方管理，下圖左（箭頭所示）。

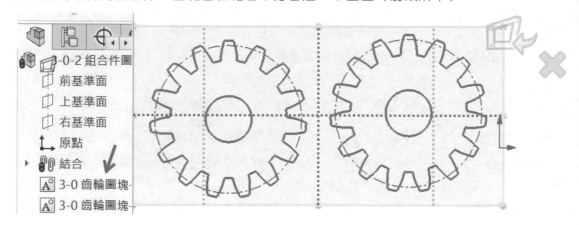

4-3-2 加入牽引限制條件

將 2 齒輪圖塊拖曳至齒形不干涉位置，點選 2 節圓→**牽引（又稱嚙合）** 🔩。🔩是在圖塊間加入類似相切，拖曳讓圖塊產生齒輪的旋轉運動。若草圖不是圖塊，在限制條件看不到**牽引**🔩。

A 配置的圖塊拖曳

拖曳齒輪圖塊可見互相帶動，2 圖塊不同方向旋轉：一個順時針，另一個逆時針。拖曳齒輪圖塊不會加入動作研究，因為配置類似草圖環境，草圖環境的圖塊不支援拖曳。

必須退出配置，就可以產生拖曳圖塊的動作研究，因為 SW 認為這 2 圖塊為 2 零件，下圖左。

3 配置的圖塊加入旋轉動力

承上節，在圖塊上加旋轉動力，因旋轉動力是組合件動作研究指令，下圖右。

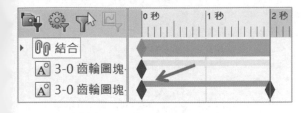
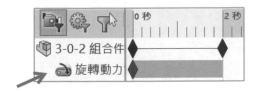

筆記頁

05

分度拖曳運動

在組合件拖曳模型完成動作研究，本章組合件已加入結合條件，分度動作研究是新認知，讓動畫得到解決方案並提高動畫手法到下一境界。

A 分度=分段進行

分度適用規則移動也可以說動畫 3 部曲的循環，避免一次性拖曳造成系統無法解讀，例如：螺旋槳不是連續轉動，而是每次轉 90 度共 4 次=360=1 圈。

B 我們的認知 VS SolidWorks 的理解

我們認知**線性**，而軟體認知**迴圈**，當我們想 0-360 度繞 1 圈，但軟體認為從頭到尾的位置是相同的，例如：0 度和 360 度位置相同。

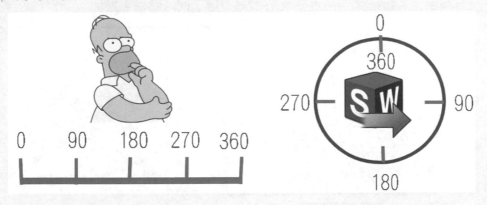

5-1 分度：圖片

模擬照片在相框內上移效果，準備 2 個零件：1. 磚塊牆、2. 鋼彈圖片。

A 圖片大小

插入圖片會讓檔案變大，要控制圖片大小，最好 Jpg，避免使用 Tif、Bmp、Tga…等假設模型檔案 1MB，照片 1MB，模型檔案為 2MB。

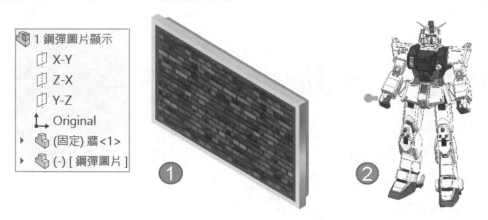

5-1-1 動作研究

10 秒完成鋼彈照片上移，移動要製作分度，避免速度太快影響視覺，將照片上移分 2 段完成：0～5 秒移動前半段、6～10 秒移動後半段。

步驟 1 拖曳圖片到腰部位置

放置時間到第 5 秒位置，用圖片旁紅色控制棒，拖曳圖片到腰部。

步驟 2 拖曳圖片直到磚牆顯示

放置時間到第 10 秒，拖曳圖片到底，看到磚牆為止。

步驟 3 播放

看見照片移動效果。

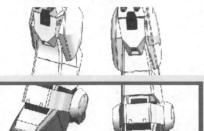

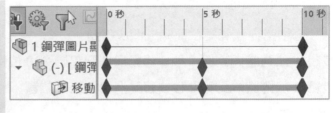

5-2 分度：來回移動滑塊

將滑塊移動分成 2 種說明：1. 同一時間來回和 2. 不同時間來回。

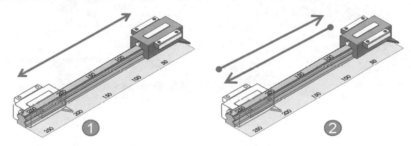

5-2-1 同一時間滑塊來回移動

2 秒完成滑塊來回移動並查看效果。

步驟 1 製作滑塊來回移動

放置時間到第 2 秒，拖曳滑塊來回移動。

步驟 2 播放

滑塊幾乎不動，對系統來說**起始**和**結束**位置都是同一地方。

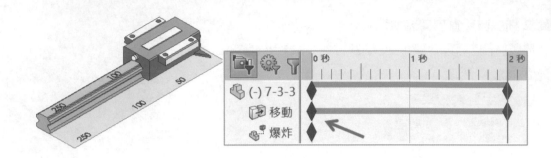

5-2-2 不同時間拖曳滑塊

分別第 1 秒和第 2 秒完成滑塊移動。

步驟 1 放置時間到第 1 秒→移動滑塊到起始 200 位置

步驟 2 放置時間到第 2 秒→移動滑塊結束 0 位置

步驟 3 播放

完整見到滑塊來回移動。如果只是單純看來回效果，只要將重放模式改為**往復播放**↔，但這樣會不知道分度的意涵。

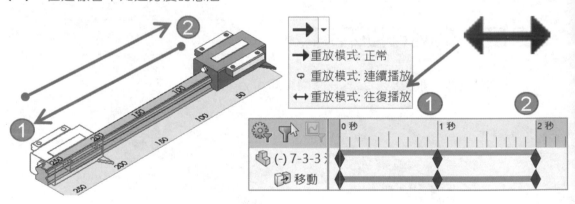

5-3 分度：螺旋槳旋轉

分度拖曳螺旋槳並認識從動件的時間列圖示，葉片加上不同顏色，好辨識轉動位置。

5-3-1 引擎分度

分 2 個階段旋轉螺旋槳：1. 連續轉動、2. 分段拖曳。

A 連續轉動螺旋槳

讓螺旋槳 2 秒完成轉 1 圈效果。

步驟 1 放置時間到第 2 秒→拖曳螺旋槳轉 1 圈

拖曳螺旋槳會發現移動的時間線已加入。

步驟 2 播放

螺旋槳不如所願轉 1 圈，類似抖動，其實 0 度和 360 度位置相同，造成運動模糊。

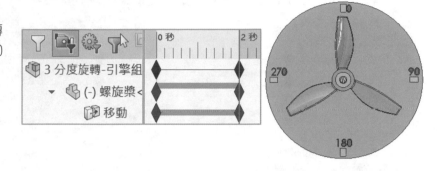

B 分段拖曳螺旋槳

將 1 圈拆成 4 等分，每等分 90 度（1/4 圈），2 秒完成螺旋槳轉 1 圈效果。

步驟 1 製作螺旋槳轉 1/4 圈

放置時間到第 0.5 秒位置，拖曳螺旋槳轉 1/4 圈。

步驟 2 製作螺旋槳轉 2/4 圈

放置時間到第 1 秒，拖曳螺旋槳轉 2/4 圈。

步驟 3 重複 1、2 步驟，依續累加至第 4 秒

自行完成螺旋槳剩下圈數：3/4 圈、4/4 圈。

步驟 4 播放

看螺旋槳是否如願轉 1 圈完成結果。

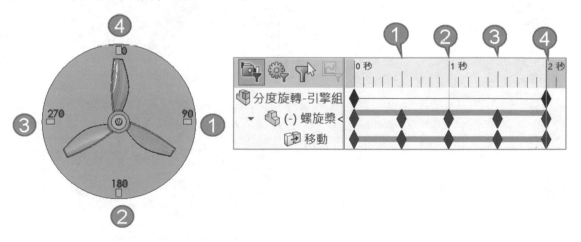

步驟 5 刪除從動畫格

除了螺旋槳以外，汽缸頭、曲柄軸、汽缸桿的畫格以從動顯示（灰色），刪除來提高計算效能，由於本節的模型不複雜，所以這作業感覺不強烈。

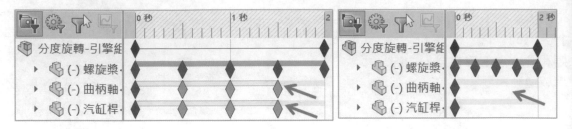

5-3-2 練習：連桿分度

分 3 階段完成 2 秒拖曳左下方短連桿，感受這之間的差異。

A 連續轉動連桿

播放後會發現短桿左右搖擺。

B 分 2 段轉動連桿、分 4 段轉動連桿

播放後會向下來回。完整的轉一圈。

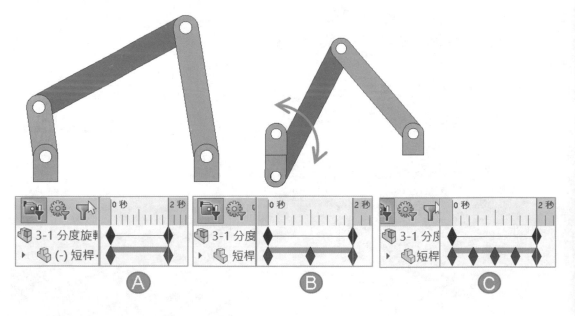

5-4 延遲：拖曳-鎚球

本節說明調整畫格讓模型動作產生間隔。利用拖曳技巧 1. 移動鎚子讓鎚子碰到球後 →2. 球呈拋物線離去，模擬鎚球效果。

5-4-1 定義鎚子撞球時間和位置

讓鎚子由第 0 秒開始以 1 秒往下撞到球。

步驟 1 模型視角

切換至前基準面,較好判斷鎚子和球位置。

步驟 2 槌子動作研究

1. 拖曳槌子到左上→2. 放置時間到第 1 秒→3. 拖曳鎚子到球接近碰撞位置。

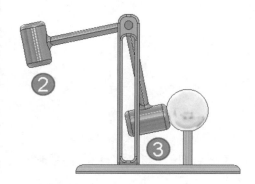

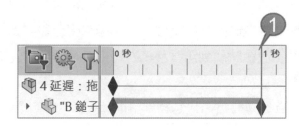

5-4-2 定義球的時間和位置

由第 1 秒拖曳球離去到第 2 秒結束。

步驟 1 放置時間到第 2 秒

步驟 2 拖曳球離開

拖曳球離去過程有拋物線會比較像。

步驟 3 播放

看看鎚子和球運動效果,會發現球在第 0 秒和鎚子同時移動。

步驟 4 調整球的畫格

拖曳球的畫格到第 1 秒,讓 0-1 秒不動作。

步驟 5 播放

這時可見鎚子撞球的合理動畫。

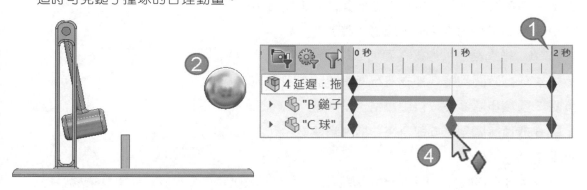

5-5 來回旋轉：密碼鎖

密碼盤上有刻度，拖曳完成開鎖，本節說明旋轉分度作業，開鎖密碼：右 10→左 60→右 5。分 2 階段開鎖：1. 連續轉動、2. 間隔轉動，來查看差異。

5-5-1 轉盤連續轉動

將轉盤數字分別移動到右 10→左 60→右 5，每數字 1 秒，共 3 秒。

步驟 1 起始位置：拖曳轉盤數字到 0

步驟 2 放置時間到第 1 秒→右轉拖曳轉盤數字到 10

步驟 3 放置時間到第 2 秒→左轉拖曳轉盤數字到 60

步驟 4 放置時間到第 3 秒→右轉拖曳轉盤數字到 5

步驟 5 播放

查看轉盤是否分別移到 10→60→5，無法識別數字是否到位造成眼花花，容易眼睛疲累與不安定感，簡單的說這方法失敗。

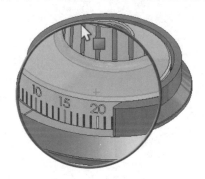
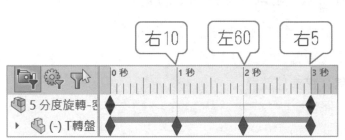

5-5-2 轉盤間隔轉動

在每個密碼切換過程，間隔 1 秒。

步驟 1 起始位置：拖曳轉盤數字到 0

步驟 2 放置時間到第 1 秒→往右拖曳轉盤數字到 10

步驟 3 複製畫格到第 2 秒（間格 1 秒）

CTRL 拖曳第 1 秒的畫格到第 2 秒，代表間格 1 秒。

步驟 4 放置時間到第 3 秒→往左拖曳轉盤數字到 60

步驟 5 重複步驟 3 完成複製畫格

步驟 6 放置時間到第 5 秒→往右拖曳轉盤數字到 5

步驟 7 播放

轉盤分別移動到 10→60→5，觀看過程比較順眼與專業度，就是要培養這種感覺。

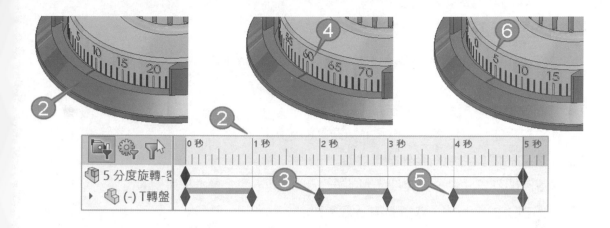

5-6 進階移動：機器人組裝

這組有關聯動作，關鍵在同時進行身體和頭部組裝。本節以難易度拆 3 個動作：1. 齒輪推動 XY 推桿、2. X 推桿往右帶動身體移動、3. Y 推桿向下帶動頭部組裝。

A 1 組循環

1. 拖曳齒輪帶動推桿→2. 身體移動→3. 頭部移動，由於該機構為重複性的生產線，只要完成組裝循環，**重複播放**⟳即可。

B 動作分析理論

模型要接觸才可堆動身體和頭部，沒透過**動作分析**還真做不到，但是**動作分析**會有運算負擔以及很高的操作程度，絕大部分動作只是示意效果。

C 拖曳用騙的（動畫示意）

用拖曳完成接觸並帶動下一個動作，還可天衣無縫看不出破綻，更可以快速完成。

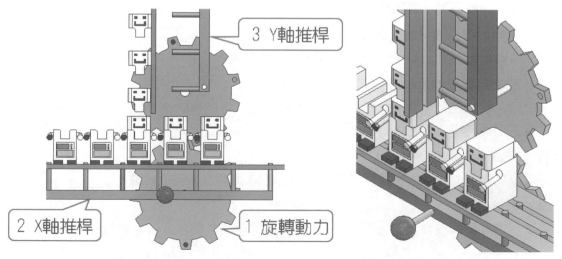

5-6-1 齒輪轉動

齒輪轉 1 圈為 1 循環（身體和頭部組裝），將齒輪轉動 4 個分度（每分度 90 度），每分度 1 秒，轉 1 圈共 4 秒。

步驟 1 起始位置：拖曳把手到左邊（270 度）

紅色把手當作分度基準，也是推桿運動的起始位置。

步驟 2 放置時間與拖曳把手到結束位置

放置時間到第 1 秒→拖曳把手到上方（90 度），剛好是推桿最頂的位置。

步驟 3 重複上述 2 步驟，依續累加至第 4 秒

步驟 4 播放

查看齒輪轉 1 圈情形，接下來就不必考慮齒輪旋轉。

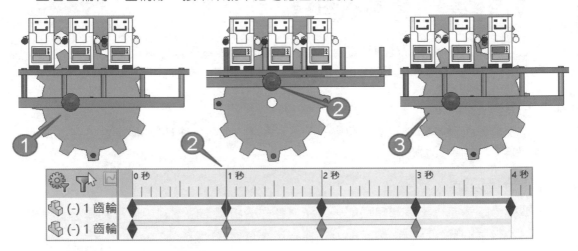

5-6-2 X 平台推動身體

模擬推桿推身體，這階段 0～2 秒是身體組裝循環。

步驟 1 起始位置：將機器人定位

第 0 秒位置是起始點，移動完整機器人至頭部下方。

步驟 2 放置時間到第 1 秒

可以見到推桿目前為第 1 秒的位置，自行拖曳完整身體到推桿旁，不用做到無縫狀態，不然會花很多時間在喬。

步驟 3 放置時間到第 2 秒

可以見到推桿目前為第 2 秒的位置，自行拖曳完整身體到推桿旁。

步驟 4 播放

看推桿動作與完整身體移動是否一致，其實推桿和身體各走各的，只是同步在走而已。

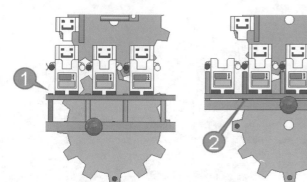

5-6-3 製作 Y 平台推動頭部

完成上方推桿和頭部同步動作。

Ⓐ Y 平台堆桿位置判斷

拖曳時間棒，找出第幾秒推桿位置開始向下推動頭部，例如：第 1 秒（箭頭所示）。記得，目前是第 0 秒，不得拖曳齒輪查看推桿位置，系統會更新 X 軸起始位置。

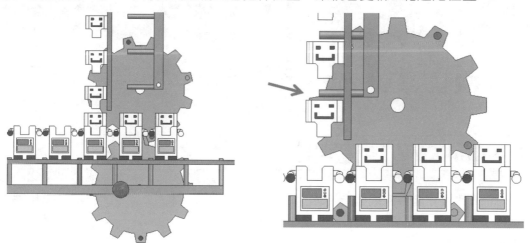

Ⓑ 頭部動作研究

步驟 1 第 0 秒起始位置：定位頭部

　　頭部在推桿下方，定義頭部的起始位置。

步驟 2 放置頭部的畫格 1 秒位置上

　　頭部從 1 秒開始運動。

步驟 3 放置時間到第 2 秒，推動頭到推桿下側

步驟 4 放置時間到第 2.5 秒，推動頭到推桿下側

步驟 5 放置時間到第 3 秒，推動頭與身體組裝

步驟 6 播放：精緻和時間要求平衡，如果有小干涉，不要太過於理會

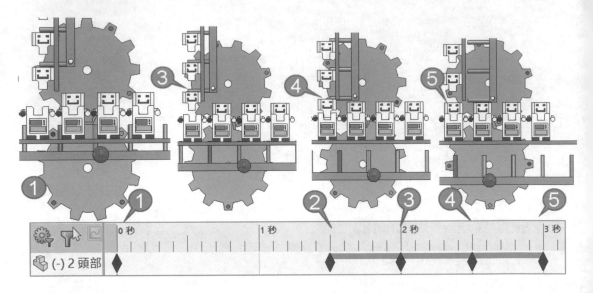

步驟 7 優化動作研究

將從動畫格刪除，更體會到動畫播放的流暢度。

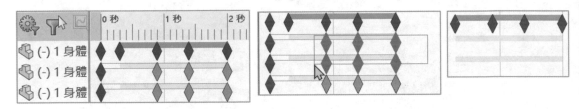

5-7 Delta XYZ 精確定位

本節說明移動/旋轉零組件指令的 Delta XYZ 項目，輸入△X、△Y、△Z 精確移動模型定位，更能體會只要有參數都可以製作動畫。

5-7-1 移動零組件

滑塊 2 秒在滑軌上移動 200mm。

步驟 1 滑塊在第 0 位置上→放置時間到第 2 秒

步驟 2 點選滑塊→移動零組件→由 Delta XYZ

步驟 3 套用滑塊移動

在 Z 軸輸入 200→套用。

步驟 4 播放

滑塊在 2 秒時間沿 Z 軸移動 200mm。

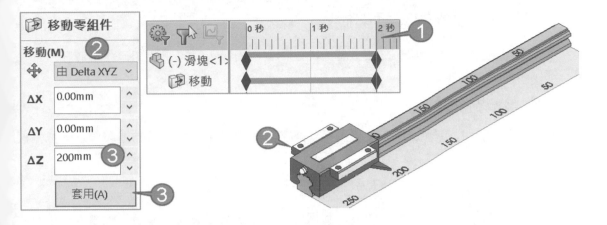

5-7-2 旋轉零組件

利用的△XYZ 輸入參數,精確轉動秒針帶分針與時針,達到時鐘效果。無法 Z 軸一次輸入 360 度,因為起始和終止位置相同,所以要利用分度作業將秒針轉 1 圈分 4 段(90度),每段 1 秒,共 4 秒完成。

步驟 1 秒針在 0 位置上,放置時間到第 1 秒

步驟 2 選擇秒針→旋轉零組件,由 Delta XYZ

步驟 3 套用秒針旋轉

在△Z 輸入-90→套用,這時秒針會在 3 位置。

步驟 4 重複步驟 1~3,依續累加至第 4 秒

步驟 5 播放

可看見秒針轉 1 圈並帶動分針效果,4 秒後分針會 2 的位置,下圖右。

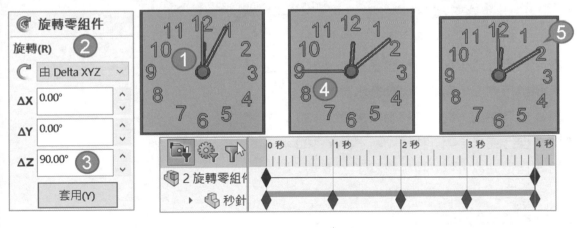

5-7-3 應用：墨水架移動與旋轉

1. 將墨水盒放入墨水夾→2. 蓋上蓋子，動作看似困難，其實只要知道距離並在 Delta XYZ 輸入參數就可達到。

🅰 草圖建構移動參數

每段依草圖尺寸進行移動，讓盒子與草圖加入限制條件，可以在動畫製作之前拖曳模擬運動情形。

🅱 草圖建構移動參數

墨水盒移動共 6 段，每段 1 秒，共 6 秒。前 5 段墨水盒移動，最後 1 段讓蓋子蓋上。

步驟 1 墨水盒在 0 位置上→放置時間到第 1 秒

步驟 2 點選墨水盒→移動零組件🗐，由 Delta XYZ

步驟 3 移動墨水盒 Z200

△Z 輸入 200→套用。

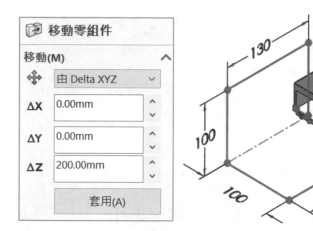

步驟 4 自行完成，第 2 秒移動墨水盒 X-100

步驟 5 自行完成，第 3 秒移動墨水盒 Y100

步驟 6 自行完成，第 4 秒移動墨水盒 Z-130

步驟 7 自行完成，第 5 秒移動墨水盒 Y-100

步驟 8 自行完成，第 6 秒旋轉蓋子 X90

扣夾目前 0～6 秒轉 90 度。

步驟 9 調整扣夾運動時間

移動扣夾起始畫格到第 5 秒，讓扣夾 5-6 秒轉動 90 度。

步驟 10 播放

看見墨水盒進入墨水夾中，最後蓋子蓋上。很可惜無法事後得知移動或旋轉的參數，該指令也不會留下特徵記錄，如果要有特徵記錄，就要用結合條件了。

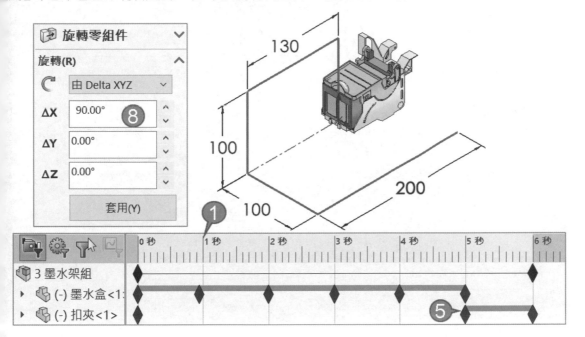

筆記頁

06

組合件結合運動

　　透過結合條件的距離⊬、角度⌐、路徑ℒ...等參數完成動作研究，參數可以精確移動，也可以留下記錄，結合條件完整的教學在組合件書中。

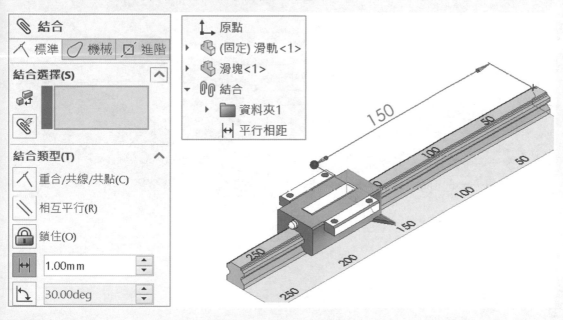

6-0 結合尺寸與結合控制

　　結合條件絕大部分包含尺寸，動作研究呼叫尺寸有多種方法，這些都是 SW 共同操作，本節特別整理說明。

6-0-1 呼叫尺寸的方式

在 Motion Manager 中，1. 展開結合◍◍，可以看見 2. 平行相距⊢⊣的圖示→也可以展開⊢⊣看見 3. 距離✧（適用動作研究）。

6-0-2 將尺寸加入動作研究的支援

有多種方式將尺寸加入動作研究：

A. 點選螢幕尺寸

B. 快點 2 下平行相距⊢⊣

C. 快點 2 下指令內的距離✧（適用動作研究）

D. 距離上右鍵→編輯尺寸（適用動作研究）

E. 在特徵管理員，編輯指令，在特徵內改尺寸

6-0-3 指令與尺寸差異

嚴格講起來這 2 者皆為尺寸，不過有些微差異，例如：2. 平行相距⊢⊣=指令、3. 距離✧=尺寸，快點 2 下任何一個都可以修改參數，算是多元操作。

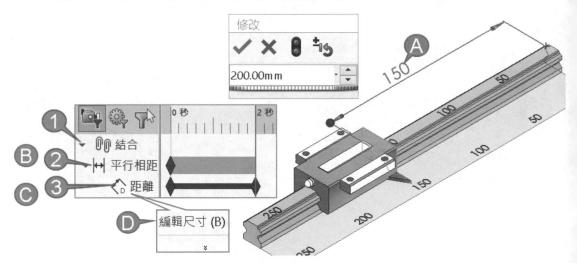

6-0-4 不支援 Instant3D 尺寸✎

動作研究支援修改視窗的尺寸變更，✎尺寸不記錄在動作研究中，這部分先前有說明過，常遇到同學在這裡會忘記這觀念。

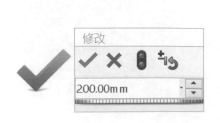

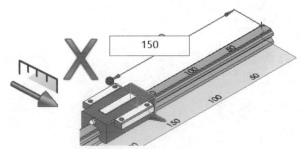

6-0-5 編輯結合特徵 🔧

動作研究標籤中無法對結合進行**編輯特徵** 🔧，只能回到特徵管理員編輯結合特徵 🔧，下圖左。

6-0-6 不支援：基本動作和動作分析

結合條件不支援**基本動作**和**動作分析**，計算過程會出現不支援的訊息，計算結果不會是我們要的，下圖右。

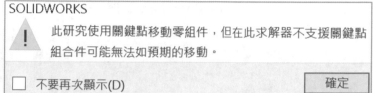

6-0-7 支援有範圍的結合條件（尺寸）

動作研究支援有範圍的結合條件，例如：**進階距離**⊢┤或**進階角度**△。早期不支援上述兩種，也會出現不支援的訊息。

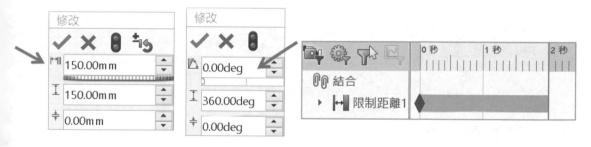

6-1 距離動畫 ⊢┤

利用距離尺寸⊢┤完成動作研究，可以不必使用模擬元素的**直線動力**🔧。

6-1-1 滑塊

將滑塊設定在 2 秒內完成移動 200mm 效果。

步驟 1 修改平行相距

放置時間到第 2 秒➔快點兩下⊢┤圖示，修改參數到 200。

步驟 2 播放

滑塊由起始到結束移動 200，沒必要再製作滑塊回去動畫，改為**往復播放**◄►即可。

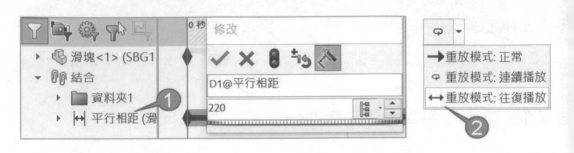

A 練習：升旗

修改國旗 3 秒升旗 1450mm，因為旗桿長度 1450mm。

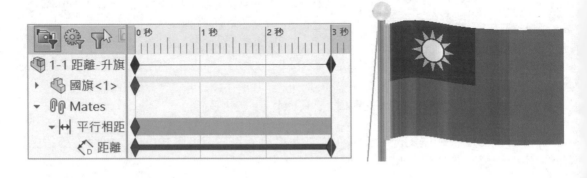

6-2 角度動畫

角度控制與距離控制做法相同，可以很快上手。

6-2-1 活動門

修改門框與門角度尺寸，達到活動門效果。放置時間到第 2 秒，快點 2 下角度圖示，修改 70 度。

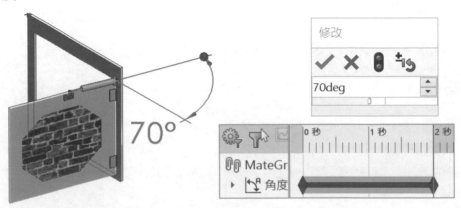

6-2-2 螺旋槳

螺旋槳為進階角度 0～360，自行完成以 2 秒轉動 360，更能體會支援進階角度。

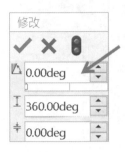

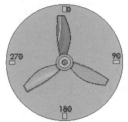

6-2-3 方向盤左轉→右轉

完成方向盤左轉 30、右轉 30 度，分 3 秒完成，過程中有細膩度要考量。

步驟 1 方向盤第 0 秒 0 度

起始位置。

步驟 2 方向盤第 1 秒左轉 30 度

步驟 3 方向盤第 2 秒 0 度

算回正，這樣就不會左轉直接短時間右轉，看起來很急促。

步驟 4 方向盤第 3 秒 -30 度

輸入負值為另一轉向（右轉）。

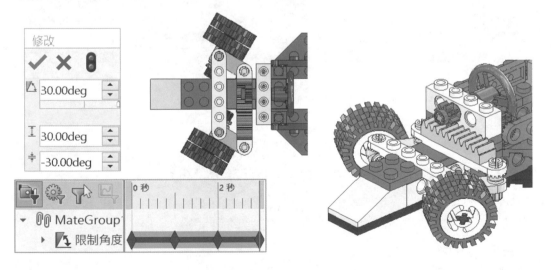

6-2-4 武器箱

武器箱分上下 2 門，先開上門再開下門，這樣才符合實際狀態，否則會干涉。分 2 階段完成開門效果：0～2 秒，上門開 120 度→2～4 秒，下門開 120 度。

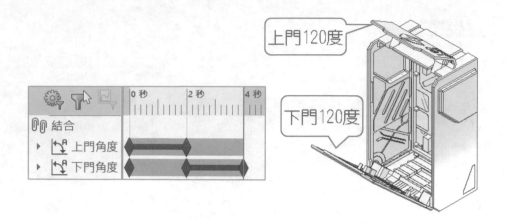

A 上門開啟 120 度

改變上門角度至 120 度，讓上門開啟。

步驟 1 修改角度

放置時間到第 2 秒→點選上門角度圖示，修改參數到 120 度。

步驟 2 播放

看見上門開啟效果。

B 下門開啟 120 度

上門開啟後，改變下門角度至 120 度，讓下門開啟。

步驟 1 修改角度

放置時間到第 4 秒→點選下門角度圖示，修改參數 120。

步驟 2 拖曳關鍵畫格

在第 0 秒拖曳下門畫格到第 2 秒，讓下門從第 2 秒開始作動。

步驟 3 播放

上門開啟後，下門再打開，並非 2 門同時開啟。

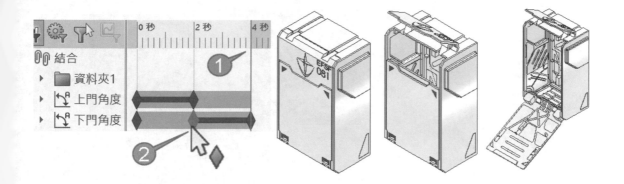

6-2-5 練習：距離＋角度運動

以機器手臂為例，完成手臂與夾手的移動與旋轉。

步驟 1 0-1 秒，**手臂上升 150**

步驟 2 0-2 秒，**手臂旋轉 90**

手臂上升順便旋轉 90 度。

步驟 3 1-2 秒，**夾手旋轉 90 度**

手臂旋轉，夾手順便旋轉 90 度。

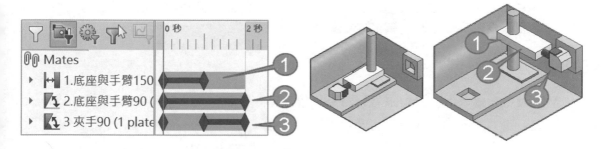

6-2-6 練習：分度拖曳＋角度運動

以風扇葉片為例，葉片用分度，角度擺頭左 30 度、右 30 度。

步驟 1 2 秒鐘讓葉片轉 1 圈

步驟 2 0～1 秒左轉 30 度

步驟 3 1～2 秒右轉 30 度

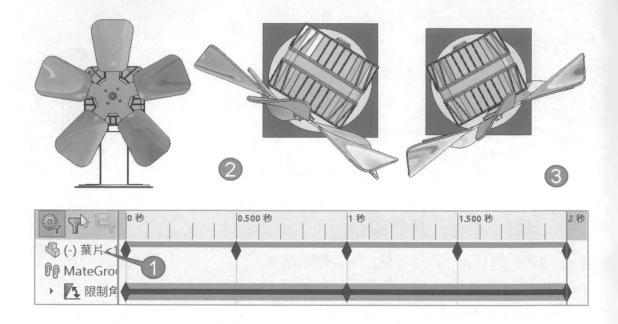

6-3 對稱運動 ⌀

由基準面與另一組相對面結合而成的對稱機構，例如：分規或夾板，製作拖曳的動作研究，本節機構已完成**互為對稱**⌀結合條件。

6-3-1 分規

拖曳其中一邊，另一邊會跟著移動。1. 放置時間到 2 秒→2. 拖曳分規到開啟位置。

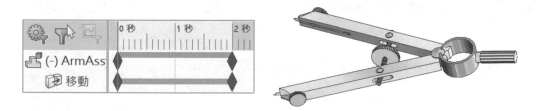

6-3-2 練習：夾板

拖曳讓板子往 2 側開合，也可應用在門窗等需要開合的活動機構。

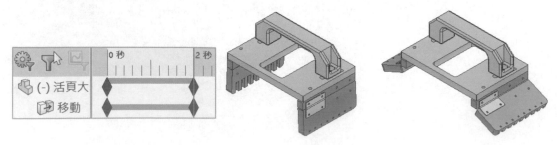

6-4 線性聯軸器動畫 ⬱

　　線性聯軸器⬱屬限制結合，讓模型間建立距離比例。

6-4-1 刻度尺

　　拖曳刻度尺移動比例 1：2，左邊移動 1 格，右邊滑塊移動 2 格，以**等比**距離拉遠。

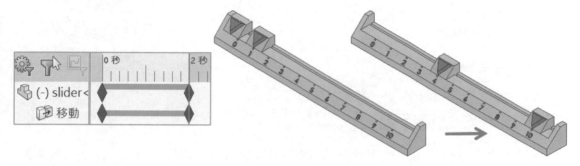

6-4-2 線性滑台

　　滑台有 3 滑塊，每滑塊長 250mm，小滑塊帶動中滑塊行走，移動比例 1：2，將上方小滑塊產生動作研究。

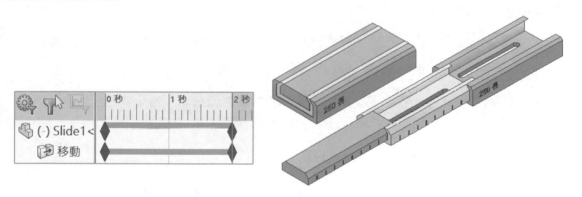

6-5 路徑結合動畫 ⌒

　　使用**路徑結合**⌒限制模型在路徑上活動，本節說明和路徑有關的多種動作研究，其實它不一定要曲線，直線也可完成路徑結合。

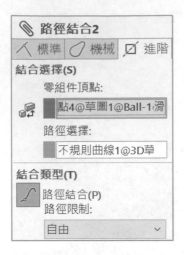

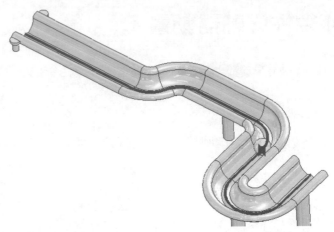

6-5-1 球沿 S 軌道行進

　　讓球沿著 S 軌道行進，一開始會想拖曳球一氣呵成來完成動作研究，不過會有問題，本節說明多種動作，更能體會動作研究的精神。

A 拖曳球，一氣呵成

　　拖曳球沿著 S 軌道行進，早期版本播放後球會來回亂跑，不過現在一氣呵成是可以的。

B 拖曳球，分度

　　分 4 段完成整個路徑，拖曳過程中球會亂跑，因為曲線上拖曳會造成力的分量。

C 使用自由以外的限制選項

　　產生**新動作研究**時，會出現**使用自由以外的限制選項**說明，告訴我們使用自由的項目會造成動作研究無法正確解析，如同上一節的分度作業。

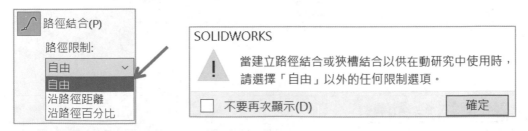

6-5-2 沿路徑百分比

　　以路徑百分比 0～100％定義球位置。

步驟 1 第 0 秒球在 0％位置

步驟 2 放置時間在第 2 秒

步驟 3 修改路徑百分比到 99%

1. 路徑條件上快點兩下輸入 99% 或 99.9，無法輸入 100，這部分希望 SW 改進。

步驟 4 播放，可以見到球完整的沿路徑移動

A 路徑百分點為何是 99%，不是 100%？

理論上球到終點應要 100% 才對，早期版本可以輸入 100 不過球會反彈，所以設定為 99.9% 讓球模擬出近 100% 位置即可。

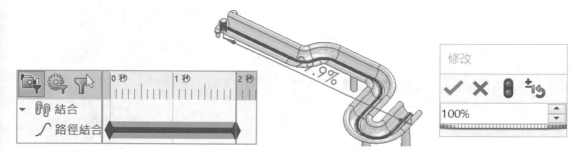

6-5-3 距離

以距離定義球的位置，路徑長度 310，定義 2 秒讓球由 0～310 移動。

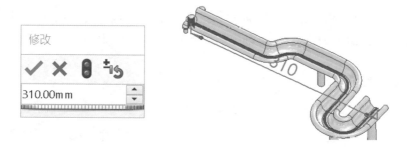

6-5-4 驗證：飛機起飛

利用路徑的自由、距離、百分比來控制飛機飛行，製作過程會覺得怪怪的，播放也是如此，例如：飛機飛行過程會異常抖動，由動作研究的移動圖示不正確的連續。

A 問題原因

1. 路徑線段複雜
2. 彎曲幅度過小
3. 拖曳本身就是模糊解
4. 研究類型**動畫**不適合迴圈式的運算解。

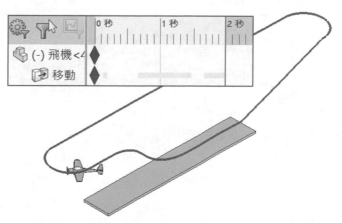

6-5-5 練習：機器手臂

利用路徑百分比來控制手臂左邊移動到右邊。

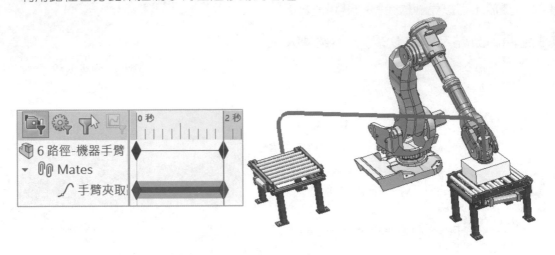

6-6 凸輪運動

凸輪特性是從動件帶動機件運動，擁有最大特點：往復運動。於組合件先製作凸輪結合◯，透過**旋轉動力**帶動軸心產生動作研究，觀看運動效果。

6-6-1 內燃機組

引擎運轉帶動凸輪，透過凸輪讓氣門做間歇性運動。

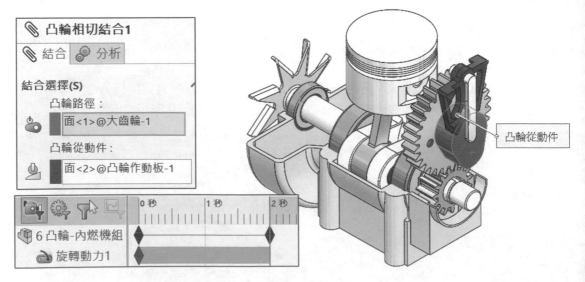

6-6-2 噴畫機

利用凸輪特性帶動滑塊,完成上下、左右移動。先製作凸輪結合,讓凸輪帶動滑塊。透過**旋轉動力**帶動軸心產生動作研究,觀看運動效果。

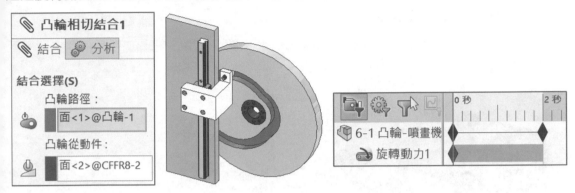

6-7 齒輪運動

齒輪是機構運動中最常見的,讓 2 模型相對旋轉。

6-7-1 動力火車

模型元素不宜過多,將火車內部齒輪加上**齒輪**結合,以**齒條小齒輪/小齒輪**帶動火車在鐵軌上行走,利用**直線動力**帶動火車在鐵軌行走。

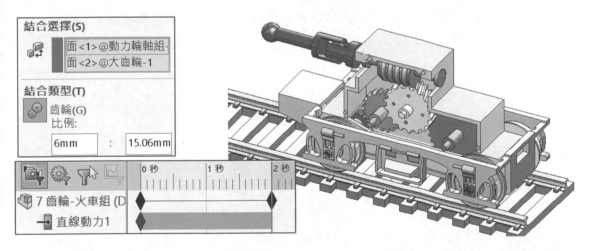

6-7-2 自行車

利用齒輪結合,模擬腳踏板帶動前後輪旋轉,可透過 2 種方式:1. 加入 3 個旋轉動力、2. 加入齒輪結合,並體會這之間的差異。

A 自行車加 3 個旋轉動力

1. 腳踏、2. 前輪、3. 後輪，這是普遍想到的方式，但模擬元素太多，想也知道電腦會算很久。

B 在自行車上加入齒輪結合

分別在腳踏和前輪製作 1 個🐜、腳踏和後輪製作第 2 個🐜，把🐌加在腳踏地方，即可完成動力效果。

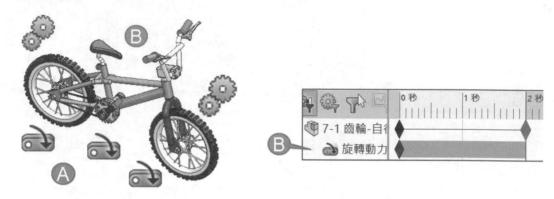

6-7-3 鏈輪與鏈條

鏈條傳動力量大，用在重負荷上。製作不帶動鏈條模擬為大宗，因為鏈條太消耗 CPU 效能，對設備的機構模擬運動來說，鏈條會不會動不是重點。

A 鏈條複製排列🔗

自 2015 年推出**鏈條複製排列**🔗，將鏈輪加入🐌帶動鏈條，觀看運動效果，不過只有練輪會動，鏈條不會動。

B 齒輪結合🐜

現今越多人要求鏈條也可一起移動，可運用齒輪結合🐜就不必真實計算，1. 將 2 鏈輪製作**齒輪結合**、2. **鏈條與鏈輪**製作**小齒輪/小齒條**🌼。

C 直線動力➡

將鏈條右基準面作為直線動力源，產生直線動力。

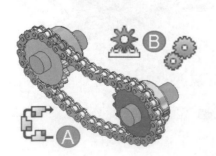
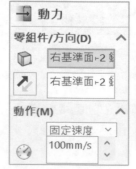
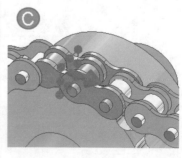

6-8 齒輪/小齒條運動 🌼

　　齒條可將旋轉轉換為直線移動，就不必使用 1. 旋轉＋2. 直線模擬元素，如此只會增加製作和運算時間。

6-8-1 轉向機構

　　齒輪旋轉帶動 2 齒條分別往左右移動，要有 2 個**齒條/小齒輪**🌼結合條件。先製作🌼，再透過**旋轉動力**🖲️或**直線動力**🔲帶動齒輪。

6-8-2 壓餅機

　　滑鼠拖曳把手，產生壓餅機動作研究。

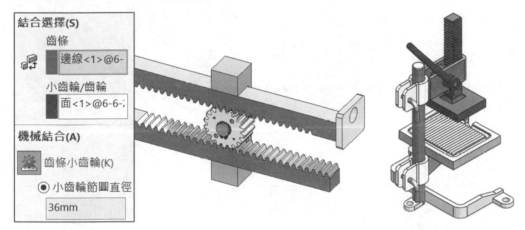

6-8-3 飛行-複合動力

　　如何同時運用 2 種以上的模擬元素，達到動作研究效果，例如：飛機起飛有 2 個動力：螺旋槳為 1. 旋轉動力🖲️；飛行為 2. 直線動力🔲。

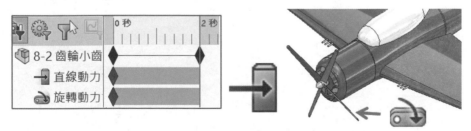

6-9 螺釘運動 🔩

螺釘🔩限制 2 模型為同軸心，1 個模型的旋轉帶動另一模型的平移。

6-9-1 虎鉗機構組

工廠常見的夾持機構，旋轉把手帶動滑塊，完成夾持動作。先製作螺釘結合條件，透過旋轉動力🔩帶動把手。

6-9-2 高度調整組

這組機構屬於動力傳遞，手輪帶動斜齒輪轉向傳遞動力至螺桿，完成滑台運動，利用 2 種結合：1. 齒輪、2. 螺釘，下圖右。

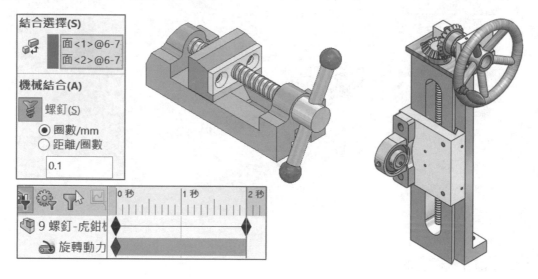

07

結合控制器

結合控制器（Mate Controller）▲於 2016 推出為組合件特徵，將多項結合條件整合控制並且能播放成為動畫，完成的▲會放置在結合下方。

換句話說不需要動作研究就能產生動畫，也可以解決動作研究很難解出的複雜動作。

A 結合控制器的由來

由於動作研究要一定的技術門檻，且大量的**距離**和**角度**在動作研究容易造成運算模糊，執行過程機構會跳來跳去不受控制，SW 特別推出▲來協助大家。

自 2022 年以後動作研究的計算有很明顯的提升，且製作上也比較容易，特別支援進階結合的**距離H**與**角度A**。

B 學習

坦白說一開始不容易學，面對介面、掌握邏輯，之後會很喜歡思考，甚至會比動作研究還喜歡。

C 解決方案

會發現有很多解決方案靠▲完成，有些動作研究不容易製作，甚至勉強做出來的運動怪怪的而產生沮喪，甚至跳脫只有動作研究才可以產生動畫的迷思。

7-0 前置作業

製作▲之前將結合條件整理，方便▲製作過程的識別度，這部分是樹狀結構組織化的議題。

7-0-1 移動位置

將要運動的結合條件移到結合最下方，不需要用到的結合以**資料夾**收起來。

7-0-2 更改結合名稱

1. 以數字區別順序、2. 名稱與實際動作相同、3. 最好在尾端輸入要控制的數值，例如：1. 底座與手臂 0-150、2. 底座與手臂 0-90、3. 夾手角度 0-90。

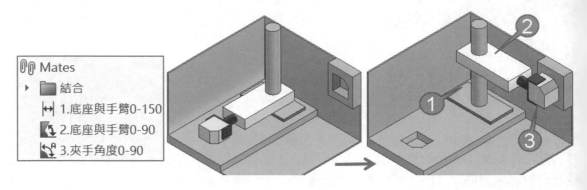

7-0-3 進入結合控制器與介面

插入→🔧，進入指令可以見到：1. 結合、2. 結合位置、3. 動畫，第一次見到會覺得好像很難學，只是項目看起來比較多，大郎也是靜下心研究才搞懂他們的邏輯。

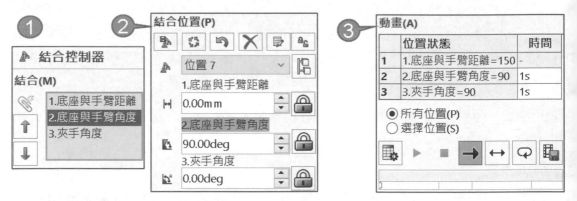

7-0-4 先睹為快：結合控制器

先讓手臂動起來並感受它的好處，分 3 階段完成：1. 底座與手臂 0-150mm、2. 底座與手臂 0-90 度、3. 夾手角度 0-90 度。

A 位置 1，共同作業=起始位置

每次執行🔧都會用的步驟。

步驟 1 點選 🐾，進入頁面

步驟 2 收集所有支援的結合 🖌

可以見到結合清單有結合條件，會收集有數值的結合，例如：距離或角度。

步驟 3 欄位：結合位置

位置 1=機構初始位置：1. 底座與手臂 0、2. 底座與手臂 0 度、3. 夾手角度 0 度。

步驟 4 欄位：動畫

查看位置狀態第 1 行，位置 1、時間：-。

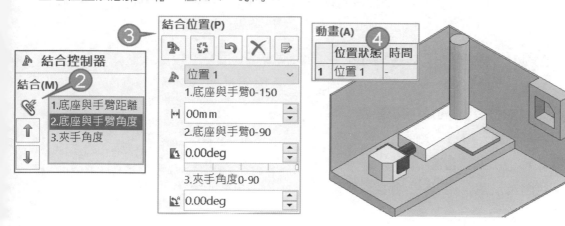

B 位置 2，第 1 動作：底座與手臂 150

說明第 1 個必備的步驟後，本節會了以後接下來是這些步驟的循環。

步驟 1 新增位置 🐾

步驟 2 位置名稱視窗

目前名稱：位置 2→確定。

步驟 3 欄位：結合位置

目前為位置 2，更改 1. 底座與手臂 150→↵ 可以預覽。

步驟 4 更新目前狀態（重點）🔄

按下更新，設定的動作才會被記憶，這就是很多人一開始無法做出來的原因。

步驟 5 欄位：動畫

查看第 2 行的位置狀態：位置 2，時間預設 2S（2 秒）。

步驟 6 計算動畫 🖩

可以見到手臂上升 150。

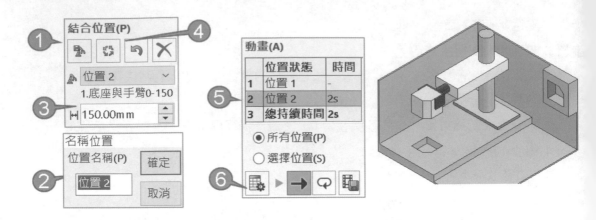

C 位置 3，第 2 動作：手臂和夾手同時旋轉 90 度

重複上一節步驟，完成手臂和夾手同時旋轉 90 度。

步驟 1 新增位置🔩，位置名稱視窗

目前名稱：位置 3→確定。

步驟 2 欄位：結合位置

目前為位置 3，更改 2. 底座與手臂 90、3. 夾手角度 90。

步驟 3 更新目前狀態（重點）🔄

步驟 4 欄位：動畫

查看第 3 行位置狀態：位置 3→計算動畫🔩，可以見到手臂和夾手同時旋轉 90 度。

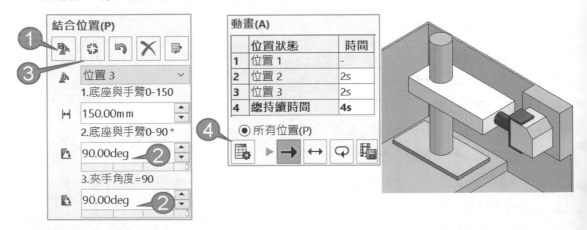

D 查看結合控制器

完成指令後，🔩會被放置再結合下方，可以編輯特徵回到控制器項目，或由清單切換動作位置。

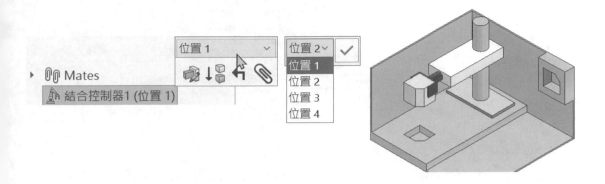

7-0-5 結合控制🔺傳遞到動畫精靈📷

完成指令後會發現到盲點，只能在指令中播放（要編輯特徵，退出特徵這樣很麻煩），可以將🔺以**動畫精靈**📷傳遞到**動作研究**=直接播放動畫。

7-0-6 動作研究：尺寸控制

在動作研究中完成尺寸動畫，更能體會這是兩種不同的作業模式。

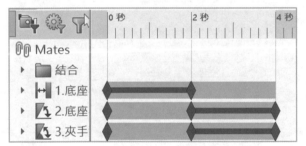

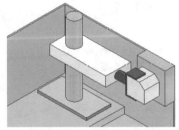

7-1 結合

設定要加入🔺的結合條件，可以自行點選或自動加入，通常自動加入。

7-1-1 收集所有支援的結合🔗

自動新增**有參數**的結合條件至**結合清單**中，例如：角度、平行相距、路徑、狹槽、寬度…等。

A 無法加入的限制條件

如果**進階**或**機械結合**使用**自由**的項目，就無法加入至🔺，下圖右。

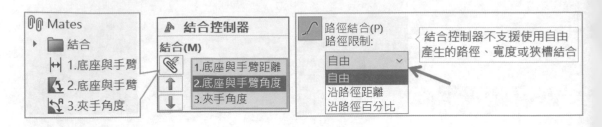

B 手動加入結合

可以預先選擇結合條件→🔧，或🔧指令過程自行在特徵管理員選擇結合條件。

7-1-2 上移⬆、下移⬇

點選🔧後，下方結合位置呈現：1. 項目名稱與 2. 目前模型位置尺寸（箭頭所示）。

A 調整動作順序 A→B

調整動作順序，也是目視管理。上移或下移調整動作順序，可以見到上方**結合清單**與下方**結合位置**順序連動，A. 點選**結合清單**的項目→B. **結合位置**會亮顯。

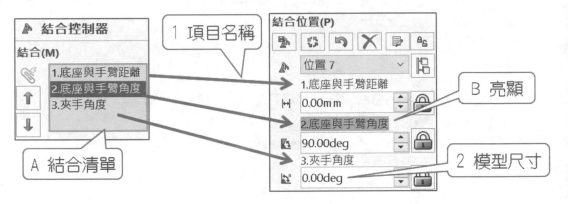

7-2 結合位置

設定結合條件的動作位置：新增位置、更新位置、調整位置…等。

7-2-1 新增位置🤖

產生新動作。1. 點選🤖→2. **名稱位置**視窗→3. 結合位置清單→4. 動畫的位置狀態。

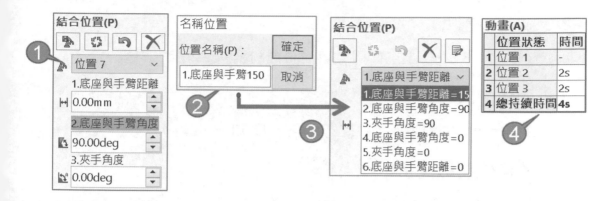

A 更改動作名稱

在**名稱位置**視窗中更改名稱，這樣才能看出該動作為何，最好和結合條件名稱相同，例如：1. 底座與手臂 150。否則，預設位置 1、位置 2、位置 3 看不出這是什麼。

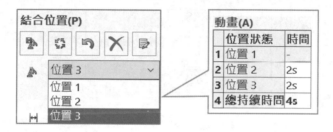

7-2-2 更新位置（重點）

儲存（套用）設定的數值。設定參數後必須要點選🔄才會記錄在清單中，本節應該為**套用**會比較合適，這也是很多人一開始不習慣的原因。

A 未更新的符號*

未更新的項目名稱旁邊有*號→🔄就不會有*號。

B 無法使用更新符號🔄

🔄圖示無法使用，來回點選項目或切換清單，下圖右（箭頭所示）。

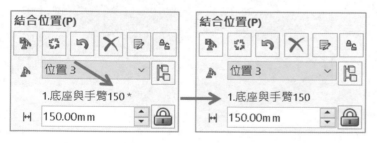
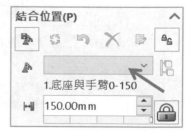

7-2-3 調整位置

回復前次動作，以↵預覽查看機構移動的位置，應該稱為復原，下圖左。

7-2-4 刪除位置✕

切換動作清單後點選刪除動作位置，目前不支援 DEL，下圖中。

7-2-5 重排位置與更名

顯示獨立視窗，除了支援上下移變更動作的順序外，還可以重新命名清單名稱，例如：位置 1→位置 301→套用，下圖右。

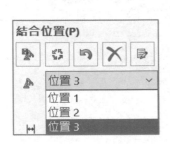

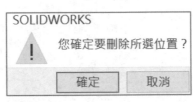

7-2-6 使所有結合被驅動

是否將下方所有數值設定被驅動（從動），通常以拖曳從動模型，由紅色箭頭判斷移動或角度，屬於初始動作階段，類似 Instant3D。

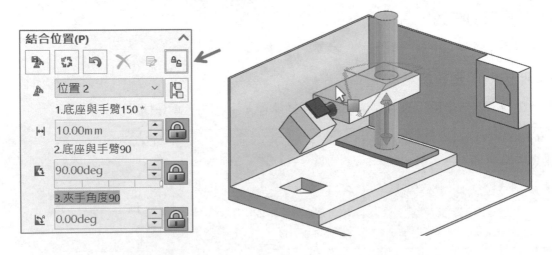

7-2-7 加入模型組態

將目前位置新增至模型組態作為記憶，本節非必要項目。

A 組態名稱

位置名稱=組態名稱，按下會出現成功加入 000 的訊息。

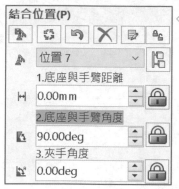

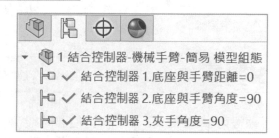

B 相同名稱提醒

對已經有產生的組態會出現提示，1. 更新：用新數值取代現有組態、2. 產生新組態：
以新的名稱產生新組態。

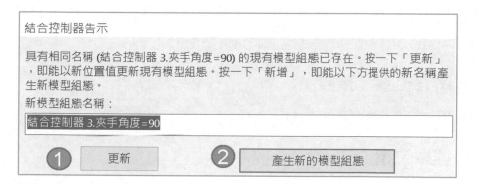

7-2-8 使這個結合成為被驅動

是否將數值設定為被驅動（從動）無法更改。對個別的結合位置設為從動，就可以在
指令的情況下拖曳模型，下圖右。

7-2-9 滑桿

當結合條件為進階結合時，就會支援滑桿，拖曳滑桿過程可以見到模型在設定範圍動
作。若為標準結合的平行相距，只能以輸入數值查看運動範圍，希望未來所有數字都可以
用滑桿控制。

7-3 動畫

動畫可以用來：1. 查看模型位置狀態、2. 設定動畫時間、3. 計算動畫、4. 播放模式、5. 儲存動畫…等。本視窗類似爆炸圖，動作也是依序完成，也無法呈現同步運動。

7-3-1 位置狀態、時間

依動作順序顯示並列出每動作的時間，預設 2 秒。

A 更改時間

點選時間欄位調整動作時間，讓動畫符合現況或增加張力。

7-3-2 ☑所有位置（預設）

從頭到尾完整播放每個動作。

7-3-3 ☑選擇位置

由清單選擇要播放的項目，查看數值是否正確，例如：位置 2～3。上下清單不能位置相同或逆向位置，會出現提醒訊息。

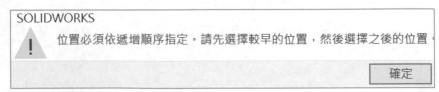

7-3-4 計算動畫🔄與播放動畫▶

當修改結合位置資料後，點選🔄重新計算才能播放動畫▶。

7-3-5 播放模式：正常、往復播放、連續播放

動作研究介面說明過，不贅述。

7-3-6 動畫控制棒

在時間下方的控制棒快速調整時間來查看動作。

7-3-7 輸出動作研究

將🔲儲存為*.avi、png...等，不贅述。

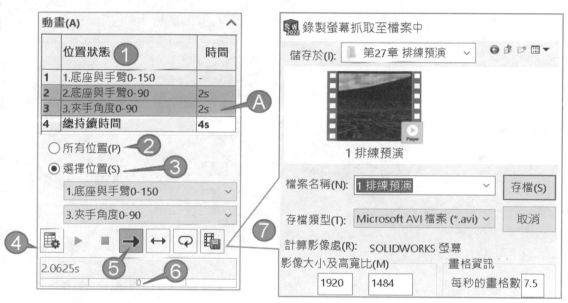

7-4 應用：路徑結合

本節將先前的**路徑結合**∕以🔲完成，還記得∕對於比較複雜的曲線效果不如預期，其實可以用🔲來解決，本節為了簡化操作，將∕的**沿路徑百分比**加入🔲。

7-4-1 練習：L 曲線

自行完成 L 曲線的🔲，0～100%的位置。

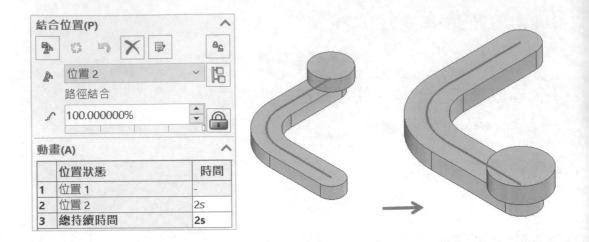

7-4-2 練習：滑台組

這裡發現 100%球會反彈，下圖左（箭頭所示），就是設定 99.9%，下圖右。

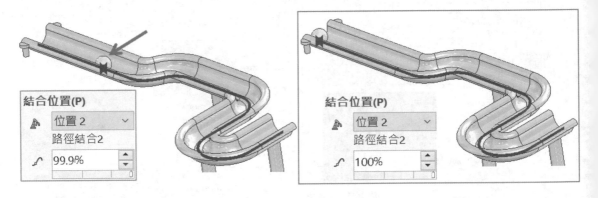

7-4-3 練習：飛機起飛

自行完成封閉曲線的飛行路徑📐，0～100%的位置，更能體會用📐會比較簡單完成。

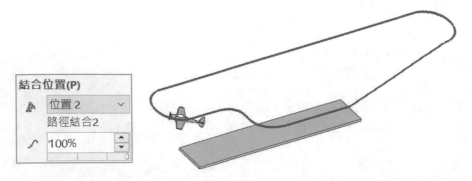

CHAPTER

08

模擬元素-旋轉動力

旋轉動力（Rotary Motor）🔧，在動力類型之中以旋轉產生動力，常用於圓形主動機構，可帶動從動件，例如：齒輪、皮帶輪、螺旋槳...等。

A 基礎與進階學習

本章完整說明🔧各項操作，開始介紹圖表，🔧分為基礎與進階。基礎：持續轉動並控制速度；進階：定義旋轉的加速度、位移角度甚至會用到增加運算式的非線性狀態。

B 學習一致性

🔧和🔧操作和觀念一樣，1 個是旋轉，另 1 為直線，所以下一章🔧的學習可以套用。

8-0 指令位置與介面

🔧於動作研究工具列中，進入指令有 4 個類別：1. 動力類型、2. 零組件/方向、3. 動作、4. 更多選項。

8-0-1 先睹為快：螺旋槳轉動

在螺旋槳上加入旋轉動力，模擬轉速，依指令類別共 3 個步驟。

步驟 1 動力類型：旋轉動力↻

步驟 2 零組件/方向

點選要轉動的螺旋槳圓柱面。

步驟 3 動作：固定速度，輸入轉速 100rpm

步驟 4 播放，使螺旋槳運轉

8-0-2 查看與編輯旋轉動力⟳

完成的模擬元素在 Motion Manager 以**旋轉動力**特徵⟳呈現。編輯特徵無法見到動力類型欄位，換句話說無法更改動力類型，要更改動力類型只能重做。

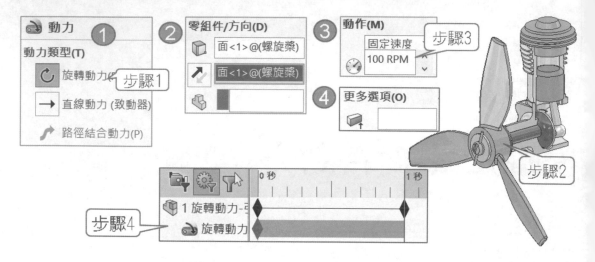

8-0-3 旋轉動力與角度結合

和旋轉動力有關的結合為**進階角度**⟓=有限度的角度範圍，要留意旋轉動力會不會超過角度範圍，例如：⟓0～90 度，固定速度 100RPM 勢必會超過 90 度而形成運動錯誤。

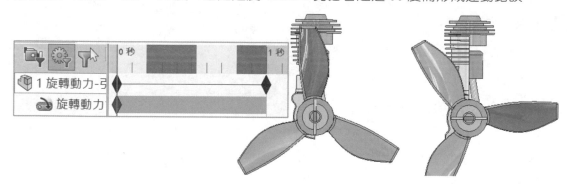

8-1 零組件/方向（Component/Direction）

選擇旋轉動力位置及方向，也是動力來源。

8-1-1 動力位置（Motor Location）◻

選擇要旋轉的模型動力位置（馬達位置），可選擇：1. 圓柱面、2. 圓邊線、3. 圓端面，點選 1. 圓柱面比較好選也穩定，系統會抓取置中，下圖右。

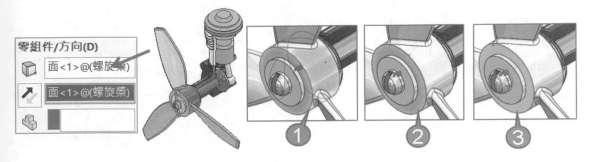

8-1-2 動力方向（Motor Direction）

承上節，本欄位會自動延續先前所選的圓柱面，通常這也是想要的，所以不去改變他。

A 反轉方向（Reverse Direction）↗

預設順時針（右轉），點選↗為逆時針旋轉，由紅色箭頭可以看出轉向。

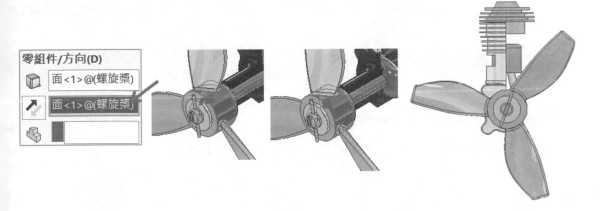

8-1-3 零組件相對移動於（Move Relative to，適用動作分析）

點選要相對運動的模型，螺旋槳順時針 A，螺絲逆時針 B。另外皮帶輪 A 順時針，相對於皮帶輪 B 逆時針轉，下圖右。

A 齒輪結合

絕大部分是動作示意，利用齒輪結合就能表現不同方向轉動，就不必套用到動作分析，避免動作分析要求的條件過於複雜，失去製作動畫的樂趣。

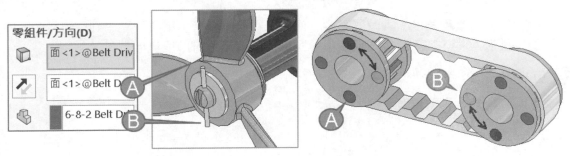

8-2 動作（**Motion**）

由清單選擇動作類型及相對值，例如：固定速度、距離、振盪…等。

A 清單分 2 大控制

俗稱基礎、進階控制。前三項同一介面（基礎控制），其他項由另外一個視窗控制（進階控制）。

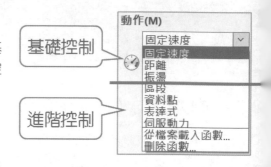

8-2-1 固定速度（Constant Speed）

固定轉速，本節使用率最高。轉速單位 RPM（Revolution Per Minute，每分鐘轉幾圈），例如：60rpm（每分鐘轉 60 圈）＝1 秒轉 1 圈（60 rpm/60 秒=1 圈）。

A 轉速換算角度：1RPM=每秒轉幾度？

1RPM=1 分鐘轉 1 圈，360°/60 秒=6°/s，每秒轉 6 度。

B 圖表（不必到函數產生器視窗）

按一下圖表放大檢視內容，由圖表看出 0 到 1 秒轉速皆為 60RPM。

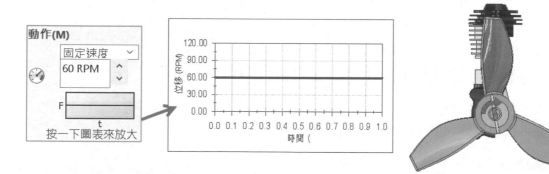

8-2-2 距離（Distance，角度範圍）

設定位移（**旋轉角度**）與**時間範圍**，例如：螺旋槳旋轉由第幾秒開始到何時結束。本節與固定速度互補，就不必固定速度換算角度比較麻煩，可以很直接定義。

A 位移（Displacement）

輸入旋轉角度，單位度，例如：270 度，由 0～270 度旋轉位移。

B 開始時間（Start Time）⏱

設定旋轉開始時間，單位**秒**，指定 0＝第 0 秒開始旋轉。也可以指定第 2 秒開始運動，系統會 0-2 秒為停止狀態。

C 持續時間（Durating Time）⏱

設定旋轉持續時間，單位**秒**，指定 4＝持續 4 秒旋轉到 270 度。

D 圖表

螺旋槳由第 0 秒 0 度開始轉動，到第 4 秒轉動到 270 度。

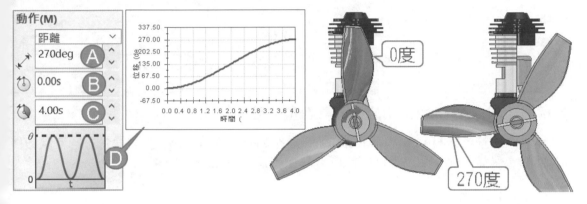

8-2-3 振盪（Oscillating）

單位時間內完成的振動次數（次／秒），例如：節拍器（角度移動）、彈簧（距離移動）。

進行：1.位移、2.頻率、3.相移。其中 1.位移、2.頻率，為必要作業。

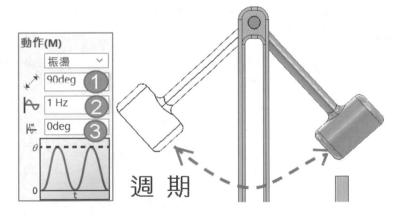

週 期

A 位移（Distance）✎

設定旋轉的位移量（又稱震幅），單位度，例如：90＝螺旋槳轉動 90 度，好理解。

B 頻率（Frequency，F）〰，單位 Hz（赫茲）

每秒轉動的次數（次／秒）。公式：F＝1/T，頻率（F）為週期（T）倒數。

C 週期

來回 1 次的時間（單位秒），當位移 90 度=來回 90 度，1 秒完成，頻率 F = 1/1 = 1Hz。

D 位移與頻率圖表

先用 1 秒進行研究，由圖表得知 1Hz，螺旋槳第 0 秒位置 0 度➔第 0.5 秒右轉 90 度➔第 1 秒左轉到 0 度，頻率越高週期越短。

位移 ↗	頻率 ⊢ᵒ	秒	轉動情況（度）	週期 T
90 度	0.5	1	0～90 停止	2
90 度	1	1	0～90 來回	1
90 度	2	1	0～90 來回 2 次	0.5

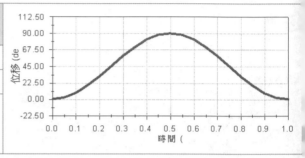

E 相移（Phase Shift，相位偏移，單位：弧度）

尋找機構運動的相位差，確保運動軌跡連接起來，簡單的說相移會產生不同方向的移動或轉動。例如：相移 90 度讓位移 90 度的螺旋槳左轉 45➔右轉 45 度。

F 相移與位置單位

相移單位為弧度（也稱弳度），在指令過程中調整相移度可以見到最左邊的曲線變化，就能理解相移的意涵。了解相移圖示的變化後，就能明白動作位置的變化，例如：位移 120 度，相移 180 會反方向、相移 90=160 的一半位置。

角度	0	45	90
弧度	0	π/4	π/2
說明	右轉 120 度	左轉約 16 度	

角度	180	270	360
弧度	π	3π/2	2π
說明	左轉 120 度	左轉約 16 度	和弳度 0 位置相同

G 相移圖表應用

承上節，知道原理以後就能解讀位移 90 度的圖表時間和相移位置。

秒數	0	0.25	0.5	0.75	1
說明	45 度	左轉到 0 度	右轉回到 45 度	右轉到 90 度	左轉到 45 度

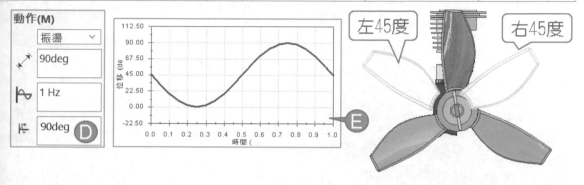

H 位移與相移圖表對照

以位移圖表為基準，以 Y 軸看出相移圖表呈現 45 度的相位差（箭頭所示）。

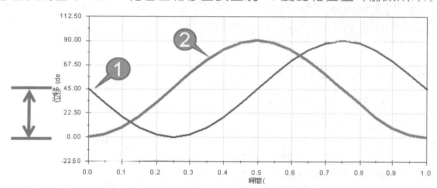

8-2-4 函數產生器視窗（Function Builder）

點選 1. 區段、2. 表達式或 3. 資料點，都會進入**函數產生器**視窗，定義時間範圍內的位移。

於視窗上方為動作項目：1. 區段、2. 資料點、3. 運算式，下方為動作的值和圖表。

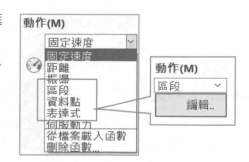

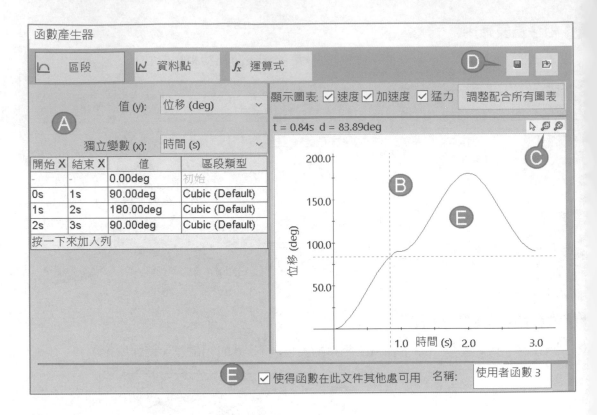

A 共同項目：值、獨立變數、表格

無論上方動作項目為何，皆會出現 3 種項目。

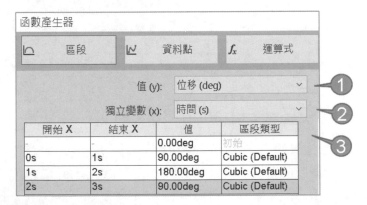

B 顯示/選擇圖表

輸入表格內容時右方會出現相對參考圖表，1. 游標在曲線上顯示該點資料，上方同步顯示時間和位移角度，例如：t=0.89s、d=87.05deg，快點兩下放大圖表，下圖左。

C 放大、適當大小、調整配合所有圖表

點選圖表後，右上檢視能放大和適當大小圖表。**調整配合所有圖表**可以將所有圖表為適當大小，下圖右（箭頭所示）。

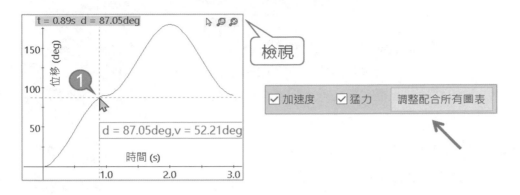

D 儲存與開啟函數

點選右上方儲存或開啟（載入）函數。

E 使得函數在此文件其他處可用/名稱

在視窗右下方，允許使用此函數成為動作清單項目，直接**進入函數產生器**視窗。由清單可以見到動力清單：使用者函數 1。使用者函數只能在同一份文件使用，如果要其他檔案也能使用，就要在視窗右上角儲存/開啟函數。

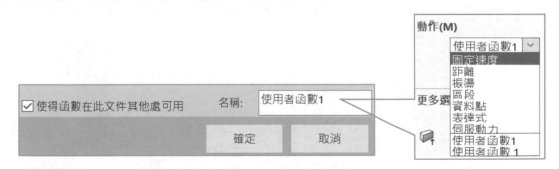

8-2-5 區段（Seaments）⌒

由於無法完成 2 個以上的旋轉角度，必須利用表格定義時間和角度，以專業的說法：分段連續函數來定義概況。

本節定義 3 個項目：A 值、B 獨立變數、C 表格，定義過程右方圖表會出現變化。

A 值（Y）

呈現 Y 軸項目，由清單可見：1. 位移、2. 速度、3. 加速度。好消息，如果已經建立好表格不必重新輸入，只要切換值清單，下方內容會自動套用。

例如：1. 位移表格已經完整輸入，切換至 2. **速度**，系統會套用值（不換算），再修改內容即可。

B 獨立變數（X）

X 軸顯示**時間**，由右邊圖表可以見到 X 軸和 Y 軸的呈現。

C 表格

定義 4 個欄位：C1. 開始 X（時間）、C2. 結束 X（時間）、C3. 值（角度）、C4. 區段類型（預設 Cubic）。

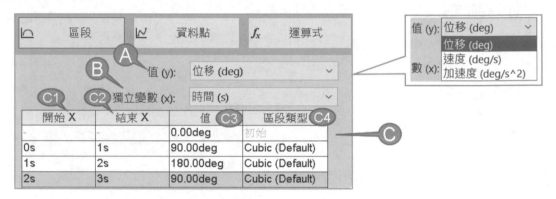

D 值：位移（Displacement，deg）

定義 1. **時間**與 2. **旋轉角**，單位：**角度＝絕對角度**，例如：螺旋槳第幾秒轉到那個角度位置，本節比較好理解，也可以輸入負值來改變旋轉方向。

秒數	位移	位置說明
0 秒	0 度	在 0 的位置不動
0～1	90	右轉到 90 度
1～2	180	右轉到 180 度
2～3	90	左轉到 90 度

本節沒有速度（轉速），要轉速必須自行計算，或游標到曲線上方得到 1. d＝角度（deg）、2. V＝角速度（deg/s）、3. a＝角加速度（deg/s^2）、4. j＝猛力（deg/s^3）。

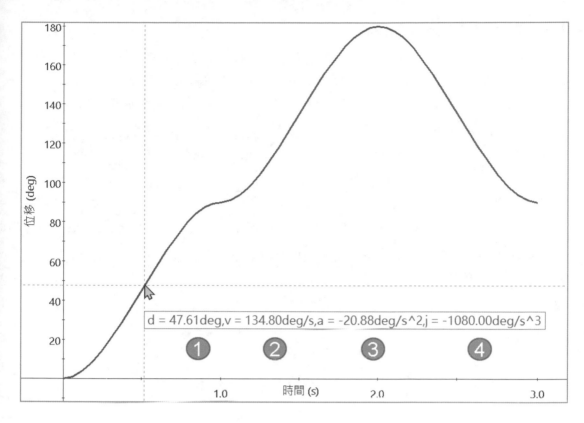

d = 47.61deg,v = 134.80deg/s,a = -20.88deg/s^2,j = -1080.00deg/s^3

E 值：速度（Velocity，deg/s）

將上方值清單切換到速度（又稱角速度，每秒轉角的速度），定義 1. **時間**與 2. **速度**，單位：deg/s、**度/秒**、°/s。定義螺旋槳角位移的時間變化率，例如：1 秒要轉 90 度。

秒數	轉速 deg/s	位置說明
第 0 秒	0	在 0 位置
0～1 秒	90	以每秒 90 轉速旋轉
1～2 秒	180	以每秒 180 轉速旋轉
2～3 秒	90	以每秒 90 轉速旋轉

值 (y):		速度 (deg/s)	⌄
獨立變數 (x):		時間 (s)	⌄
開始 X	結束 X	值	區段類型
-	-	0.00deg/s	初始
0s	1s	90.00deg/s	Cubic (Default)
1s	2s	180.00deg/s	Cubic (Default)
2s	3s	90.00deg/s	Cubic (Default)

本節無法得知角度位置，如果要位置只能計算或游標到曲線上得到。

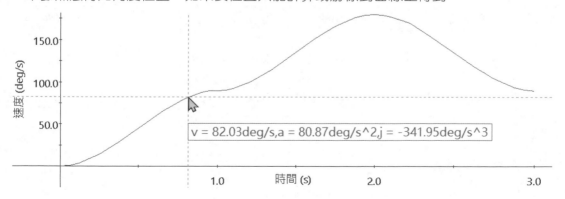

v = 82.03deg/s,a = 80.87deg/s^2,j = -341.95deg/s^3

F 值：加速度（Acceleration）

加速度（又稱**角加速度**，定義速度的變化），類似摩托車轉油門的加速或減速，設定
1. **時間**與 2. **加速度**條件，單位：deg/s、**度/秒**、° /s^2（度/秒平方）。

例如：0～3 秒螺旋槳速度由 0 加速到 90，持續加速到 180，最後減速到 90。

秒數	加速度° /s^2	位置說明
第 0 秒	0	在 0 位置
0～1 秒	90	加速到秒數度 90
1～2 秒	180	加速到秒數度 180
2～3 秒	90	減速到秒數度 90

	值 (y):	加速度 (deg/s^2)	∨
	獨立變數 (x):	時間 (s)	∨

開始 X	結束 X	值	區段類型
-	-	0.00deg/s^2	初始
0s	1s	90.00deg/s^2	Cubic (Default)
1s	2s	180.00deg/s^2	Cubic (Default)
2s	3s	90.00deg/s^2	Cubic (Default)

本節無法得知角度位置，如果要位置只能計算或游標到曲線上得到。

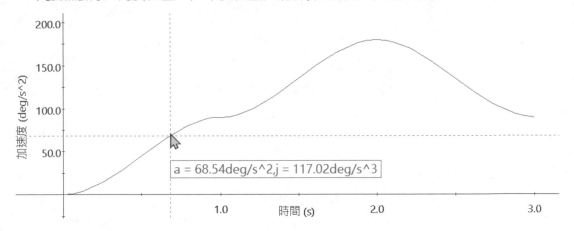

$a = 68.54 \text{deg/s}^2, j = 117.02 \text{deg/s}^3$

G 區段類型（Segment Type）

清單選擇函數會些微影響圖形。

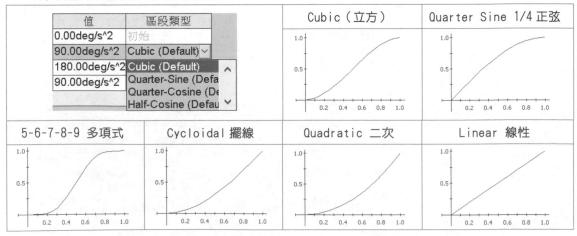

H 加入列（按一下來加入列）

點選最下一行加入下方列。

I 插入上方列（Insert Row Above）

點選任一列右鍵→插入上方列。

J 刪除列（Delet Row）

在要刪除的列上右鍵→刪除列，不支援 Del 鍵。

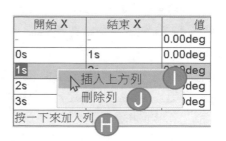

8-2-6 資料點（Data Points）

把離散的點資料連接求得連續線段，本節僅說明插補類型，後面說明差補方法的比較。

A 插補類型（Interpolation Type）

由清單選擇 3 種類型：1. 立方不規則曲線、2. 線性、3. Akima 不規則曲線。為防止求解失敗，建議使用 1. 立方**不規則**曲線、3. Akima **不規則**曲線定義動力。

B 輸入資料（Import Data）

加入原先建立的表格（*.CSV）或文字檔（*.TXT）。文字檔（*.TXT）以**逗號**分隔資料，若表格（*.CSV）檔，用**欄位**分隔。

載入後表格的數值以灰階顯示，這部分很不應該，應該在表格中見到比較好，下圖右（箭頭所示）。

C 表格

也可以用輸入的方式完成時間和值的點資訊。

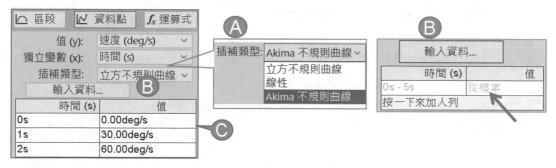

D 立方不規則曲線（資料來源：線上說明）

計算整體插補間隔係數。移動 1 個點，整個曲線會相對變更，使得曲線變成粗糙更難成為想要的形狀。

對於部分線性函數，或曲線中有突然變更的函數會更明顯。因此**立方不規則曲線**永遠比 Akima **不規則曲線**粗糙。

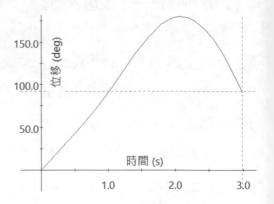

E 線性（資料來源：線上說明）

線性插補法透過相鄰資料點之間定義分段連續線性函數來執行局部配合。

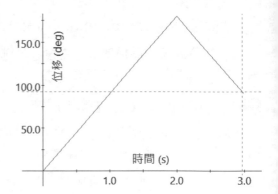

F Akima 不規則曲線（資料來源：線上說明）

執行局部的配合，Akima 插補的計算非常快。此方法需要在插補間隔附近定義立方多項式係數，每個資料點僅影響曲線鄰近部份。

當資料點均勻分佈時，此方法同時為逼近函數的第一個導數返回相當好的估計。

在資料點未均勻分佈狀況下，第一個導數的估計可能是錯的，所以使用此方法獲得的逼近函數的第二個導數是不可靠的。

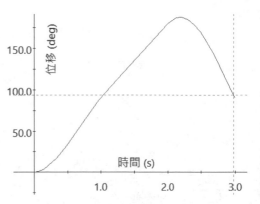

G 一般考量（資料來源：線上說明）

在平滑曲線函數中，整體及局部方法皆可獲得很好的結果。雖然**立方不規則曲線**不像 Akima **不規則曲線**這麼快，但對逼近函數的值及第一與第二導數可產生相當好的結果。

資料點不一定要均勻的分佈，導數越平滑，求解過程的收斂越容易。

8-2-7 表達式（Expression，又稱運算式，適用動作分析）f_x

由清單選擇動力值（位移、速度、加速度），**表達式**又稱**運算式**，希望名稱能統一。

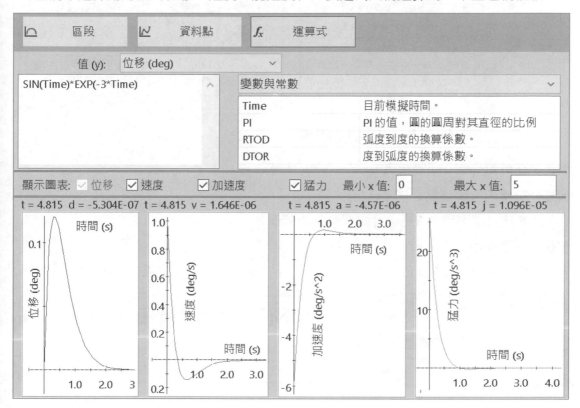

A 值

切換函數值：位移、速度、加速度，下圖左（箭頭所示）。

B 表達式元素清單/表達式定義的區域

右方清單選擇：1. 數學函數、2. 變數與常數、3. 動作研究結果，下圖右。接下來完成 $\sin(t)e^{-3t}$ 函數，例如：SIN(Time)*EXP(-3*Time)。

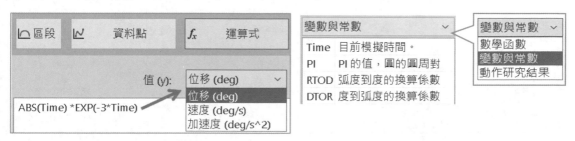

步驟 1 數學函數中快點 2 下 Sin(a)

表達式區域出現 SIN()，下圖左。

步驟 2 變數與常數中點選 2 下時間

表達式區域出現 SIN(Time)，下圖右。

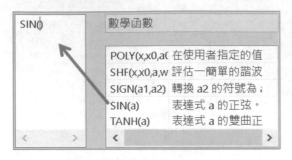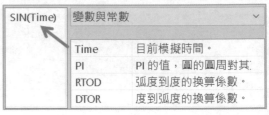

步驟 3 在括弧外按一下→輸入*

步驟 4 數學函數中快點 2 下 Exp(a)

表達式區域出現 SIN(Time)*EXP()，下圖左。

步驟 5 在括弧中輸入-3*Time

表達式區域出現 SIN(Time)*EXP(-3*)，下方會出現表達式定義正確✔，下圖右。

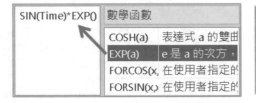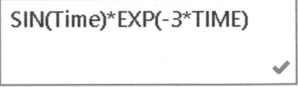

步驟 6 查看圖表

在函數產生器中檢視位移、速度、加速度、及猛力。

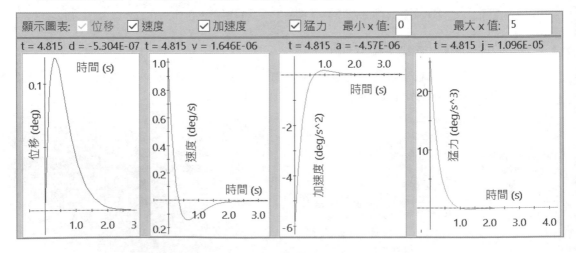

C 支援的函數、常數與變數

支援多種函數及表達式函數，這部分相信未來 SW 會再擴充，讓資源度更廣。

1. ABS	ABS(a) a 的絕對值
2. ACOS	ACOS(a) a 的反餘弦
3. AINT	AINT(a) 返回小於或等於 a 最接近整數，否則 AINT 返回零
4. ANINT	ANINT(a) a 最接近整數
5. ASIN	ASIN(a) a 反正弦
6. ATAN	ATAN(a) a 反正切
7. ATAN2	ATAN2(a1, a2) a1/a2 的反正切，a1 及 a2 是表達式
8. BISTOP	BISTOP(x, x´, x1, x2, k, e, cmax, d) 用於為縫隙元素建模
9. CHEBY	CHEBY(x, x0, a0, …, an) 返回第一類 Chebyshev polynomial 的第 n 階值，最多可以定義 30th 階多項式
10. COS	COS(a) 返回表達式 a 餘弦
11. COSH	COSH(a) 表達式 a 的雙曲餘弦
12. DIM	DIM(a1, a2) 計算兩個表達式 a1 及 a2 瞬時值的正差
13. DTOR	DTOR 常數會將度數返回為弧度換算係數 (PI/180)
14. EXP	EXP(a) a 計算 ea 值
15. FORCOS	FORCOS(x, x0, ω, a0, …, an) 對 Fourier 餘弦數列求值
16. FORSIN	FORSIN(x, x0, ω, a0, …, an) 對 Fourier 正弦數列求值
17. HAVSIN	HAVSIN(x, x0, h0, x1, h1) 定義 haversine 在 2 之間進行平滑轉換
18. IF	使用算術 IF 條件求出表達式的值
19. IMPACT	IMPACT(x, x´, x1, k, e, cmax, d) 將碰撞力計算為位移和速度的
20. LOG	LOG(a) 返回自然對數表達式 a
21. LOG10	LOG10(a) 返回表達式 a 的對數底數 10
22. MAX	MAX(a1, a2) 返回兩個表達式 a1 及 a2 最大值
23. MIN	MIN(a1, a2) 返回兩個表達式 a1 及 a2 最小值
24. MOD	MOD(a1, a2) 返回表達式 a1 值被除於表達式 a2 值時的餘數
25. PI	常數 PI 將圓周的比例返回至圓的直徑 (3.14159…)
26. POLY	POLY(x, x0, a0, …, an) 返回第 n 階多項式值，最多可定義 30th 階多項式
27. RTOD	RTOD 常數將弧度返回為度數換算係數 (180/PI)
28. SHF	SHF(x, x0, a, ω, φ, b) 返回簡單諧波的值
29. SIGN	SIGN(a1, a2) 將表達式 a2 值的符號傳遞為表達式 a1 的量
30. SIN	SIN(a) 返回表達 a 的正弦
31. SINH	SINH(a) 返回表達式 a 的雙曲正弦

32. SQRT	SQRT（a）返回表達式 a 的平方根
33. STEP	STEP（a, x1, y1, x2, y2）為時間或結果套用至表達式 a 的平滑階梯
34. STEP5	STEP5（x, x0, h0, x1, h1）根據第五階多項式返回步階函數的近似值
35. SWEEP	SWEEP（x, a, x0, f0, x1, f1, dx），會在獨立變數範圍內返回線性增加頻率的常數振幅正弦曲線
36. TAN	TAN（a）返回表達式 a 的正切
37. TANH	TANH（a）返回表達式 a 的雙曲正切
38. TIME	TIME 變數會返回目前模擬的時間

8-2-8 伺服動力（Servo Motor，適用動作分析）

選擇以**事件為基礎的動作視圖**▦來設定動作條件，例如：位移：速度、加速度。目前只能先設定類別，實際值必須在▦設定，希望未來這部分能整合到▦，就不必跳來跳去。

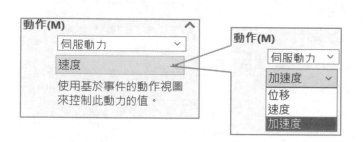

8-2-9 從檔案載入函數（Load Function from File）

載入自訂函數檔案＊. SLDFNC。

8-2-10 刪除函數（Delet Functions）

顯示**刪除動作函數**視窗，可刪除自訂的函數檔案。

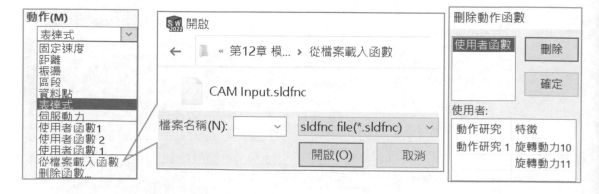

8-3 更多選項（More Options，適用動作分析）

使用以下的設定相對於另一零件的動作，例如：選擇動作時，模型的承載面或邊線，此設定可傳遞至結構分析。

更多選項(O) ∧

8-4 動作研究：旋轉動力

本節說明常見旋轉動力題型，有部分題目為早期的進階和複合動力題型，算是比較難的，以現今角度這些不再是有難度的題型，主要是軟體計算提升，以及製作上變簡單。

8-4-1 雙旋轉動力風扇

將風扇分別加上 2 個旋轉動力：1. 上方葉片、2. 下方轉盤，並查看動力情形。

A 動作類型

本節必須用**基本動作**來模擬，因為**動畫**無法進行不同方向的模擬元素（葉片 Z 軸旋轉，底座 Y 軸旋轉），而**動作分析**要求的條件太高也做不出來。

未來製作過程遇到類似情形，只要來回切換動作類型嘗試即可。

B 雙旋轉動力：固定速度

分別在底座與葉片加入 60RPM（每分鐘 1 轉），讓 1 秒鐘轉 1 圈。

C 震盪：下方轉盤左右搖擺 45 度

常遇到同學問擺頭動作（左右搖擺各 45 度），就要用振盪。葉片旋轉動力不更改，更改底座動力為振盪：位移 90 度、頻率 0.5、相移 90 度，時間改為 2 秒。

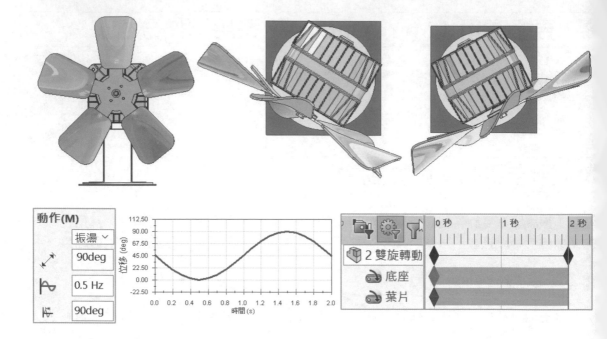

8-4-2 碟煞組

本節機構效果可讓對方感到真實感，0～3 秒碟煞盤旋轉過程，第 1.5 秒拖曳煞車把手讓碟煞盤停止。分 2 階段進行剎車作業：1. 將碟煞盤加上旋轉動力、2. 拖曳剎車把手。

A 碟煞盤加旋轉動力

讓碟煞盤旋轉 3 秒，在 0～1.5 秒以 50RPM 運轉，1.5～3 秒碟煞盤慢慢停止。

步驟 1 碟煞盤加上 50RPM 旋轉動力

步驟 2 預設 5 秒，調整時間到第 3 秒

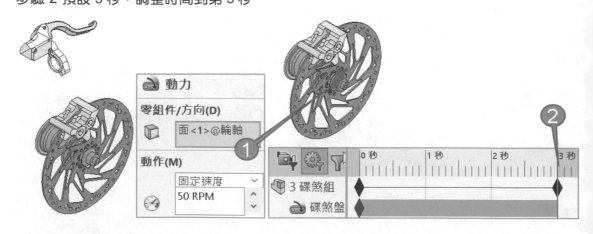

B 控制碟煞盤轉速

製作 1.5～3 秒碟煞盤慢慢停止。

步驟 1 1.5 秒加入畫格

在碟煞盤 1.5 秒上右鍵→**放置關鍵畫格**◆,也可以在第 0 秒 CTRL+拖曳畫格到 1.5 秒。

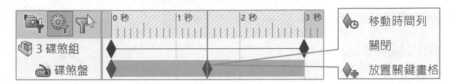

步驟 2 改變碟煞盤旋轉速度

1. 點選在第 3 秒位置→2. 編輯旋轉動力為 0RPM,下圖左。

步驟 3 播放

可看見碟煞盤在 0~1.5 秒等速運轉→1.5~3 秒碟煞盤會慢慢停止。

步驟 4 每秒畫格數 30~60

不過碟煞盤看起來花花的對吧,在動作研究屬性中,調整動畫的每秒畫格數 60,重新播放後,碟煞盤旋轉不會看起來鈍鈍的,下圖右。

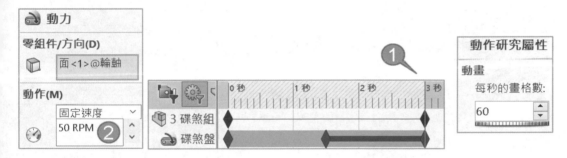

☑ 拖曳剎車把手

在 1.5 秒時把手開始下壓,在第 3 秒把手壓到底。

步驟 1 放置時間列至第 3 秒位置,拖曳把手下壓到底

步驟 2 1.5 秒加入畫格

在把手的第 0 秒拖曳畫格到 1.5 秒。

步驟 3 播放

可看見把手向下壓時,碟煞盤慢慢停止。

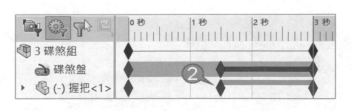

8-4-3 直升機飛行

模擬攻擊直升機飛行，分 3 階段進行：1. 主旋翼加🛰、2. 製作飛行方位、3. 直線飛行。本節動作多不建議用 1 秒進行初步驗證，因為速度太快，所以用 2 秒進行。

A 主旋翼加入旋轉動力

本節很容易完成，進行縮短時間和調整畫格數。

步驟 1 齒輪結合

直升機主旋翼和尾翼要旋轉，理論上利用🛰完成。由於這樣會 2 個🛰，所以在主翼和尾翼加入齒輪結合 1：1，如此只要 1 個旋轉動力即可。

步驟 2 在主旋翼加入 1000RPM

步驟 3 調整時間到 2 秒

步驟 4 播放，旋翼和尾翼旋轉鈍鈍的

步驟 5 調整動作研究每秒畫格數 30〜60

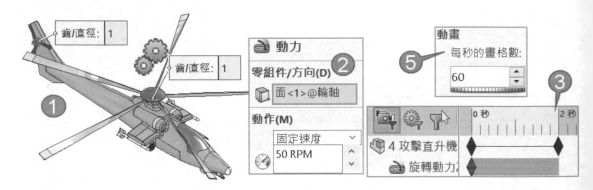

B 起飛與轉向

直升機 Y 軸向上起飛同時轉向 90 度。

步驟 1 Y 軸向上起飛

放置時間列至 2 秒，更改平行相距 150

步驟 2 Y 軸旋轉

更改角度 90 度（Y 軸旋轉）。

步驟 3 播放

看到直升機飛行效果。

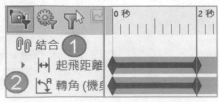

C 直線飛行

直升機直線飛行，考驗對動作的熟練度。飛機上升並轉向 2 秒，接下來直線飛行，換句話說，由 2 秒開始飛行 1 秒，本節重點在抑制模擬元素。

步驟 1 在飛機身上加入直線動力 ，500mm/s

步驟 2 查看時間

完成後時間定格 2 秒，因為先前的模擬元素已經把時間限制在 2 秒，所以接下來的模擬元素都會 2 秒。

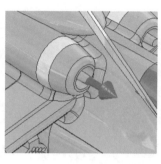
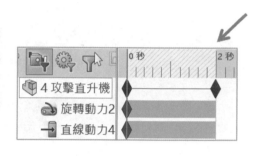

步驟 3 放置時間到第 3 秒

步驟 4 分別拖曳畫格到第 2 秒和第 3 秒

步驟 5 計算

可見到 2-3 秒飛機不動，可以體會拖曳畫格沒進行任何作業對系統來說無意義。仔細看的話 0 到 3 秒直線動力圖示為抑制狀態，到第 3 秒會顯示。

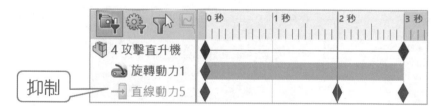

步驟 6 點選第 2 秒的畫格→開啟

步驟 7 播放

可以見到 0 到 2 秒抑制 ，2 到 3 秒直線動力飛行。

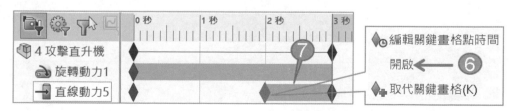

筆記頁

CHAPTER

09

模擬元素-直線動力

直線動力（Linear Motor）➡在模擬元素的動力◔之中，以直線產生動力，常用在線性移動機構，➡與**旋轉動力**◔概念和操作絕大部分說明相同，相同部分不贅述，所以這一章會比較快看完。

9-0 指令位置與介面

➡於動作研究工具列，進入指令有 4 個類別：1. 動力類型、2. 零組件/方向、3. 動作、4. 更多選項。

9-0-1 先睹為快：滑塊直線運動

在滑塊上加入➡，模擬移動速度，依指令類別共 3 個步驟。

步驟 1 動力類型：直線動力➡

步驟 2 零組件/方向

點選要移動的滑塊平面（前進方向）。

步驟 3 動作：固定速度：輸入速率 100。

步驟 4 播放

滑塊沿滑軌移動並衝出滑軌，完成的模擬元素在 Motion Manager 以➡呈現。

步驟 5 調整時間

預設 5 秒移動為 500mm，所以滑塊會衝出滑軌，將時間調整為 2 秒（2x100m/s=200mm）。

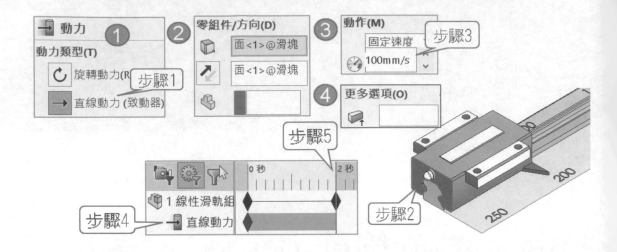

9-0-2 直線動力與距離結合

和➡有關的結合為**進階距離**⊢=距離範圍，製作過程要留意➡會不會超過距離範圍，例如：⊢=0～100，當固定速度 100mm/s，2 秒勢必超過 100mm 而形成運動錯誤，下圖左。

9-0-3 不支援

不支援非線性運動，例如：曲線，也會形成運動錯誤，下圖右。

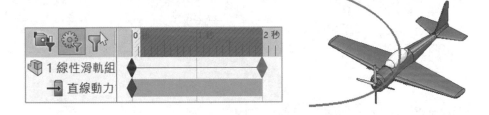

9-1 零組件/方向（Component/Direction）

選擇要直線動力位置及方向，也就是動力來源。

9-1-1 動力位置（Motor Location）🔲

選擇要直線移動的模型位置，可選擇：1. 平面、2. 直線、3. 點，平面和線比較好選也穩定，選面系統會抓取置中。

9-1-2 動力方向（Motor Direction）

本欄位會延續先前所選的平面，通常這也是想要的，所以不去改變他。

A 反轉方向（Reverse Direction）↗

若方向不是你要的，點選↗改變方向。

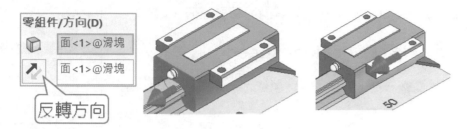

B 滑塊掉頭

承上節，利用反轉方向製作滑塊行走到一半掉頭，算是動力方向的技巧。

步驟 1 點選第 2 秒位置

步驟 2 編輯直線動力，修改動力方向

步驟 3 播放

滑塊移動到第 1 秒位置為 50mm 後，1～2 秒時掉頭回到 0mm 位置，有點像球反彈，這個技巧也可以用在有方向性的模擬元素上。

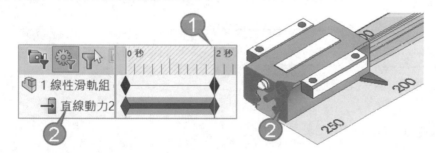

9-1-3 零組件相對移動於（Move Relative to，適用動作分析）

點選要相對運動的模型，例如：滑塊 2 會往另一方向移動。

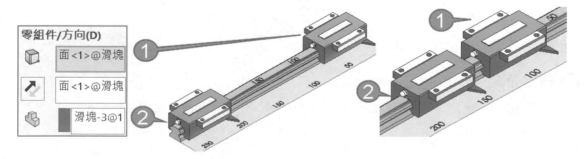

9-2 動作（Motion）

預設固定速度，由清單選擇動力類型與相對應值。

9-2-1 固定速度（Constant speed）⏱

固定移動速度，本節使用率最高，單位 mm/s，每秒位移 1mm。

A 公式：V=S/T

V（速率）=距離（S）/時間（T）。例如：V=100mm/s，T=時間 2 秒，總行程=100x2=200mm。

B 圖表

按一下顯示圖表，由圖表看出移動速度為固定。

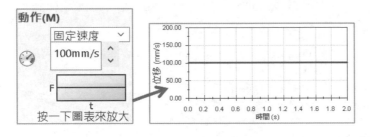

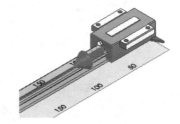

9-2-2 距離（Distance）

設定**距離**與**時間範圍**，也就是滑塊由第幾秒開始移動到何時結束。本節與固定速度互補，就不必固定速度換算距離，可以很直覺定義。

A 位移（Distance）↗

輸入位移距離，單位 mm，例如：希望滑塊移動 200 或 300，可以很直覺輸入。

B 開始時間（Start Time）⏱

C 持續時間（Curating Time）⏱

設定移動開始時間 0，與持續時間 3，單位**秒**，0-3 秒移動滑塊 200mm。

D 圖表

滑塊由第 0 秒開始移動，第 3 秒移動到 200mm。

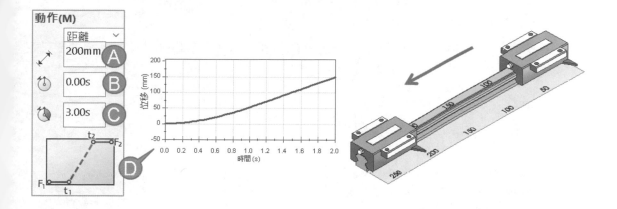

9-2-3 振盪（Oscillating）

在固定頻率，產生距離的往復運動（來回運動）：1. 位移、2. 頻率、3. 相移。

1. 位移、2. 頻率，這 2 項為必要作業。

本節說明與旋轉動力相同，接下來簡略說明。

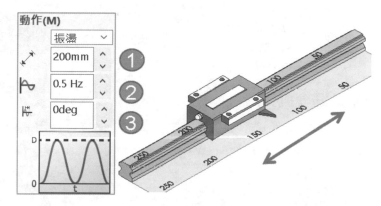

A 位移（Distance）⟲

設定移動的位移量（又稱震幅），單位 mm，例如：200=滑塊 0～200mm 來回移動。

B 頻率（Frequency，又稱週期）⟿，公式：F=1/T

希望滑塊位移，2 秒完成（週期），T=時間，F=1/2=0.5Hz。如果不太會判斷就以 1 為基準，查看運動結果再調高或調低頻率並看結果。

C 位移與頻率圖表

下圖表得知 1Hz，滑塊由第 0 秒位置 0→第 1 秒移動到 200→第 2 秒回到位置 0。也可以直接設定頻率，圖表會立即更新，由圖表看出你要的運動取縣，適用進階者。

位移⟲	頻率⟿	秒	移動形況	
200	0.5	1	0 到 200 停止	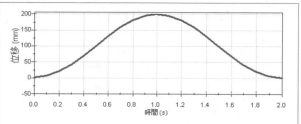
200	1	1	0 到 200 來回 1 次	
200	2	1	0 到 200 來回 2 次	

D 相移（Phase Shift）

尋找機構運動的相位差，希望滑塊往前移動 100，再往後向移動 100，相移就要設定 90，讓滑塊往復位移 200mm，很像彈簧。

E 相移圖表

第 1 秒完成一個來回 100mm 的週期。

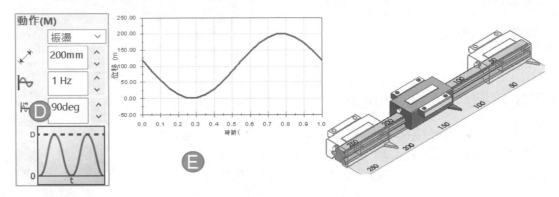

F 振盪模擬彈力

由於彈力所要計算的參數非常難懂，通常會利用 的振盪達到彈力模擬，例如：位移 為：100 mm、頻率 ：1 Hz。

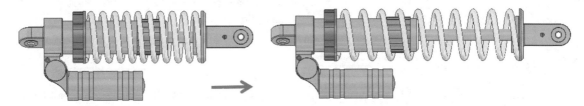

9-2-4 區段（Segments）

點選區段項目下方的編輯，進入**函數產生器**視窗，本節說明與**旋轉動力**相同不贅述。

A 位移（Displacement，mm）

由上到下定義 1. **位移**與 2. **時間**，位移為絕對位置，例如：滑塊第幾秒移動到指定位置，也可以輸入負值來改變移動方向。

秒數	位移	位置說明
第 0 秒	0	在 0 的位置不動
0～1	50	移動到 50mm 位置
1～2	150	移動到 150 位置
2～3	0	移動到 0 的位置

值 (y):		位移 (mm)	
獨立變數 (x):		**時間 (s)**	
開始 X	結束 X	值	區段類型
-	-	0.00mm	初始
0s	1s	50.00mm	Cubic (Default)
1s	2s	150.00mm	Cubic (Default)
2s	3s	0.00mm	Cubic (Default)

本節沒有速度，速度必須自行計算，或游標到曲線上方得到 1. d=位置（mm）、2. V=速度（mm/s）、3. a=加速度（mm/s^2）、4. j=猛力（mm/s^3）。

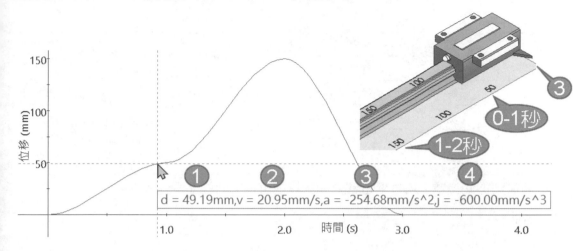

d = 49.19mm,v = 20.95mm/s,a = -254.68mm/s^2,j = -600.00mm/s^3

B 速度（Velocity，mm/s）

承上節，可以將上方值清單切換到**速度**，表格內容會自動切換，不必重新輸入表格內容，單位 mm/s（秒速，每秒位移量），定義 1. **時間**與 2. **速度**，就像開車時數幾公里。

本節為等速運動，輸入大小定義快慢，例如：滑塊 0～2 秒速度增加，第 3 秒停止速度為 0，理論上滑塊應該停止，但滑塊還是會行走，就用 3-4 秒速度 0 來克服。

秒數	秒速	位置說明
第 0 秒	0	靜止速度 0
0～1	50	以每秒 50 速度移動
1～2	150	以每秒 150 速度移動
2～3	0	以每秒 0 速度
3～4	0	停止

值 (y):	速度 (mm/s)	∨

獨立變數 (x):	時間 (s)	∨

開始 X	結束 X	值	區段類型
-	-	0.00mm/s	初始
0s	1s	50.00mm/s	Cubic (Default)
1s	2s	150.00mm/s	Cubic (Default)
2s	3s	0.00mm/s	Cubic (Default)
3s	4s	0.00mm/s	Cubic (Default)

本節無法得知滑塊位置，如果要位置只能計算或游標到曲線上得到。

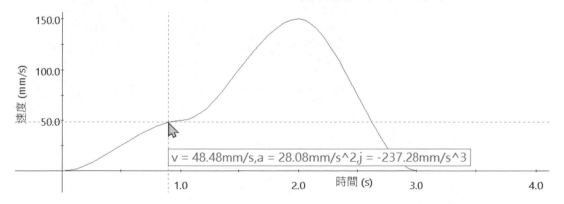

v = 48.48mm/s,a = 28.08mm/s^2,j = -237.28mm/s^3

C 加速度（Acceleration）

加速度，定義速度的變化，類似汽車油門的加速或減速，設定 1. **時間**與 2. **加速度**條件，單位：mm/s^2。

秒數	加速度	位置說明
第 0 秒	0	在 0 位置
0～1	50	加速到秒數 50
1～2	150	加速到秒數 150
2～3	0	減速到秒數 0

	值 (y):	加速度 (mm/s^2)	∨
	獨立變數 (x):	時間 (s)	∨

開始 X	結束 X	值	區段類型
-	-	0.00mm/s^2	初始
0s	1s	50.00mm/s^2	Cubic (Default)
1s	2s	150.00mm/s^2	Cubic (Default)
2s	3s	0.00mm/s^2	Cubic (Default)

本節無法得知位置，如果要位置只能計算或游標到曲線上得到。

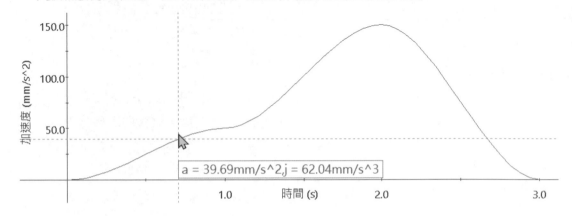

a = 39.69mm/s^2,j = 62.04mm/s^3

9-2-5 資料點/運算式

本節與旋轉動力相同，不贅述。

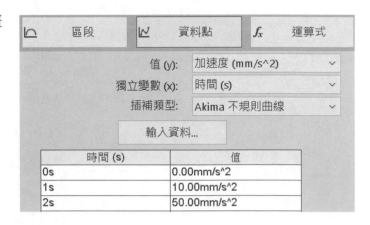

	區段		資料點	fx	運算式

	值 (y):	加速度 (mm/s^2)	∨
	獨立變數 (x):	時間 (s)	∨
	插補類型:	Akima 不規則曲線	∨

輸入資料...

時間 (s)	值
0s	0.00mm/s^2
1s	10.00mm/s^2
2s	50.00mm/s^2

9-3 直線動力變化的邏輯思考

　　本節說明直線動力以**固定速度**取得數據或產生加速運動，提高模擬元素的邏輯運用，該邏輯可以套用到任何動作研究中。

9-3-1 非等速運動與取得速率

　　由直線動力製作滑塊速度 50 加速到 200mm/sec，時間 2 秒鐘，本節可以突破不一定要透過表格才可以進行非等速運動。

Ⓐ 等速運動

　　製作固定速度的前置作業。

步驟 1 拖曳滑塊到起始位置 0

步驟 2 直線動力之固定速度

　　直線動力固定速度 50㎜/sec，完成後時間為 5 秒。

步驟 3 計算直線動力到第 2 秒的位置

　　讓滑塊第 2 秒完成位移。調整時間列到第 2 秒位置時可以看到滑塊在 100mm 的位置。

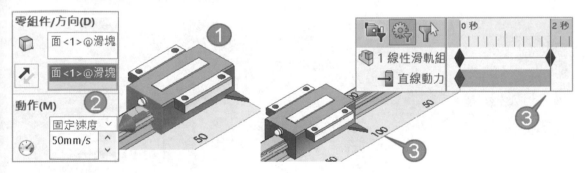

Ⓑ 加速運動

步驟 1 編輯直線動力，參數改為 200mm/sec

　　重點在這一步驟，由於時間為第 2 秒鐘，此時編輯🔲可以讓該參數定義在 0～2 秒的區間的加速度為由 50 加速到 200mm/sec。

步驟 2 播放

　　可以見到滑塊加速的模擬，第 2 秒也有畫格。

步驟 3 查看速率

　　將時間放置在的 1 秒位置→編輯🔲，速度得知為 125mm/s，目前速率不必計算。

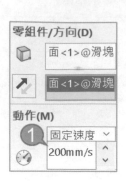

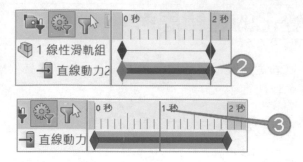

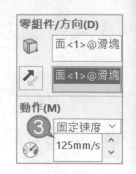

9-3-2 油壓缸：活塞移動

活塞加入→並計算行程與秒數避免活塞暴衝。

步驟 1 拖曳活塞到起始位置 0

步驟 2 放置時間到第 2 秒

步驟 3 設定直線動力

點選活塞圓柱頂面，動力參數 30 mm/s。由於油壓缸行程 65mm，動力參數 30 mm/s，所以 2 秒總行程 2 秒*30mm/s=60mm，活塞就不會暴衝。

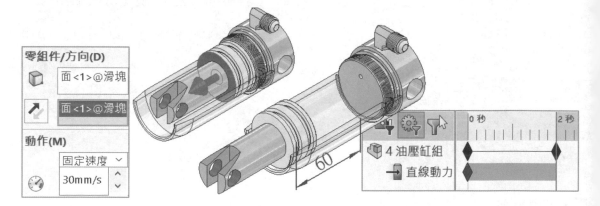

10

模擬元素-路徑結合動力

路徑結合動力（Path mate Motor）♪在動力之中，引用**路徑結合**✓套用動力（速度、加速度），適用**動作分析**。

由於✓為物體沿路徑移動無法加入動力，只能拖曳或更改距離讓物體移動，有了♪可以讓移動更具真實性，這部分很讓人感動。

A 學習一致性

本章♪操作介面和**旋轉/直線動力**一模一樣，可以很輕鬆學會。

B 指令位置與介面

進入指令有 4 個類別：1. 動力類型、2. 零組件/方向、3. 動作、4. 更多選項。

C 不影響動力結果（好消息）

✓可以設定：自由、距離、百分比，無論設定為何不影響♪的結果，下圖右。

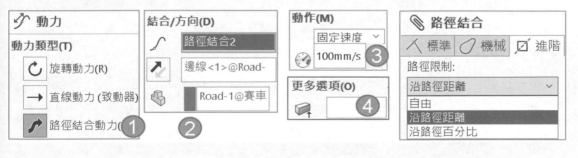

10-1 結合/方向

本節主要是路徑結合欄位比較不同，其餘旋轉動力相同。

10-1-1 路徑動力結合 ⌒

特徵管理員或 Motion Manager 點選已經完成的 1. 路徑結合⌒→2. 系統自動套用動力方向、3. 零組件相對移動於，會發現無法刪除或變更以灰階顯示，僅能變更 4. 動力方向↗。

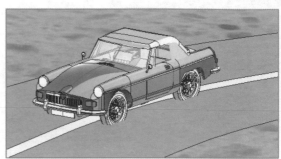

10-2 動作

預設固定速度，由清單選擇動力類型以及相對應值，本節說和先前相同不贅述。

10-2-1 固定速度

設定 1000mm/s。

10-2-2 播放

車子在軌道行走，完成的模擬元素在 Motion Manager 以**路徑結合動力**⌒呈現，模擬元素圖示有點像**路徑結合**⌒容易搞混。

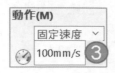

10-3 應用：時間與速度

> 𝄞常見 2 個重點：1. 路徑長度、2. 開放或封閉迴圈。

10-3-1 滑台

球沿著開放路徑長度 310，本節分別完成**固定速度**與**距離**。

A 固定速度 100mm/s

時間 5 秒查看運動情形。會發現球超過路徑就停止，時間也不會再繼續走動。

B 距離 310mm

3 秒完成 310 距離，由圖表可以看出球由 0 的位置到第 3 秒走完 310。

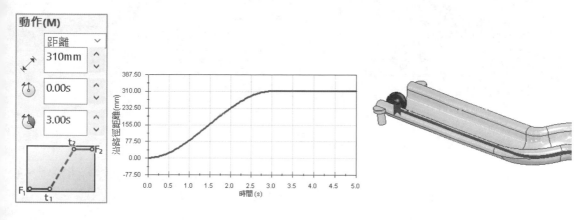

10-3-2 飛機飛行

定義的飛行速度由跑道慢到快→降落到跑道滑行停止。表格可以看出很多行，只是把動作模擬細膩一些，初期不必要這麼細，先讓飛機可以正確模擬飛行，再來調整細節，細節做得好動畫就會讓別人感到驚艷。

第 1 階段 0-2 秒 地面行走

第 2 階段 2-4 秒 爬升中

第 3 階段 5-8 秒 飛行中

第 4 階段 8-12 秒 降落中

第 5 階段 9-14 秒 跑道滑行，停止

值 (y):	速度 (mm/s)		∨
獨立變數 (x):	時間 (s)		∨
開始 X	結束 X	值	區段類型
-	-	0 mm/s	初始
0s	1s	1000 mm/s	Cubic (Default)
1s	2s	10000 mm/s	Cubic (Default)
2s	3s	8000 mm/s	Cubic (Default)
3s	4s	10000 mm/s	Cubic (Default)
4s	5s	20000 mm/s	Cubic (Default)
5s	6s	30000 mm/s	Cubic (Default)
6s	7s	30000 mm/s	Cubic (Default)
7s	8s	15000 mm/s	Cubic (Default)
8s	9s	10000 mm/s	Cubic (Default)
9s	10s	8000 mm/s	Cubic (Default)
10s	11s	6000 mm/s	Cubic (Default)
11s	12s	5000 mm/s	Cubic (Default)
12s	14s	0 mm/s	Cubic (Default)

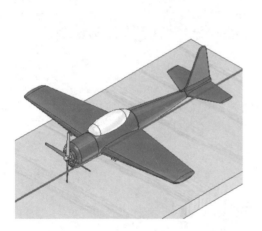

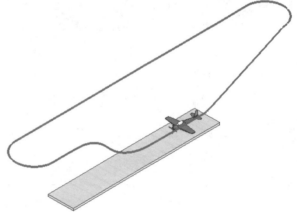

10-3-3 練習：機械手臂夾取滑台

由清單選擇動力**區段**，進入函數產生器：區段。定義時間範圍內的位移，由量測得知線段總長 3828mm，希望手臂 5 秒來回從頭移動到尾。

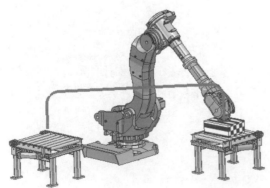

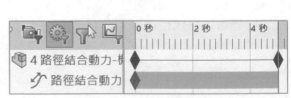

模擬元素-直線彈力

直線彈力（Spring）➡俗稱**彈簧力**，適用**基本動作**、**動作分析**。可模擬壓力或拉力來回動作，常用在**彈簧**機構，例如：按壓自動筆，筆芯會來回退出。

A 彈力適用 1.基本動作、2.動作分析

彈力是模擬元素中最難，如果不知道彈力原理和操作邏輯不容易製作效果，大郎認為你會彈力剩下的動作研究就覺得沒什麼難度可言，以前的動作研究一直搞不定的難度在彈力眼裡都是小兒科。

B 先基本動作再動作分析

讓同學體會這 2 者不同的計算結果，絕大部分使用者只有 SW 標準版或專業版提供的**基本動作**，很多彈力效果可以用**基本動作**完成不見得要**動作分析**。

C 彈力任督二脈

第一脈（基礎）：自由長度=彈簧未受力狀態、第二脈（進階）：阻尼=讓彈力停止。

D 彈力模擬的必要性

動作研究絕大部分是動畫效果，要達到彈力效果有很多種，例如：直線/旋轉動力、拖曳模型，結合...等，除非為了產生報告或驗證產品得到經濟價值，否則不建議彈力研究。

11-0 指令位置與介面

彈力於動作研究工具列中，點選➡會見到彈力分 2 種：1. **直線彈力**➡、2. **扭轉彈力**↻，選擇其中一個項目後無法事後修改，例如：進行**直線彈力**後無法改為**扭轉彈力**。

11-0-1 直線彈力介面

進入指令有 5 個類別：1. 彈力類型、2. 彈力常數、3. 阻尼器、4. 顯示、5. 承載面。其 5. 承載面會傳遞到 SolidWorks Simulation，本書無說明 Simulation。

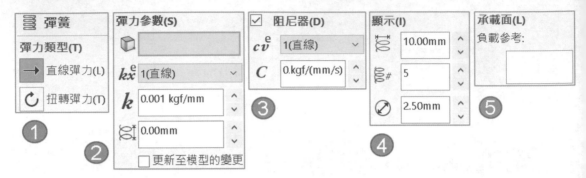

11-0-2 虎克定律（Hook's Law，F＝KX）

虎克又稱胡克定律（17 世紀英國物理學家羅伯特·虎克）是彈性力學理論，模型受力後，**應力**與**應變**成線性關係，公式：F＝KX、K=F/X。

A 力單位改為 kgf/mm

彈簧被壓縮時，每增加 1mm 行程之負荷（kgf/mm），1kgf/cm=0.98/Nmm、1kgf/mm=9.8/Nmm（預設單位）。為方便解說將力單位改為 Kilogram-force，下圖右（箭頭所示）。

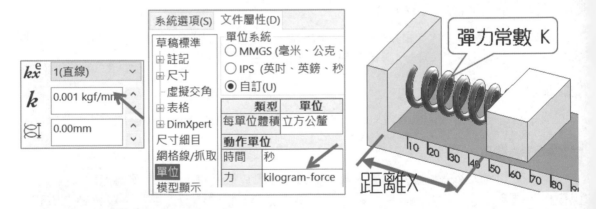

11-0-3 K 值計算

F＝KX，10＝K*40；K＝0.25 Kgf/mm，當彈簧被壓縮時，每增加 1mm 負荷 0.25 Kg。

11-0-4 自由長度（靜止狀態）

彈力最重要的認知就是自由長度，再來決定模擬彈簧為壓力還是拉力，例如：滑塊目前未受力位置 40=自由長度=彈簧結束位置（未負載狀態）。

A 壓力

將滑塊移到 30=第 0 秒位置，到時模擬回到 40。

B 拉力

將滑塊移到 60=第 0 秒位置，到時模擬回到 40。

代號	說明	
F（Force）	外力（壓力/拉力），若位移 0， F＝K*0＝0	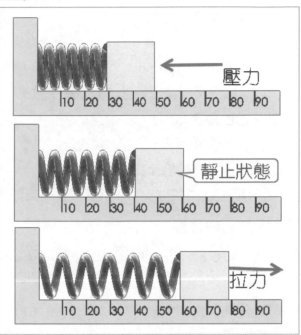
K	彈力常數；在彈簧上施加外力， 讓彈力恢復到自由長度 單位：N/mm N=Norton 牛頓 mm=伸長量	
X	位移（伸長或壓縮量） 單位：mm	

11-0-5 彈力極限（Elastic Limit）

彈力極限又稱**彈性限度**，材料本身有彈性存在，例如：橡皮筋拉長後放開，回到原來狀態，拉到一定程度後再拉變細直到斷裂，橡皮筋開始變細的過程=彈性極限，下圖左。

A F=kx，拉力 F 與伸長量 x 成正比

由彈簧顯示得知過度的距離（長度）會趨近直線，就能得知這些設定無意義，下圖右。

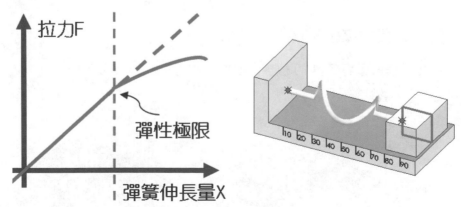

11-0-6 先睹為快：拉力 20-50

彈簧未受力為 20 位置，將滑塊拉到 50 位置放開，查看彈力運動情形。

步驟 1 研究類型：基本動作

動畫類別還是可以進行指令作業，但無法播放，所以自然會切換到**基本動作**。

步驟 2 彈力參數：位置

目前滑塊在 50 位置，點選 2 草圖原點定義彈力位置。

步驟 3 K 值 0.01 kgf/mm

此參數只是模擬比較正確的移動狀態。

步驟 4 自由長度 20

代表模擬拉力。

步驟 5 播放，查看圖示與移動時間

滑塊到 20 位置停止，於管理員會見到 彈簧 圖示。由移動圖示 見到將近第 3 秒停止。

A 學習心理建設

剛開始學習彈性回復力到近似值都可視為滿足虎克定律，不必太執著於數值要達到剛剛好，否則花很多時間調整，讓心情受到很大的影響。

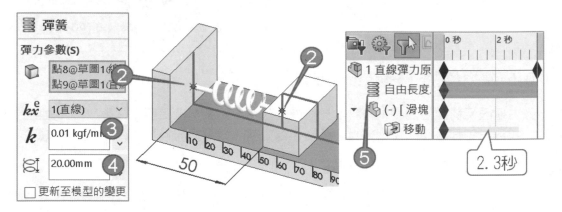

11-0-7 練習：壓力 70-30

自由長度 70，模擬彈簧壓到 30 位置的滑塊位移，設定 K=0.005 kgf/mm。

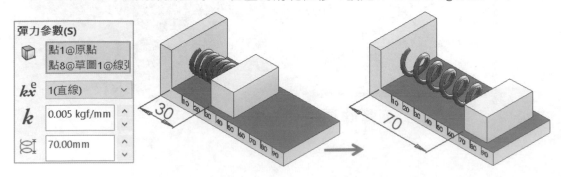

11-0-8 練習：拉力 40-80

自由長度 40，模擬彈簧拉到 80 位置的滑塊位移，設定 K=0.005kgf/mm。

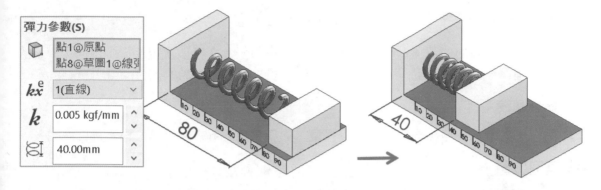

11-1 彈力參數（Spring Parameters）

完整說明彈力 4 大天王：1. 彈力終點、2. 彈力表達指數、3. 彈力常數、4. 自由長度，學習一開始先出效果再理解彈力。

A 彈力參數對照表

下表對照說明會更容易理解，有些不見得是基礎理論，只是口頭看法，重點在**自由長度**的認知。

1. 彈力終點	2. 彈力表達式指數 kx^e	3. 彈力常數 k	4. 自由長度
放置彈簧的位置	決定力和位移之間關係	彈簧運動速度，值越大速度越快	彈簧運動最後的位置，也是彈簧靜止不動的狀態

B 直線彈力函數表達式

$F=-K*(X-Xo)^n+Fo$，-K 代表力的方向與彈力相反，下圖右。

函數代號	說明
K	直線彈力常數
X	零件之間距離
Xo	彈簧自由長度
n	指數，決定力和位移之間關係
Fo	指定 Xo 參考力

C 位移量 X 計算

彈簧自由長度 50mm，壓縮後長度 10mm，位移量 50-10＝40mm。

11-1-1 彈力終點（Spring Endpoints）

定義放置彈簧的位置，本節應該稱彈力位置。原則上 2 模型位置平行，選擇 2 模型的點、線、面、原點、草圖點...等，若選擇模型面或線，彈簧位置會在所選的條件中間。

A 虛擬彈簧

點選兩模型過程會出現白色的虛擬彈簧，這部分屬於下方**顯示**欄位再為各位說明。

B 模型位置

不考慮重力情況下，點選的模型位置不影響彈力結果。理想的彈簧位置為模型中間，萬一點選線＋點，虛擬彈簧位置看起來不理想並不影響計算結果，下圖右。

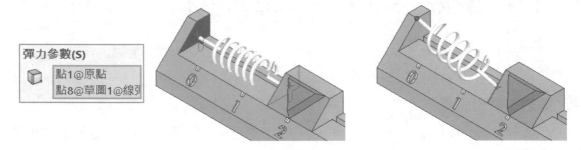

C 無法在同一個零件定義開始及結束位置

不能在同一個零件點選兩面來定義位置，彈力無法模擬同一個零件，下圖左。

D 所選取的零組件為固定，無法被移動

點選 2 模型面，滑塊為完全定義，彈力指令未結束前無法移動滑塊，下圖右。

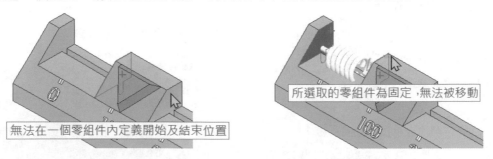

11-1-2 彈力表達式指數（預設＝1，適用動作分析）kx^e

彈力表達式指數（Exponent of Spring Force Expression）決定力和位移之間關係，由清單選擇指數大小。

A 指數 e（預設 1）

F=-kx2，位移的平方成正比 2。

有效選項：-4、-3、-2、-1、1、2、3、4。

1=線性（預設），線性運動最常使用。

n>1：力隨位移增加變快，得到非線性運動。

n<1：力隨位移增加位移速度變慢。

11-1-3 彈力常數（Spring Constant，預設 0.001kgf/mm）*k*

彈力常數又稱**彈簧常數**，感覺上就是彈簧運動速度，值越大速度越快，這麼說不是很專業，卻是最容易理解的說法。

A 彈力常數 K 與週期，$T = 2\pi\sqrt{\dfrac{M}{K}}$

彈簧受外力作用時（拉力或壓力）會形成週期運動（來回運動），隨著時間彈力會逐漸衰減。k 越高=材質越硬=移動速度快，練習時 k 不要設定太大，大約 0.001kgf/mm。

B 定義彈力常數 4 要件

1. 自由長度、2. 壓縮或伸長位置、3. 施加力多少、4. F＝KX。

1 自由長度多少

彈簧未負載長度=模型運算後的結束位置 100（靜態位置）。

2 壓縮或拉伸位置

拖曳模型到壓縮或拉伸位置，例如：壓縮後位置 50mm。

3 施加力多少 F

施加力在動作研究很多是假設，例如：希望施加 10kg 的力在彈簧上。

4 虎克定律公式 F=KX

由以上 3 項參數算出 k 值，10＝K50➔K＝0.2kgf/mm，彈力常數*k*輸入 0.2。

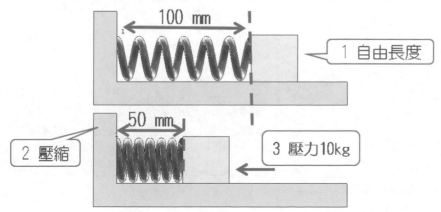

C 彈力常數 K 大=力量大

自由長度 300，滑塊被壓縮到 100 位置。目前運動時間為 5 秒，如果想要縮短運動時間，調整彈力常數變大（0.01→0.05→0.2），查看彈簧運動情形更可以加深彈力的理解。

彈力常數 0.2：滑塊來回移動速度快。彈力常數 0.001：滑塊來回移動速度慢，下圖右。換句話說，彈力無法停止就增加時間或增加 K 值即可。

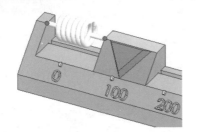
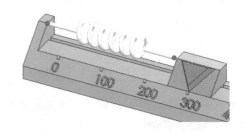

11-1-4 自由長度（Free Length）

彈簧未負載長度=彈簧運動最後的位置，本節就是直線彈力認知核心。自由長度理論上是未受力狀態下的長度，施加外力查看彈簧位移的情形。

A 模型最終位置會在自由長度

彈簧未負載的狀態下彈力最終位置會在自由長度。目前沒設定阻尼，彈力模擬過程滑塊會在設定的自由長度範圍來回擺動。

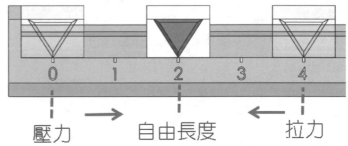

B 彈力不作動原因

重點來了，模型一開始為自由長度位置，無法模擬拉力或壓力，彈力不作動，例如：自由長度 300，滑塊位置 300。

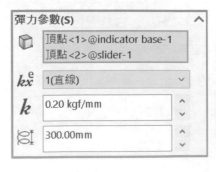
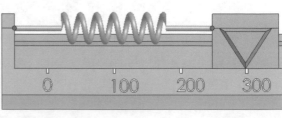

11-1-5 更新至模型變更（Update to model change，預設關閉）

是否以目前模型位置=自由長度🔒，這部分照字面實在不容易理解，本節分多個篇幅說明更深刻理解彈力操作的奧義。

A ☑更新至模型的變更

模型位置=自由長度，且自由長度欄位灰階，無法修改數值，例如：目前滑塊位置 300，希望滑塊到 500 位置（這屬於拉力）。

步驟 1 起始位置：滑塊位置 300

步驟 2 彈力常數 K=0.001 kgf/mm

步驟 3 ☑更新至模型的變更

步驟 4 播放

彈力不會動，目前位置=自由長度=拉力/壓力，很多人在這就卡住，不知為何。

步驟 5 點選時間到第 0 秒位置→拖曳滑塊到 500 位置

步驟 6 播放

滑塊來回移動接近 500，不會停，這是因為彈力常數 K 太小。

步驟 7 更改彈力常數 K=0.2 kgf/mm

步驟 8 播放

滑塊由 500 並在 300 位置快速停止。

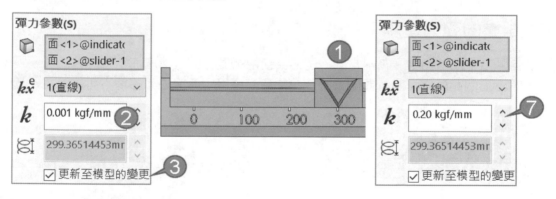

B □→☑更新至模型的變更

承上節，常遇到滑塊位置並非整數，要完整的自由長度數值可以先 1. □更新至模型的變更→2. 輸入數值 300→3. ☑更新至模型的變更。

C □更新至模型的變更：拉力 300-500

自行輸入自由長度，執行彈力會讓物體達到設定的數值，K=0.2kgf/mm。目前滑塊位置 500，設定自由長度 300，代表目前滑塊原本 300 被拉到 500 放開後執行彈力樣子。

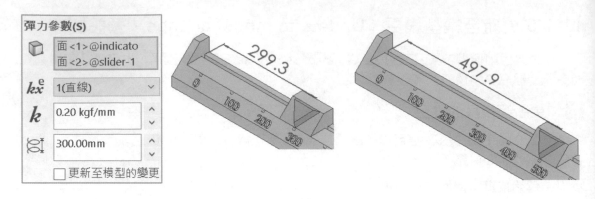

D □更新至模型的變更：壓力 500-200

承上節，目前滑塊位置 500，設定自由長度 200，代表滑塊原本 500 被壓到 200 放開後執行彈力的樣子。

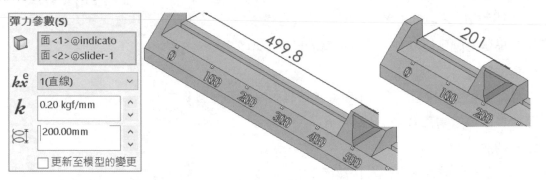

11-1-6 雙向彈力模擬

雙向彈力可以讓自由度為兩方向，例如：自由長度 200，滑塊往兩方向各 200。各位有沒有看出這個範例怪怪的，實際上滑塊之間會有彈簧，無論如何壓縮不可能靠在一起。

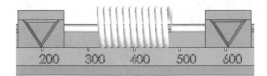 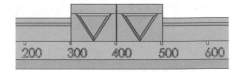

11-1-7 練習：避震器

避震器上的彈簧自由長度 150，本節讓它壓縮到 40，K0.1。

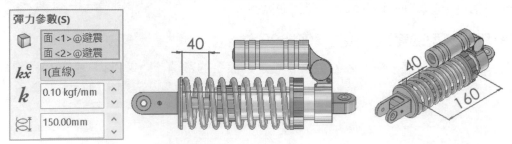

11-2 阻尼器（Damper，適用動作分析）✎

阻尼器是進階課題會與**阻尼**一起講解。任何物體之間都有阻尼現象，而阻尼器可以模擬阻尼現象，例如：讓彈簧停止。換句話說無阻尼彈力會形成簡諧運動（彈簧來回不停止）。

A 阻尼

滑塊＋彈簧的彈力模擬中，彈簧震幅會隨時間減弱，彈簧在彈力過程材料發熱、空氣阻力或其他因素，讓彈簧振幅降低並停止，對滑塊來說彈簧就是阻尼。

B 阻尼器

提供運動的阻力，消耗運動能量的裝置，例如：避震器就是阻尼器，利用彈簧讓運動過程減緩彈力，讓避震過程比較舒緩。

如果只靠彈簧本身的彈力消耗達到減振效果的時間會太長，所以阻尼器就因應而生。

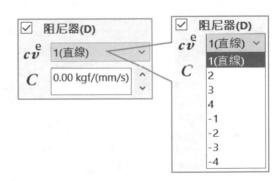

C 阻尼器介面（適用動作分析）

阻尼器在彈力■可做可不做，初學者很容易以為要☑**阻尼器**才可以使用彈力。

11-2-1 阻尼力表達式的指數 cv^e

阻尼力表達式的指數（Exponent of Damper Force Expression）預設 1。

清單選擇函數：1、2、3、4、-1、-2、-3、-4，不贅述。

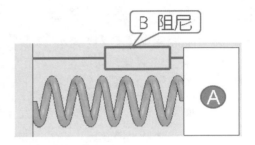

11-2-2 阻尼常數（Damping Constant，預設 0）C

阻尼常數又稱阻尼係數，本節預設單位 N/mm，自由長度 100、目前位置 40。

A 基本動作的狀態

這是盲點，本節特別用基本動作模擬，計算後發現結果自由長度不是理想的 100（約第 5 秒停止）。因為球往下且基本動作還是保有一點重力的物理狀態，先前的滑塊是平躺狀態就可以模擬理想的自由長度。

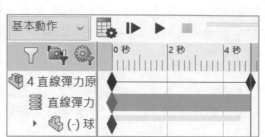

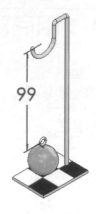

99

B 不同阻尼大小產生的效應

調整**阻尼常數** C 查看要多少秒讓球回到 100 位置後停止，阻尼越大越慢停止。如果要要有彈力來回的效果，可以把 C 設定 0.001。

阻尼	大於>1	等於=0	小於<1
球停止（秒）	8 秒	振盪不停止	2 秒
狀態	球很慢停止	模擬真空狀態	球很快停止

☑ 阻尼器(D)

cv^e 1(直線)

C 0N/(mm/s)

11-2-3 練習：滑塊阻尼應用

滑塊自由長度 150，目前位置 100 壓縮狀態，K0.1、阻尼 0.05，可以看到滑塊在第 2 秒的位置會停止。

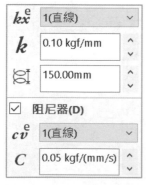

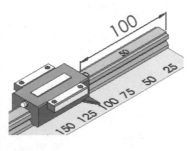

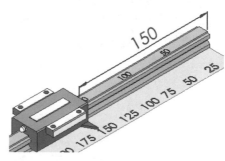

11-3 顯示（Display）

　　設定好彈力參數後，預設會顯示彈簧外型，這只是表達並不會產生實際彈簧零件。設定彈簧的：1. 線圈直徑👪、2. 圈數👪#、3. 配線直徑⊘。

11-3-1 線圈直徑（Coil Diameter）👪

　　又稱平均直徑或中心徑，為外徑與內徑平均值。

11-3-2 圈數（Number of Coils）👪#

　　螺旋 1 圈的數量。

11-3-3 配線直徑（Wire Diameter）⊘

　　又稱線徑，以螺旋繞圈的斷面直徑。

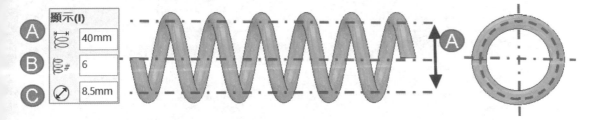

11-3-4 顯示虛擬彈簧

　　播放動畫會顯示虛擬彈簧外型，拉伸白、壓縮紅。未播放動畫可以在 Motion Manager 點選彈力元素👪即可顯示。

11-3-5 隱藏虛擬彈簧

　　在彈力元素圖示上右鍵隱藏可以在播放的過程看不見虛擬彈簧，適合已經有實體彈簧，當實體彈簧與虛擬彈簧同時呈現時看起來怪怪的。

筆記頁

12

模擬元素-扭轉彈力

扭轉彈力（Torsion Spring）↻，應用在 2 模型間的扭轉產生彈力，適用**動作分析**。**扭轉彈簧**的線圈與壓縮彈簧相同，最大差異在 2 端沿螺旋切線方向延伸，受扭力負荷時，軸心會產生扭矩導致變形，例如：文件夾、捕鼠器...等。

🅐 快速學會認知

本章為**直線彈力**的延伸，最大差別在**自由角度**，其餘全部相同所以學習格外輕鬆。

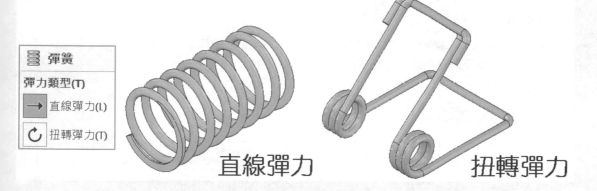

彈簧	
彈力類型(T)	
→	直線彈力(L)
↻	扭轉彈力(T)

直線彈力　　　　　　　　　扭轉彈力

12-0 指令位置與介面

於動作研究工具列點選 ☰ 會見到彈力分 2 種：1. 直線彈力 **→** 、2. 扭轉彈力 ↻，會發現這 2 項內容都一樣。

12-0-1 扭轉彈力介面

進入指令有 5 個類別：1. 彈力類型、2. 彈力參數、3. 阻尼器、4. 顯示、5. 承載面。前幾項先前說明過，本章僅說明 2. 彈力參數。

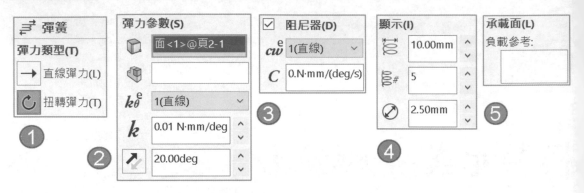

12-0-2 先睹為快：扭轉彈力

體驗上活頁的彈力運動。

步驟 1 轉軸方向

點選上活頁旋轉的模型。

步驟 2 K0.01

步驟 3 自由角度 20

步驟 4 播放

滑塊 0-40 度之間轉動，於 Motion Manager 會見到 ⚡ 圖示。因為沒有設定阻尼，實際的角度為自由角度的 2 倍。

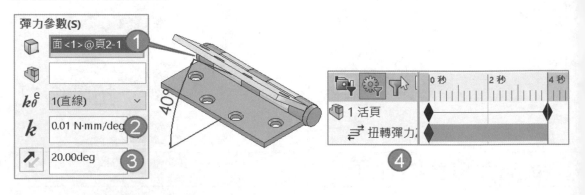

12-1 彈力參數（Spring Parameters）

彈力參數 5 種項目：1. 第一個端點與軸方向、2. 基材零組件、3. 彈力表達式的指數、4. 彈力常數、5. 自由角度。一開始學習只要設定 1、4、5，先求有彈力的動作。

A 彈力參數對照表

下表對照說明會更容易理解，重點在**自由角度**的認知。

1. 扭轉位置	2. 基材零組件	3. 彈力表達指數 k_θ^e	4. 彈力常數 k	5. 自由角度
定義要扭轉模型	相對轉動模型	決定力和位移之間關係	彈簧運動速度，值越大速度越快	彈簧運動最後位置

B 扭轉彈力函數表達式

$F = -KT * (\theta - \theta o)^n + To$，-K 代表力的方向與彈力相反。

函數代號	說明	彈力參數(S)
K	扭轉彈力常數	① 面<1>@頁2-1
θ	目前角度	②
θo	定義扭轉彈力的參考角度	③ k_θ^e 1(直線)
n	指數，決定力和位移之間關係	④ k 0.01 N·mm/deg
To	指定 θo 參考扭矩	⑤ 20.00deg

12-1-1 第一個端點與軸方向（endpoint and axis direct）

設定**扭轉彈力**位置和轉動的模型，點選上夾圓柱面。

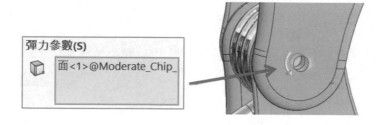

12-1-2 基材零組件（Base Component）

點選的零件為相對活動件，執行反作用位移，本節非必要選項。點選下夾，自由角度 20 度，播放後會發現上下夾角共 40 度。

12-1-4 彈力常數（Spring Constant）k

本節說明與直線彈力相同，單位 N·mm/deg，數值越大動作越快，例如：K0.1。

12-1-5 自由角度（Free Angle）

設定旋轉角，例如：20。

A 反轉方向↗

由圖示可以見到旋轉方向，按↗更改方向。

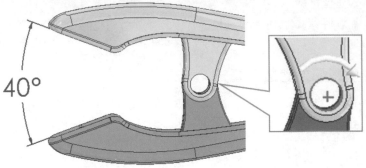

12-2 阻尼器參數（Damper Parameters）

設定**扭轉阻尼力**模擬旋轉運動時，防止倒轉能緩和閉合時的負荷，例如：紗窗的緩衝鉸鏈，本節說明和直線彈力相同，不贅述。

A 扭轉阻尼函數方程式：F=-CWxe

C=扭轉阻尼常數、W=定義軸零件角速度、e=指數。

12-2-1 阻尼應用

利用先前的模型設定阻尼 0.1，播放到第 8 秒可以看到位置達到 20 度停止。

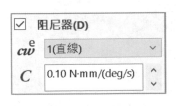
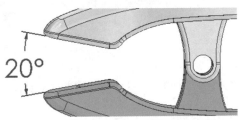

13

模擬元素-力／扭矩

力（Force）↖又稱作用力，進行力的分析常與阻尼搭配，適用動作分析。↖類似直線動力→和旋轉動力↩，擁有作用力與反作用力↖並擁有加速度，常用在火箭、子彈。

A 力↖與動力↩差異

力↖給力量帶動速度、動力↩直接給速度。

B 牛頓第二運動定律 F=ma

只要能改變物體運動狀態（產生速度、加速度）或讓他變形（鐵鎚敲打鐵塊）皆稱為力，以 F 表示。

C 力的學習

本章和動力↩絕大部分相同，只要學習不同處，學習起來格外輕鬆。

D 力模擬是否必要

↖僅適用動作分析，實務上常以動力↩滿足絕大部分需求。

13-0 指令位置與介面

於動作研究工具列中點選力↖，會見到力分 2 種：1. 直線力→、2. 扭矩力↻，這 2 項內容都一樣。

13-0-1 介面項目

由上而下分 4 大段：1. 類型、2. 方向、3. 力函數、4. 承載面（傳遞到 Simulation）。

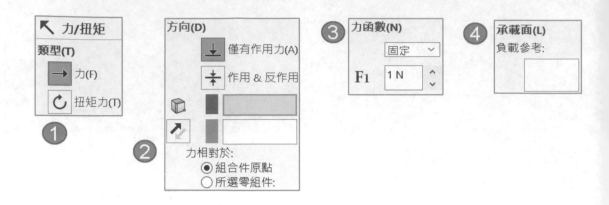

13-0-2 物體質量

由於力適用**動作分析**，就要給移動的物體質量，到**物質特性**🎐將滑塊以**取代質量屬性**的方式定義為 1 公斤，這樣比較好理解。

13-0-3 先睹為快：直線力

體驗滑塊直線力的加速度運動。

步驟 1 切換研究類型：動作分析

步驟 2 模擬元素力🏹→點選力→僅有作用力

步驟 3 點選滑塊前平面

步驟 4 力函數：0.02N

步驟 5 播放

滑塊加速度移動，於 Motion Manager 會見到🏹力圖示。

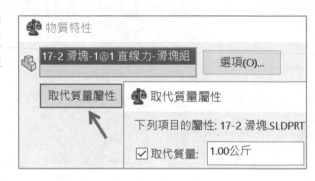

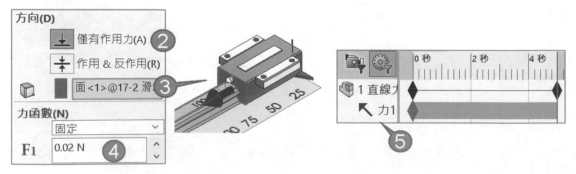

13-1 力，方向（Direction）

設定力條件：

1. 僅有作用力 ↓

2. 作用&反作用 ↕

3. 動作零件及套用動作的點

4. 力方向

5. 力相對於

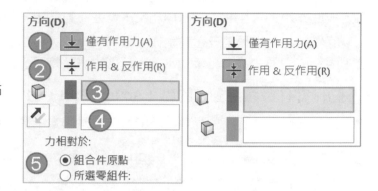

13-1-1 僅有作用力（Action only）↓

簡稱**作用力**或**力**（SW 統稱力），大郎認為**作用力**會比較貼切，因為力和下方**反作用力**相呼應。理論上作用力位置不同，施加力大小也會不同，甚至成為力矩，建議一開始還不要研究這些，否則會糾結在這裡。

A 動作零件及套用動作的點（Aclion Part）▢

點選要運動的模型位置，可點選模型的點、線、面，例如：點選滑塊前面，會見到垂直於該面的藍色箭頭又稱**正向力**，箭頭=前進方向，就不用設定**力方向**，下圖左。

B 力方向（Force Direction，預設正向力，非必要項目）↗

如果作用力方向不是自己要的可以點選邊線或面，定義後可見力方向箭頭，按↗來反轉方向，本節非必要項目，下圖右。

C 力相對於（Force relative to，預設組合件原點）

指定要套用力的模型，預設以所選的零件面計算，如果只是模擬運動就不設定，以**組合件原點**即可。

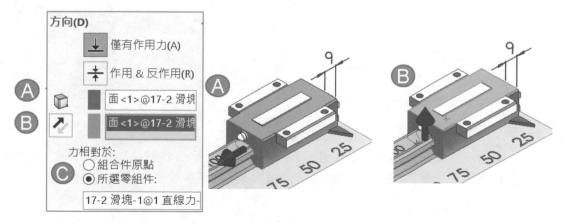

13-1-2 作用&反作用（Action & reaction）⊹

簡稱反作用力，可點選模型點、線、面作為條件。當模型受外力必產生**反作用力**，作用力與反作用力大小相等、方向相反，會在一直線上。

反作用力為**牛頓第三運動定律**，公式 F＝-F。例如：石頭放置在木板上，石頭不會掉落，因為重力與木板力維持力平衡。發射大砲，炮身後退、火箭發射也是…等。

A 動作零件及套用動作的點（Action Part）⬛

點選底座圓柱面，會見到藍色箭頭，也是固定不動的模型面。

B 力反作用位置（Force Reaction Position）

選擇反作用力位置，例如：點選火箭圓柱面，會見到紅色鍵頭=動作方向，並看出 2 方向箭頭，由此可知作用力和反作用力方向。

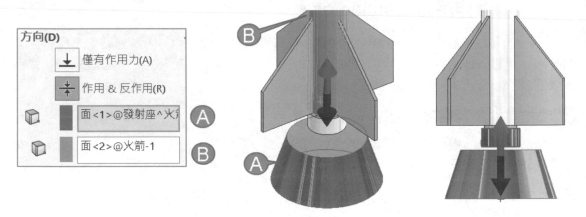

13-2 力函數（Force Function）

設定力大小，本節重點在作用力的驗證，就能打通與其他模擬元素的差異，例如：重力、直線動力也有加速度，其實都是一樣的。

A 作用力公式：F=ma

F=作用力、m=物體質量、a=加速度。1 牛頓可以讓 1 公斤物體每秒加速 1 米。物體受外力作用沿作用方向產生加速度，例如：推動滑塊，讓滑塊在滑軌上移動速度會越來越快。

B 力單位與設定

力以牛頓 N（Newton）表示大小，不像公尺/秒容易直覺理解，N 為 SI（國際單位）導出的單位 kgm/sˆ2。

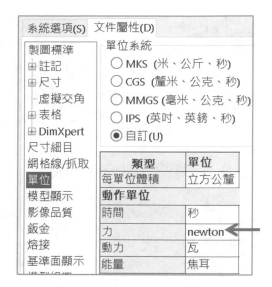

C 計算加速度 a =F/m，單位 m/s^2

本章給 F 力大小，若要計算 a 加速度就將 F 力/m 質量。

例如：F=10，m=1，a=10/1=10m/sˆ2。

D 直線位移公式

$h = \frac{1}{2}at^2$，h=距離、a=加速度、t=時間。

13-2-1 固定

設定 F1 力大小，建議設定 0.1N，否則速度太快。

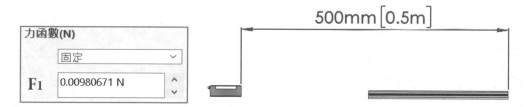

500mm [0.5m]

力函數(N)

固定

F1 0.00980671 N

A 滑塊滑行

F=10N，滑塊重 1 公斤，加速度 10m/sˆ2，由播放來驗證加速位移公式。但有沒有發現距離好像少 10 倍，因為 1N 提供 0.1019 公斤力（kgf），資料來源:維基百科牛頓單位。

秒數	0	1	2	3	4	5
距離（米）	0	0.5	2	4.5	8	12.5
公式驗算	$\frac{1}{2} * 10 * 0^2$	$\frac{1}{2} * 10 * 1^2$	$\frac{1}{2} * 10 * 2^2$	$\frac{1}{2} * 10 * 3^2$	$\frac{1}{2} * 10 * 4^2$	$\frac{1}{2} * 10 * 5^2$

13-2-2 間隔（Step）

設定 2 組數值：1.F1 力的初始值，t1 初始時間、2.F2 力的結束值，t1 結束時間，例如：F1=0、t=0→F2=0.05、t=5，播放會見到直線加速的感覺。

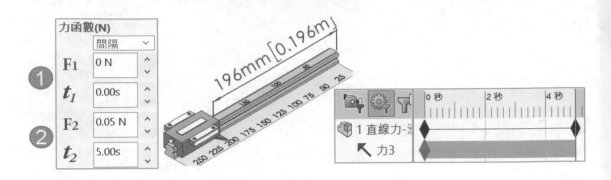

13-2-3 諧波（Harmonic）

設定力的周期性運動，振幅 A、頻率 f、平均 Ave、相移值 ph。

A 振幅（Amplitude）A

力的最大偏移或最大值幅度。

B 頻率（Frequency）f

以赫茲（Hz）為單位，每秒完成的周期數。

C 平均（Average）ave

平均力。

D 相移值（Phase Shift）ph

相對於基準點的偏移量。

13-2-4 函數產生器視窗

點選 1. 區段、2. 表達式、3. 資料點，都會進入**函數產生器**視窗，定義：力、時間和周期角度。

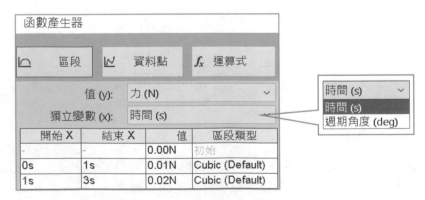

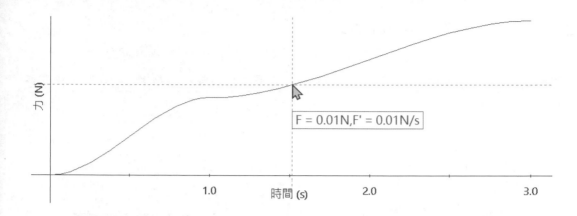

13-3 扭矩力（Torque）

　　扭矩力=軸的扭轉力，統稱力矩、俗稱扭力，物體轉動的力量以 M（力矩）表示，例如：以六角扳手旋轉螺絲、旋轉虎鉗把手將工件夾緊…等，扭力與作用力（直線力）的作法相同，本節以演練的方式說明。

13-3-1 方向

　　設定施加在模型上的作用力位置及扭矩方向。

A 動作零件及套用動作的點

　　選擇模型作用力位置，也就是想在模型的哪裡施力，例如：轉軸。

B 扭矩方向（Torque Direction）

　　理論以**右手定則**定義力方向，方向不會改變力矩大小，只要查看模型旋轉方向是不是你要的就好。

13-3-2 力函數

　　設定力大小，本節重點在力的驗證，有了上節觀念本節就比較好理解。

A 作用力公式：M=FL

　　M=力矩、F=力、L=長度（又稱力臂），力量相同力臂越長，產生的力矩也越大。

B 力矩單位

　　長度單位 mm，則力矩單位:牛頓-釐米（N-mm），資料來源：翰林雲端學院。

C 模擬運動：扭力大小對滑塊移動

目前軸棒長度 200mm，F=300N-mm，由播放可知扭力旋轉為加速度運動。

秒數	位置	秒數	位置	秒數	位置	秒數	位置	秒數	位置
第 1 秒	8.7mm	第 2 秒	27.2	第 3 秒	57.9	第 4 秒	100.8	第 5 秒	156.1

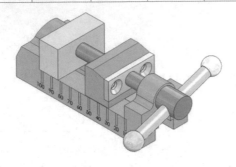
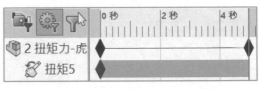

14

模擬元素-重力

　　重力（Gravity）🍎，以**重力加速度**模擬自由落體，也是模擬元素中簡單的設定，由蘋果圖示聯想到牛頓的地心引力，適用**基本動作**、**動作分析**。

A 先學重力再接觸

　　本章在排列當初也在想先介紹 1.**接觸**💧還是 2.🍎，後來決定先介紹 2.🍎，🍎是所有模擬元素中最簡單理解的，🍎+💧搭配產生的題型很多元也相當有看頭。

B 動作研究只能 1 項重力

　　每個動作研究只能加入 1 項🍎，因為重力模擬是針對整體，目前不支援指定模型，如果有支援，大郎想會更有變化性。

C 加強認知

　　單靠🍎能表達的題型坦白說不多，本章為了避免認知混淆僅說明重力🍎。

14-0 指令位置與介面

　　重力於動作研究工具列中，點選🍎功能相當單純，只有 1. 重力方向和 2. 重力值。

14-0-1 先睹為快：滑塊上重力

　　加入重力，模擬滑動狀態。

步驟 1 備料

　　將滑塊移到上方。

步驟 2 重力參數

1. 方向為 Y 軸負向→2. 重力值 50 mm/s^2。

步驟 3 播放

可以看到滑塊往下掉，掉下速度會越來越快，例如：第 1 秒 25mm、第 2 秒 100mm、第 3 秒 225mm，於 Motion Manager 會見到◖圖示。

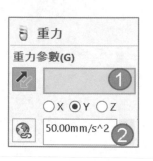 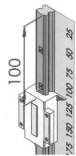 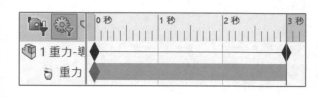

14-1 方向參考（Direction Reference）

重力具有方向性，有 2 種方式定義重力方向：1. XYZ 軸、2. 自訂模型邊線或面。組合件中一定要有模型為可移動的，否則模型不會動。

14-1-1 重力方向（預設 Z）

選擇 X、Y、Z 三大軸，預覽軸出現右下方，被動作研究窗格遮住不好識別。

A 指定重力方向

重力方向預設為 3 度空間軸向的反向，對進階者不看右方箭頭直接決定是否要切換重力方向，這樣比較快。

除了 XYZ 方向外還可以點選面、邊線、草圖線段成為重力方向，指定重力方向後 XYZ 軸灰階無法選擇。

B 反轉方向↗

繪圖區域右下角以綠色顯示重力方向箭頭，可點選↗改變方向。

C 慣用 Y 方向

重力習慣向下，預設 Z 每次都要切換為 Y 方向，希望未來可以記憶或設定預設方向。

14-2 數字重力值（Numeric gravity value）

　　預設 9806.65mm/s^2，點選左邊 🌎 重回預設值。很多人對重力認知停留在 G 重力加速度的調整，重點在**自由落體公式**。

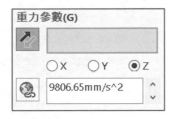

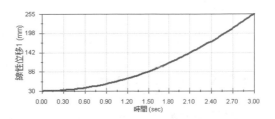

A 重力加速度（Acceleration of Gravity，簡稱 G）

　　重力=萬有引力=地心引力，物體因地心引力由高處落下產生速度，此速度會隨著時間越來越快而產生加速度，簡單的認知：**重力**加上**速度**而形成**重力加速度**。

B 重力加速度值

　　重力加速度單位 m/s^2，G=9.8 m/s^2，每秒平方 9.8 公尺=每秒增加 9.8 公尺，例如：第 1 秒 9.8、第 2 秒 19.6（9.8＋9.8）、第 3 秒 29.4（9.8＋9.8＋9.8）。

C 自由落體位移公式

$h = \frac{1}{2}gt^2$，h=距離、g=重力加速度、t=時間。

D 自由落體定律：物體落下速度與重量無關

　　不同質量的物體在同一高度墜落，會同時到達地面，例如：重量 100KG 與 50KG 的鐵球同時在 10 層樓高往下丟，會同時到地面。

14-2-1 飛機滑行

　　本節設定重力加速度 10m/s^2，由播放來驗證自由落體位移公式。

秒數	0	1	2	3	4	5
距離（米）	0	5	20	45	80	125
公式驗算	$\frac{1}{2}*10*0^2$	$\frac{1}{2}*10*1^2$	$\frac{1}{2}*10*2^2$	$\frac{1}{2}*10*3^2$	$\frac{1}{2}*10*4^2$	$\frac{1}{2}*10*5^2$

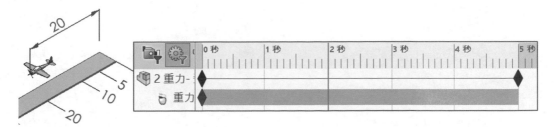

14-3 應用：重力往下

本節重力會運用到**動作分析**，才有辦法產生理想的動畫效果。

14-3-1 球滑梯

球在曲線上加入路徑結合✔，讓球在曲線上移動，並非球真實與溜滑梯接觸並隨著斜度滾動，下圖左。看到這裡，大家一定希望球接觸斜度滾動，不過機構設計過程中多半希望拖曳查看機構行為，所以會用路徑結合。

14-3-2 蛇行擺動

將球預先在一定的角度模擬重力往下，能體會球因為重力的牽引形成來回擺盪，此模型必須使用**動作分析**。

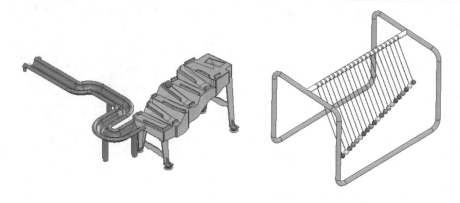

15

模擬元素-接觸（摩擦）

接觸（Contact）讓模型之間產生獨立個體，否則會穿過彼此，例如：球向下碰到球拍會停止，也就是物理實際狀態，適用**基本動作**、**動作分析**。是所有模擬元素中篇幅最大的，而是重要的配角，無法只設定就會可讓模型有動作。

A 接觸的學習

接觸很多人會用也很簡單，但能完整知道這指令的奧義者不多，例如：它包含摩擦、可以多個同時計算、甚至沒想到可以用來解決。

B 接觸搭配模擬元素，讓動作多元

常搭配其他模擬元素，例如：日內瓦機構：1. 旋轉動力＋2. 接觸，下圖左。

C 重力和接觸是兄弟

使用就會有，例如：球落下在球拍上是否停止或穿透，停止是因為球落下的方向與球拍垂直。如果球拍是傾斜的，就會像溜滑梯一樣滑落，要完成這類模擬：球與球拍加入接觸即可。

D 接觸包含摩擦

由字面上看不出包含**摩擦**，由圖示凸輪很難聯想到包含**摩擦**，只能靠自己聯想。

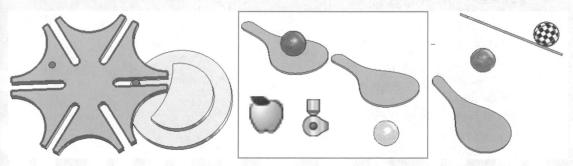

15-0 指令位置與介面

於動作研究工具列中，於研究類型的基本動作切換到動作分析會有多的項目，也可以說是基礎接觸和進階接觸。

15-0-1 基本動作的接觸介面

由**基本動作**進入指令只有 1 項：選擇，接觸類型：**實體**。

15-0-2 動作分析的接觸介面

由**動作分析**進入指令，接觸類型會多了**曲線**，並出現：1. 選擇、2. 材質、3. 摩擦、4. 彈性屬性，下圖右。

15-0-3 接觸類型

第一次進入指令可以見到接觸分 2 大類：1. 實體（適用基本動作、動作分析）、2. 曲線（適用動作分析），不同的動作類型會直接切換介面。換句話說，完成指令後，編輯接觸就無法變更接觸類型，必須重新製作。

A 動作類型：動畫的接觸

接觸不支援**動畫**，雖然可以完成指令，但 Motion Manager 以抑制（灰階）顯示無法使用，下圖左下。

B 動作類型：基本動作的接觸

基本動作僅支援接觸類型的**實體**，也可以看出這是接觸的基本款，下圖左。

C 動作類型：動作分析的接觸

動作分析可以見到接觸最完整功能，**曲線**以及共同項目：材質、摩擦、彈性屬性，下圖右。

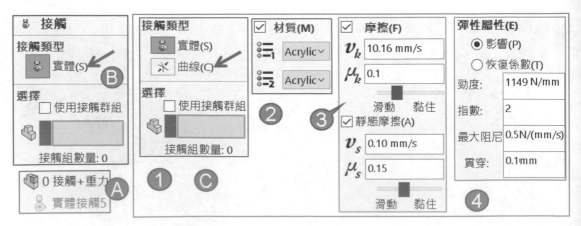

15-0-4 先睹為快：接觸

在日內瓦機構將 2 模型加入🔩後進行**旋轉動力**🔧，分別用**基本動作**和**動作分析**，查看介面差異以及運動情形。

A 基本動作：旋轉＋接觸動作研究

播放可見 1. 轉盤銷接觸 2. 被動件的槽，產生連續轉動。由 Motion Manager 可以見到**實體接觸**🔩，點選🔩圖示會亮顯被加入的接觸模型，下圖右（箭頭所示）。

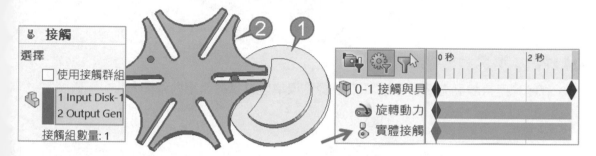

B 動作分析：旋轉＋接觸

承上節，切換**動作分析**會先把接觸下方的□材質、□摩擦關閉，避免一開始條件太複雜，先查看運動是否與**基本動作**一致。

絕大部分情況，基本動作切換到動作分析運動結果會不一樣。

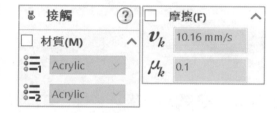

15-0-5 接觸=具體動態（Physical Dynamic）

在移動/旋轉零組件中🖱️，**具體動態**就是模擬接觸行為，下圖左（箭頭所示），本節題型可以加深指令邏輯認知。

A 敏感度=3D 接觸解析度

具體動態可以在拖曳模型過程產生接觸並帶動，下方的**敏感度**=動作研究屬性的 3D **接觸解析度**=接觸🔩。

B 拖曳與電腦運算的差異

先前拖曳**日內瓦機構**很順，但拖曳**行星泵**過程感覺很難運動，那是因為轉子為曲線之間接觸，這時就可以想到用動作研究進行運動。

C 齒輪結合運動：結合運動

利用齒輪結合（旋轉轉旋轉運動）⚙️將機構帶動，轉動過程會看起來很順，因為他不是真實接觸，機構設計初期先這樣就夠了。

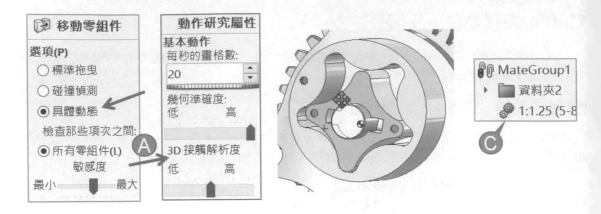

D 練習：滑塊溝槽相對帶動

滑塊利用**直線動力** 與**接觸** ，可以見到滑塊因為溝槽而相對帶動。

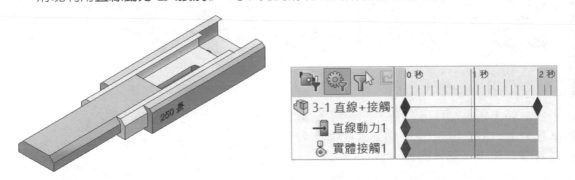

15-0-6 接觸耗效能

模擬元素越多電腦越慢，我們會利用結合條件讓模型之間形成接觸樣貌，減少加入 ，例如：凸輪和氣門產生凸輪結合（箭頭所示），就不必加入接觸，下圖左。

15-0-7 動作研究屬性-動作分析

由於接觸會有蠻多碰撞模擬，為了避免物體穿透，會進行動作研究屬性-動作分析，☑ **使用精確接觸**，下圖右（箭頭所示）。

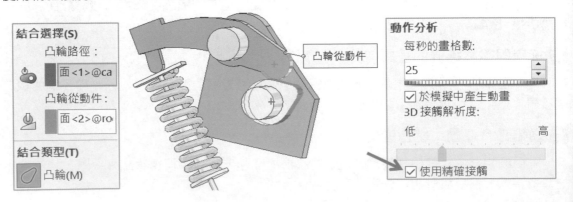

15-0-8 結合條件

絕大部分的結合條件會與模型之間產生接觸，也就是機構運動的接觸，有結合條件的機構類似薄膜，再加上**接觸**🦴會讓**接觸**無用處。

A 結合條件的運動=動畫

結合條件的運動屬於研究類型的**動畫**，可以正確運動。但切換到**基本動作**或**動作分析**就會造成不正確的運動，除非進行細節設定才能達到與**動畫**一樣的運動效果。

常發生運動錯誤並不明顯，造成自己的解讀錯誤（機構是錯的但自己以為是對的）。

B 凸輪結合條件⊘

凸輪機構加入⊘，切換到**基本動作**（會出現不正確結果的訊息）或**動作分析**都會造成不正確的運動。

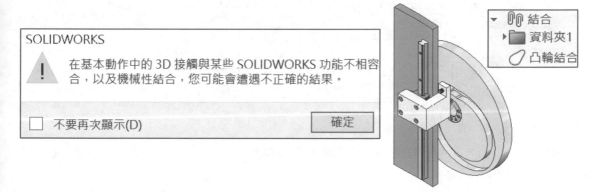

C 接觸面加入重合人

目前滑塊與底座接觸面加入**重合**人，滑塊會滑出不停止，更能體會結合類似薄膜。

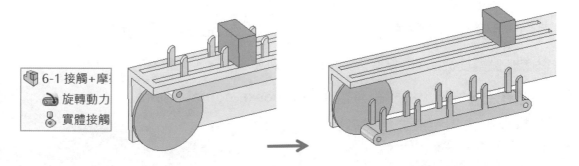

15-1 接觸類型：實體（Solid Body）

以實體作為接觸計算，接觸類似碰撞僅支援實體。實體很容易聯想到動作研究是否支援曲面，的確不支援曲面，最多支援曲線，但需要**動作分析**。

A 接觸＝基礎

接觸通常套用全部模型，是最簡單的也不必刻意學習。

B ☑使用接觸群組＝進階

其實指令核心在☑**使用接觸群組**，常用在全部選擇時動畫不如所願，必須要認知接觸這 2 字的意涵才有辦法勝任。

C 多個接觸＝高階

☑**使用接觸群組**除了用來提升計算解讀，還有解決動畫的問題，甚至要做到 1. ☑□**使用接觸群組**、2. **多個接觸**混合。

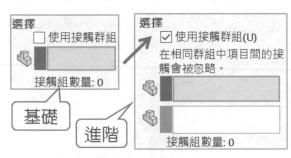
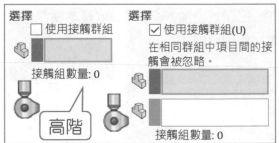

D 打通任督 2 脈：進階

同一題型中能 2 者交互使用（□☑使用接觸群組）並得到相同結果，才能體會接觸奧義。

E 高階題型：意想不到

承上節，有些題型必須 2 個以上的**接觸**（俗稱多個接觸），學會以後勢必到另一個境界，也就是沒想到可以這樣用。

15-1-1 □使用接觸群組（Use contact groups，預設）

本節僅點選要被接觸的模型：1. **內轉子**＋2. **外轉子**，來減少運算負荷。

A □使用接觸群組，接觸組數量（Number of contact pairs）

計算模型之間接觸群組的數量，下方的接觸組數量目前只是用來參考，除非有☑**使用接觸群組**，才有研究的必要性。

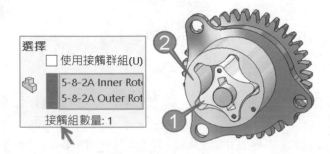

B 1 組與 2 組溜滑梯，加入 1 個接觸🦶

將球、溜滑梯和旋轉軸全部加入🦶，CTRL＋A 全選模型這樣選比較快。播放後，可以得到球沿著溜滑梯滾動，本節配合🍎一起模擬。

C 2 組溜滑梯，加入 2 個接觸🦶🦶

承上節，可以多個🦶，常用在分離組件或分攤計算。以 2 個溜滑梯來說，可以分別使用🦶，動作研究會有 2 個🦶。

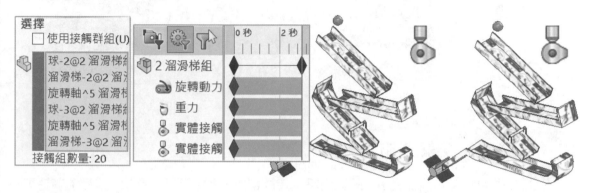

D 練習：彈珠盤

由🍎＋🦶模擬彈珠落下，球粒粒分明，這是最常見的操作。

E 練習：球加入材質

承上節，將球加入**材質**，經計算後運動沒這麼順暢，因為條件變複雜了。要完成效果，勢必進階設定或改為**動力分析**，如此更能體會機構模擬運動的水有多深了。

常遇到同學反應這類問題，幾乎是模型有了材質，只能說研究類型的動畫能支援重力🍎與**接觸**🦶就好了。

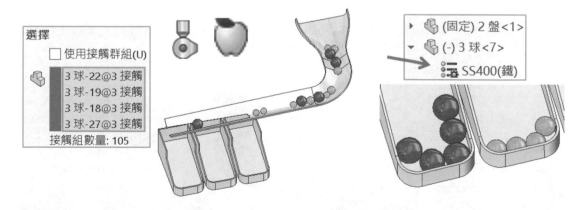

F 接觸不能一開始是干涉的

模型一開始為融合狀態對系統來說無解，計算過程就會出現訊息無法達到正確位置，但很神奇的是將研究類型切換到**動作分析**就可以了，下圖左。

G 過多接觸的選擇形成計算錯誤

時鐘機構以**基本動作**來模擬的情況下，指針零件只是結合帶動並不是碰觸行為，所以他不需加入🦴，否則加入🦴就無法產生動畫，下圖右。

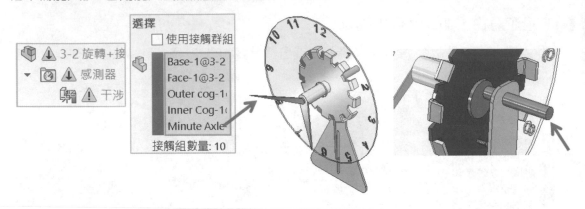

15-1-2 ☑使用接觸群組🪡

接觸的模型越多會增加運算，將模型設定**接觸群組**，讓接觸產生層次，提升運算速度，甚至讓無法成功的動畫成功。

重點來了，運算速度和結果在可控範圍內，不必☑**使用接觸群組**，浪費時間也沒意義。

A 群組 1、B 群組 2

點選盤子、點選球。

C 群組互換

群組 1 和群組 2 的內容互換不影響結果。

D 群組內不得為空

無法其中一個群組不加入模型，否則**接觸組數量** 0，無法完成接觸，下圖右。仔細看球會融合在一起不是粒粒分明，這不是我們要的。

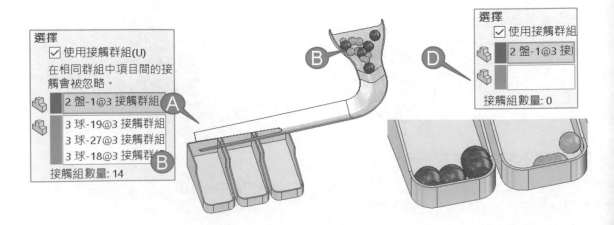

E 相同群組中的接觸會被忽略（動作分析）

承上節，球會黏在一起，因為球在相同群組，系統認為球不是獨立群體，這時更體會**接觸**的意涵。

如果想要☑**使用接觸群組**，球又不要黏在一起可以用2個。

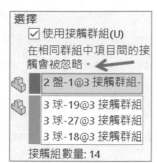

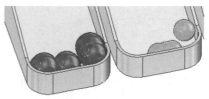

F 進階應用：2個，混用法

複製動作研究，額外產生1個□**使用接觸群組**，把球選進來，系統計算球為獨立個體，與☑**使用接觸群組**搭配，更能體會的奧義。

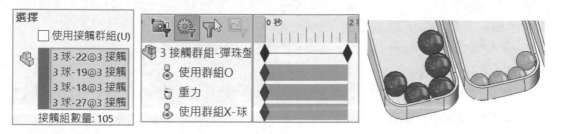

15-1-3 材質（Mateial，適用動作分析）

將模型快速套用材質，模擬不同材質之間的接觸，他會傳遞到 1.**摩擦**與 2.**彈性屬性**，下圖左。這裡材質屬於臨時性，無法套用**特徵管理員**，也無法在動作研究管理員看到。

如果要更精確的模擬材質接觸就不能使用本節的材質。

A ☑使用接觸群組

分別對群組1、群組2選擇材質，材質順序不影響運算結果，下圖中。

B □使用接觸群組

也可以使用材質，會以**材質1**套用模型，下圖右。

C 材質 2 種特性

目前支援成 2 種特性：1. Dry（乾式）、2. Greasy（油性）。

材質	特性
壓克力 Acrylic	高透明度、低價格…等優點，實務上，常用來取代玻璃
鋁合金 Aluminum	重量輕、耐蝕性佳，常用於航太、建築…等產業
尼龍 Nylon	人造纖維，有強韌、平滑、重量輕…等優點
橡膠 Rubber	擁有高彈性、絕緣性、抗拉、耐磨…等優點
鋼 Steel	業界最常使用的材質，有加工容易、抗蝕性佳…等優點

15-1-4 摩擦（Friction，適用動作分析）

將物體施加推力後，物體於接觸面產生與運動相反的抵抗力。摩擦力與接觸面的：1. 粗糙度、2. 接觸面大小、3. 移動速度、4. 移動方向、5. 承載力、6. 材質有關。越粗糙摩擦力越大，相同的粗糙度，壓力越大摩擦力也越大。

介面中進行：1. 動摩擦力 μ_k、2. 靜摩擦力 μ_s 的摩擦速度與係數，下標的 k=kinetic 動態，s=Static 靜態，圖左。

☐ **材質**才可以調整摩擦設定，要完成**摩擦力**必須使用力↖，因為力 F=ma，設定後的計算很耗效能要謹慎使用，圖中。

☐ **摩擦**會保留預設參數，可以先計算未摩擦狀態，來節省操作時間，圖右。

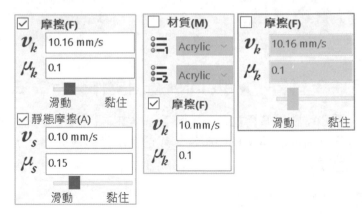

A 動摩擦速度（Dynamic Friction Velocity）v_k

定義模型由運動到停止的速度，物體移動的加速度變為固定速度，單位：mm/s。通常，動摩擦速度約靜摩擦速度大 1.5 倍。

B 動摩擦係數（Dynamic Friction Coefficient）μ_k

摩擦係數又稱因子，0～1 範圍，數值越大摩擦力越大。運動中的物體經摩擦力會變慢，需要克服摩擦力就要讓物體繼續運動。值越大=摩擦力越大，物體越快停止，此係數和速度無關和接觸面的粗糙程度有關，例如：輪胎-乾路面動摩擦係數 0.7 容易停止。

C 調整摩擦係數：滑動（Slippery）→黏住（Sticky）

也可以拖曳滑桿，調整摩擦係數由
滑動→黏住。

通常動摩擦係數略低靜摩擦係
數，經常將動態=靜態摩擦係數。

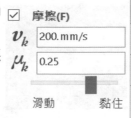

材料	摩擦係數
鋼-鋼	0.25
木-木	0.30
輪胎-乾路面	0.71

D 動作研究：滑塊動摩擦運動

F 力=0.1N，在沒摩擦力的情況下第 2 秒移動位置 200mm，設定 v_k=200、μ_k=0.1，可以
見到第 2 秒會移動到 134mm。

調整速度或**摩擦力**並查看他們之間對模型的影響力，他們之間成正比關係，例如：摩
擦力不變的情況下，摩擦速度**增加**滑塊移動速度也會**增加**。

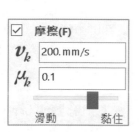 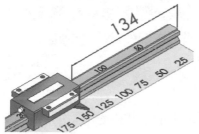 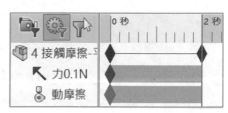

15-1-5 靜態摩擦（Static）

施力到一定程度，物體由靜止到開始移動並受到摩擦力，將 1.**靜摩擦速度**、2.**靜摩擦
係數**加入於模型計算中。

A 靜摩擦速度（Static Friction Velocity）v_s

模型由靜止到開始移動所需要的速度，又稱啟動速度。

B 靜摩擦係數（Static Friction Coefficient）μ_s

模型由靜止到開始滑動，靜摩擦係數>或=動摩擦係數。

C 動作研究：滑塊靜摩擦運動

F 力=0.1N，在沒摩擦力的情況下第 2 秒移動位置 200mm，當設定 v_s=200、μ_s0.1，可以
見到第 2 秒會移動到 101mm。

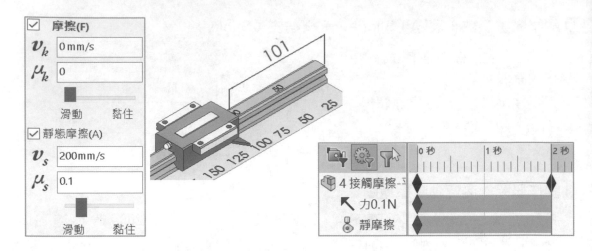

D 動作研究：平面滑塊動態與靜態摩擦運動

物體會運動就存在靜態與動態摩擦運動，摩擦力型態：1. 模型受推力還靜止不動=靜摩擦力→2. 模型開始動作=最大靜摩擦力→3. 模型持續運動=動摩擦力。

本節進行動態與靜態摩擦模擬，設定動態v_k=200、μ_k=0.1，靜態v_s=200、μ_s0.3，可以見到第 2 秒會移動到 45mm，下圖左。

E 動作研究：斜面滑塊無摩擦運動

利用重力⬤200mm/s^2，研究斜面滑塊滑落，在沒有摩擦力的情況下 2 秒共移動 196mm，下圖右。

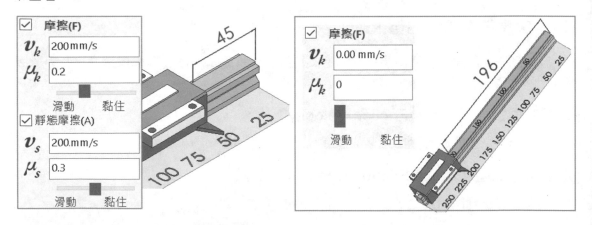

F 動作研究：斜面滑塊有摩擦運動

承上節，利用重力 200mm/s^2 研究斜面滑塊滑落，加入摩擦力後滑塊運動情形，有摩擦力的情況下 2 秒共移動 161mm。

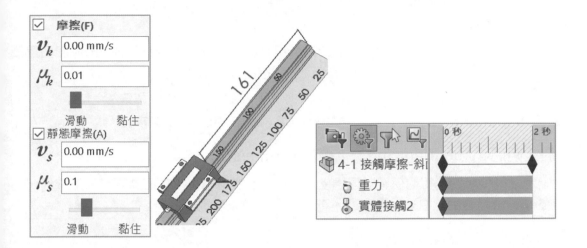

15-1-6 彈性屬性：影響（Elastic Properties）

彈性就是反彈力，任何物質都會有彈力，即便是磚塊掉到地上也會反彈，本節說明**接觸**與**穿透**現象，是 2 個模型之間擠壓變形還是互相穿透，屬於**碰撞力學**。

穿透不符合物理規則，產生不真實的結果，這時就能知道數據要調整，例如：球貫穿球拍，下圖左。

用 2 種方法模擬彈性屬性：1. 影響、2. 恢復係數，本節說明影響。☐**材料**來輸入此資料，剛開始學習 2. ☑**恢復係數**會比較好理解，因為設定的參數比較簡單，下圖右。

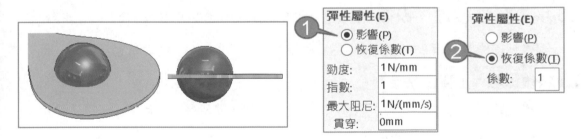

A 勁度（Stiffness），單位 N/mm

又稱**接觸剛度**，2 模型撞擊時，數值越大，2 物體穿透量越小，彈力停止的時間越短。本節勁度 1、**指數** 1、**阻尼**和**貫穿量**=0，讓環境因素單純一點來看效果。

勁度	指數	停止秒數
0.1	1	7
0.5	1	2.5
1	1	2.5
2	1	2

B 指數（Exponent）

彈性恢復係數，控制 2 物體碰撞後的反彈程度或貫穿量。本節**勁度**=1、阻尼和**貫穿量**=0。由下表得知指數 1 為基準，查看球落下到球拍的行為。

指數	e<1，指數小於 1	e=1，指數等於 1	e>1，指數大於 1
行為	球在球拍反彈，不停止	球在球拍反彈，隨時間停止	球貫穿球拍

C 最大阻尼（Max.Damping），單位 N/(mm/s)

設定 2 模型接觸的阻尼係數，理論上阻尼越大反彈量越小。本節**勁度**=1、指數=0.1、**貫穿量**=0，目前球到球拍為反彈現象，查看阻尼設定讓球停止。

阻尼	0	1.5	10
行為	球在球拍高反彈	低反彈	低反彈（趨近於 0）
	不停止的曲線彈力	不停止的曲線彈力	不停止的曲線彈力

D 貫穿（Penetration），單位 mm

定義穿透深度，本節配合阻尼設定，阻尼越大越能阻止球穿透，通常貫穿值>阻尼。本節**勁度**=1、指數=2、阻尼 1，查看球貫穿球拍的現象。

貫穿	0	50	85
行為	球貫穿速度極慢	看得出球等速貫穿	球貫穿後呈現等加速快速運動

15-1-7 彈性屬性：恢復係數（Restitution coefficient）

彈性恢復係數，指 2 物體碰撞後的反彈程度，通常表示 E，設定 0～1 範圍。

A 恢復係數 1（彈性效果）

碰撞後能量沒有損失為**彈性碰撞**，例如：牛頓球碰撞傳導能量無損失，球不停止。

B 恢復係數 0（機構碰撞停止）

球碰撞後 2 球黏在一起，為**完全碰撞**。

C 恢復係數 0～1 之間

碰撞為彈性的，過程中能量會在碰撞中損失，失去彈性，例如：0.8。

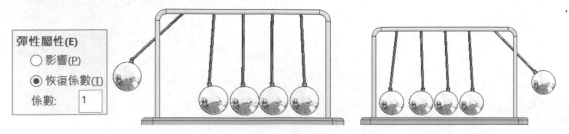

D 動作研究：球垂直往下反彈到停止

設定球由 100 往下掉到球拍位置讓球反彈，研究**彈力係數**的位移到停止情形。設定 向下且加速度 1000mm/s^2，本節不考慮球的材質和質量進行模擬。

彈性係數	0	0.5	0.7	0.9	1
球停止反彈秒數	0.5	1.5	2.5	8	不停止

E 動作研究：球往下反彈到停止

將球往下丟，查看球反彈到地面與牆壁的位移情形。

步驟 1 ，彈力係數 0.8

步驟 2 ，重力加速度 100mm/s^2

步驟 3 ，重力方向

重力方向參考草圖斜線，讓球往斜線拋下有彈力反彈，滾動撞牆後反彈回來。先前彈力說明為球往下丟，只有 Y 軸位移，無法看出 X 軸位移。

步驟 4 查看彈力與位移

由 Y 距離可以看出恢復係數差異、由 X 距離還可以看出加入摩擦力距離也會變化。

秒數	1	2	3	4	5	6	7	8
距離	X40 Y89	X67 Y89	X113 Y88	X176 Y41	X258 Y48	X358 Y40	X477 Y30	X613 Y15

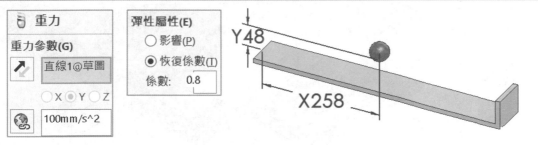

15-1-8 動作研究：凸輪運動

將上方頂針接觸凸輪面，頂針依凸輪旋轉進行上下移動。試想要加入哪些模擬元素讓凸輪完成接觸運動？以簡單設定的模擬元素優先加入。

模擬元素	工作原理
1. 重力🍎	將頂針添加由上往下的重力
2. 旋轉動力🚗	將凸輪加入旋轉運動
3. 接觸🔧	將頂針與凸輪面永遠接觸

彈性屬性(E)
- ⦿ 影響(P)
- ○ 恢復係數(T)

勁度:	100.N/mm
指數:	1
最大阻尼:	1N/(mm/s)
貫穿:	0.100mm

Ⓐ 研究類型對凸輪的影響性

利用 1. 動畫、2. 基本動作、3. 動作分析，分別查看運動情形，並想辦法達到理想中的運動，本節會了以後對動作研究會更通透。

研究類型	結合條件	運動狀況	解決方案
動畫	頂針與凸輪面加入重合🖉	頂針隨凸輪進行上下運動	不需要
基本動作	不得加入**重合**🖉，否則無法運動，或不正確運動	頂針到凸輪尾端明顯跳動	無解
動作分析		頂針到凸輪尾端明顯跳動	進行彈性屬性

15-1-9 動作研究：接觸意涵

1. 球與 2. 旗桿在沒有結合條件之下，只有加入🍎它們會穿透落下。加上🔧過程中，將模型全部選擇查看球與旗桿的接觸情形。

1. 球因為**重力**沿著軌道滑下、2. 旗桿因**重力**往下由底座支撐而固定不動、3. 當球衝撞碰撞旗桿，旗桿會被撞開，球離開軌道會落下，以上更能體會**接觸**🔧意義。

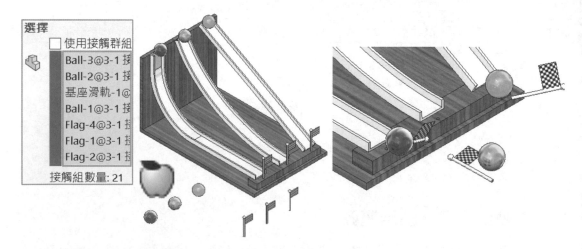

Ⓐ 試想，群組 1：底座、群組 2：球＋旗桿

球落下穿透**旗桿**，系統認為**球**與**旗桿**是共同的，下圖左。

B 試想，群組 1：底座＋旗桿、群組 2：球

球落下，**旗桿**穿透**底座**，系統認為**底座**與**旗桿**是共同的，下圖中。

C 要達到球落下撞旗桿，就要使用 3 個 🎖

分別加入 3 個 🎖：1. 底座＋球、2. 底座＋旗桿、3. 球＋旗桿，這樣說明感覺這題很沒效率，在很多進階題型接觸這樣給就製作出來了，下圖右。

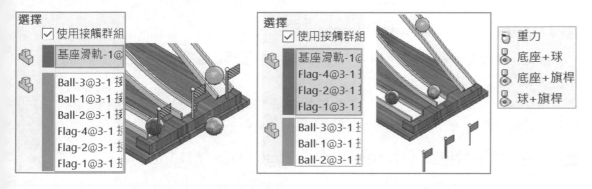

15-2 曲線接觸（Curve Contact，適用動作分析）

曲線接觸顧名思義以模型邊線定義接觸組，要邊線接觸才會起作用，本節材質、摩擦、彈性屬性，僅說明選擇，不贅述原理。

A 曲線=高階

要看見曲線接觸必須在**動作分析**才會出現，1. 實體比較常用且簡單，2. 曲線一開始看起來比較複雜，我們當做高階。

基礎=基本動作的實體接觸、進階=動作分析的實體接觸、高階=動作分析的曲線。

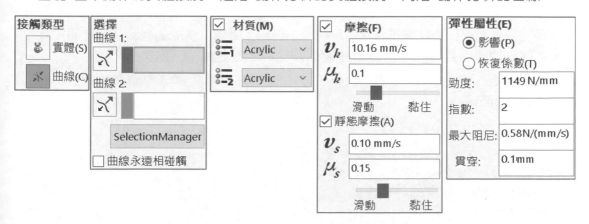

15-2-1 選擇（Selections）

定義：1. 接觸曲線群組、2. 接觸方向、3. 曲線是否永遠接觸。

A 曲線 1、曲線 2（Curve1、2）

分別點選模型上的連線段成為**曲線 1** 與**曲線 2** 的接觸組，可配合使用 Selection Manager（曲線選擇工具）。

B 外張垂直方向（Outward Normal Direction）✗

設定邊線箭頭=接觸方向，曲線箭頭要互相指向彼此才會有作用，否則會貫穿運動，例如：凸輪和頂針箭頭指向彼此。

箭頭顏色可以看出曲線 1（紅）還是曲線 2（粉紅）的箭頭，按✗來調整方向。對於複雜的題型，實在難以判斷方向，就隨便切換試試。

C ☑曲線永遠相接觸（Curves always touch）

模型運動過程，曲線必須保持接觸，以凸輪機構來說必須要接觸，否則無法完成運動。此設定就不沒有外張垂直方向的項目✗。

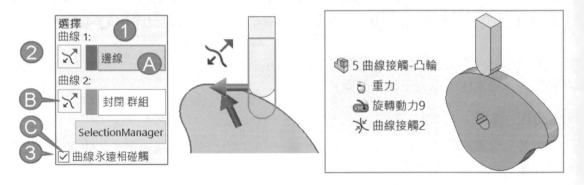

D □曲線永遠相接觸

模型運動過程，曲線是不必保持接觸。以日內瓦機構來說就要有 2 個曲線觸（箭頭所示），轉動過程可見 1. 十字盤與 2. 主動盤圓柱為間斷接觸，下圖左。

另外一組凸輪機構中，左邊的凸輪不是完整的當他轉動到非接觸面就會停止不動，下圖右（箭頭所示）。

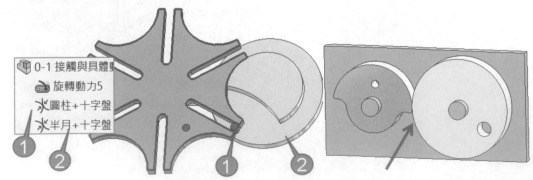

E 相碰觸曲線必須在相同的基準面上

☑**曲線永遠相接觸**，所選兩曲線必須在平行面上不能有段差，否則會出現錯誤訊息無法使用。

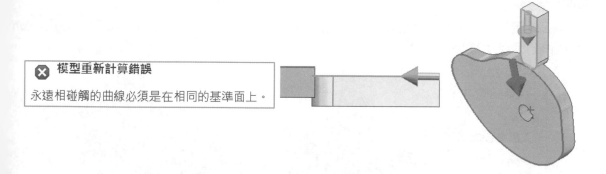

> ✕ **模型重新計算錯誤**
>
> 永遠相碰觸的曲線必須是在相同的基準面上。

15-2-2 實體接觸 與曲線接觸 差異

推薦使用 就好，比較容易判斷模型間誰與誰會接觸，但 必須將接觸線段加入，才有辦法計算出效果，會比較麻煩。

15-3 動作研究：重力、接觸、摩擦力

本章延續先前主題進行最大宗的**重力＋接觸**應用，完成更多元或複雜的動作研究。

15-3-1 重力＋接觸＋摩擦：球落下

利用**重力** 將球在一個軌道高度落下，看球運動到球停止，需要模擬元素：1. 重力＋2. 接觸＋3. 摩擦，本節分別利用**基本動作**和**動作分析**來比較。

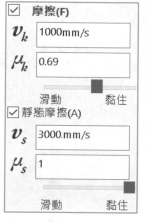

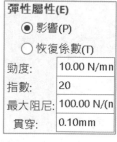

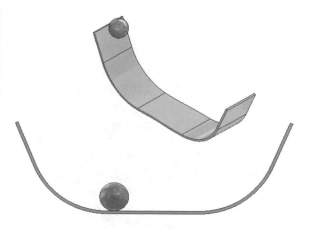

15-3-2 轉盤帶動導桿→導桿帶動滑塊

本節分別將轉盤加入**旋轉動力**、導桿帶動滑塊加入**接觸**，查看運動情形。

A 具體動態

在具體動態中，拖曳轉盤由導桿帶動滑塊，這是機構常態性的操作，要如何將這運動由動作研究產生就是另一個學問了。

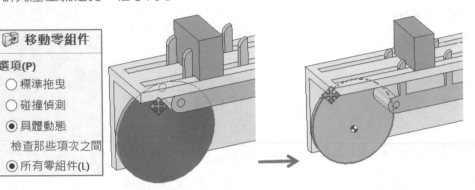

B 無摩擦結果

沒設定**摩擦力**和**摩擦係數**，滑塊滑出不停止，但這不是我們要的。

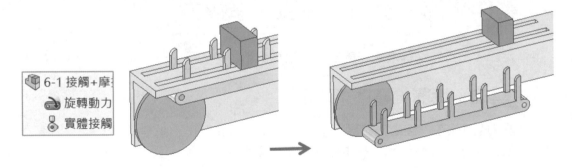

C 有摩擦結果

本節重點在結合，如果滑塊與底座接觸面加入**重合**，必須將它抑制，由與將滑塊限制底座上，就能看到滑塊被推桿推出後會停止在底座上，如同先前具體動態的行為，下圖左。本節類似先前的球和旗桿的題目，其實旗桿也沒有結合條件，下圖右。

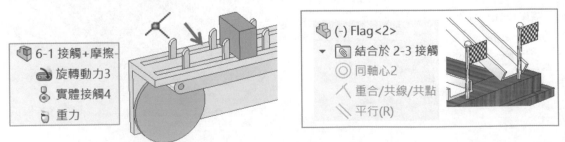

15-3-3 重力＋接觸：螺旋輸送

利用重力將球落下，螺旋輸送將球傳遞到出口，需要以下模擬元素：1. 重力🍎→2. 傳動桿旋轉動力🦾→3. 接觸🖐，本節重點在接觸的數量進行研究。

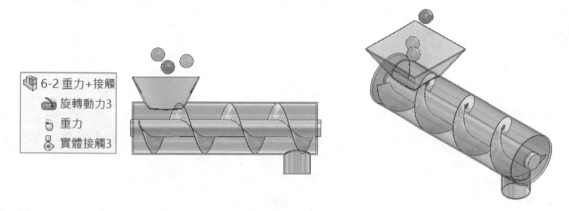

A 動作研究前置作業

分別加入**重力**🍎與**旋轉動力**🦾。

步驟 1 備料：在第 0 秒的位置，將球放置在入料口上方

步驟 2 重力🍎

設定球以 Y 軸向下掉落以及速度，以預設值 9806.65mm/s^2 即可。

步驟 3 旋轉動力🦾：**螺旋軸**

傳動桿為右螺紋須注意旋轉方向，否則無法將球往前推。

B □使用接觸群組（預設）

將所有模型選起來，播放過程球全部卡住無法作動，更能體會**接觸群組**意涵，下圖左。

C ☑使用接觸群組

群組 1：圓管＋攪拌葉片、群組 2:球，播放過程仔細看 2 球之間會重疊，因為球為同一群組會重疊，下圖中。

D 一個接觸群組＋接觸

承上節，將 3 顆球另外再加上接觸，如此就可避免球之間重疊，下圖右。

15-3-4 輸送桿帶動機器人

旋轉機構帶動輸送桿，由輸送桿將機器人往右推，需要模擬元素：1. 旋轉動力🔗、2. 接觸🔧，播放過程遇到機器人不正常抖動，就設定基本動作的屬性，以及機器人沒有加入摩擦。

步驟 1 旋轉動力🔗：轉盤

步驟 2 接觸🔧、☑使用接觸群組

群組 1：平台＋推桿、群組 2：2 機器人。

步驟 3 播放

旋轉與接觸同時進行，可看到機器人被推出。試試切換**基本動作**、**動作分析**，查看模擬效果有何不同。

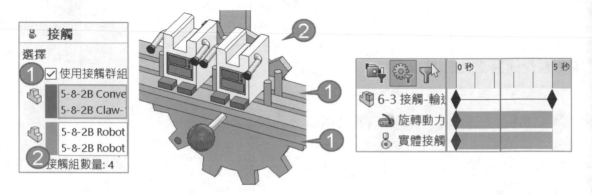

15-3-5 推桿推動輪

利用推桿加入振盪來推動柱狀齒輪，進而帶動齒輪旋轉。

步驟 1 預設位置

將 1. 推桿的開口與 2. 齒輪外圍圓柱相接觸，預想上方有重力的情況下，推桿震盪過程是否能推動齒輪，就能理解將推桿放置在齒輪外圍圓柱的意義。

步驟 2 旋轉動力🔗：T 型推桿座

在 T 型推桿座的圓孔加入🔗。1. 零組件/方向：軸心圓柱面、2. 動力類型：振盪、15度、1Hz，下圖左。

步驟 3 重力🍎

定義 Y 軸向下，預設重力加速度。

步驟 4 實體接觸🔧

點選 2 推桿加齒輪，共 3 個模型，下圖中。

步驟 5 播放

查看運動是否正確，下圖右。

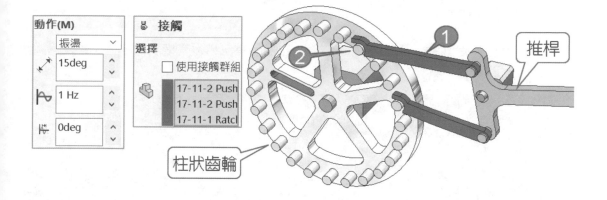

15-3-6 車輪地面滾動

看起來再簡單不過的動作，其實利用**動作分析**會有一點難度，體會了以後接觸觀念會強大的提升。

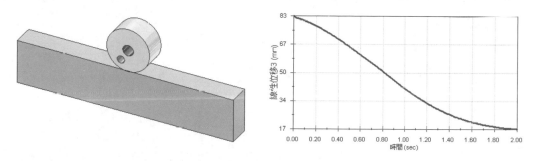

步驟 1 加入重力💡：Y 軸向下掉落

因為輪子並沒有與地面加入相切，利用重力達到輪子往下的狀態，這也是實際的物理現象。

步驟 2 旋轉動力🚗：車輪

步驟 3 接觸💈：摩擦

將 2 模型加入接觸、☑摩擦，自行設定參數、☑彈性屬性係數 0.4。如果沒加入摩擦，車輪只會在地面原地打轉。

步驟 4 播放

旋轉與接觸同時進行，車輪達到在地面上滾動。切換**基本動作**、**動作分析**，查看模擬效果有何不同。基本動作的接觸沒有摩擦項目，卻因為先前動作分析有加入摩擦，切換到基本動作來播放還會有摩擦效果。

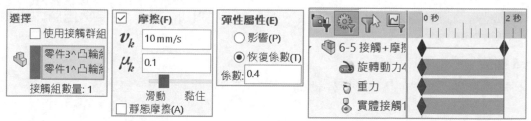

15-3-7 曲線凸輪

1. 左凸輪持續轉動利用摩擦帶動 2. 右輪，右輪因為左輪沒有接觸而停止，並簡略講解結合條件分析的設定。

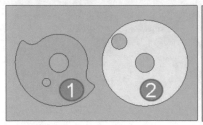 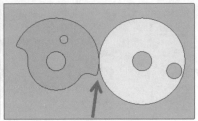 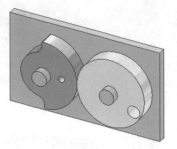

A 動作研究設定

先完成先前所學的動作研究設定。

步驟 1 旋轉動力

左凸輪加上 20RPM，順時針。

步驟 2 接觸、曲線

分別在曲線 1、曲線 2 加入凸輪邊線，凸輪加入曲線過程使用 SelectionManager，下圖左。

步驟 3 摩擦

動摩擦速度 10、摩擦係數 1、靜摩擦速度 5、摩擦係數 1，下圖右。

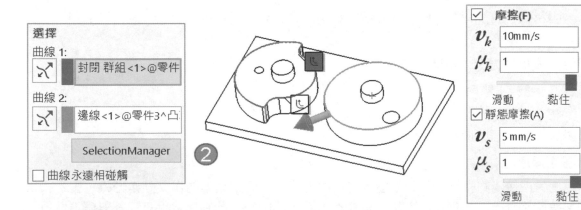

步驟 4 彈性屬性

本節設定對運動結果影響不大，設定：☑影響、勁度 0、指數 2、最大阻尼 10、貫穿 0.1，下圖左。

步驟 5 播放

凸輪 1 帶動凸輪 2，凸輪 2 不停轉動，通常到這裡就不知道怎麼辦了。

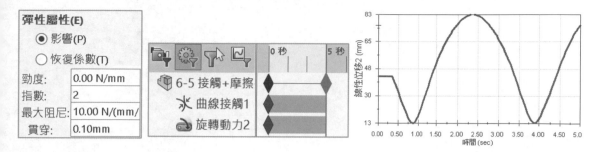

B 結合條件之分析設定

先睹為快結合條件擁有分析設定。

步驟 1 同軸心套用分析條件

編輯同軸心，點選分析標籤，可見到和分析有關的：1. 承載面、2. ☑摩擦、3. 套用，本節只要用預設的即可。

步驟 2 播放

可以見到凸輪 2 不停轉動。

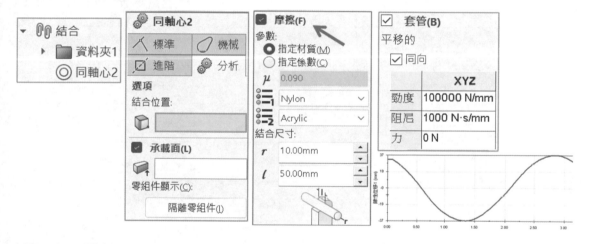

步驟 3 加入重力🗐

利用重力來模擬凸輪 2 接觸才旋轉，這算是技巧。

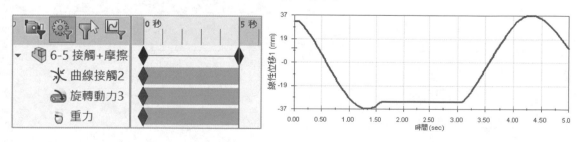

筆記頁

16

阻尼

阻尼（Damper）＼，用在減緩物體移動或旋轉的速度類似摩擦，適用**動作分析**。動作研究將＼獨立為一個指令，就是要與其他模擬配合運用，所以本章獨立說明＼。由於阻尼先前在**彈力**☰有說明過，學習速度會比較快，本章直接說明應用。

A 先模擬元素→阻尼

先完成機構該有的模擬元素，在沒有阻尼器的情況下查看運動情形，這兩者之間比較之下更能體會阻尼器的特性。

B 阻尼力=減緩速度

本章模擬力量不變的情況下加上＼，原本 2 秒滑塊移動196mm，加上阻尼後僅移動 112mm。

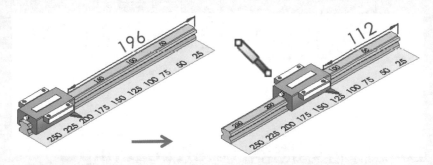

16-0 指令位置與介面

於動作研究工具列點選＼會見到 2 種阻尼：1. **線性阻尼器➡**、2. **扭轉阻尼器↻**，下圖左。這 2 項和先前說明的**彈力**相同，下圖右，所以各位不必額外再學習。

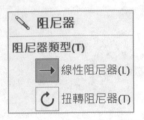 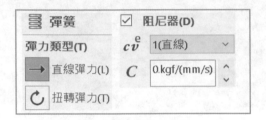

16-0-1 線性阻尼器介面項目→

由上而下分 2 大段：1. 阻尼器參數、2. 承載面（傳遞到 Simulation），其承載面會傳遞到 Simulation，本書無說明 Simulation。

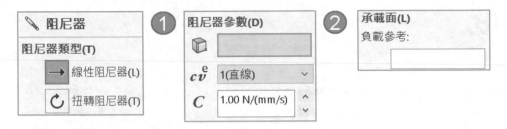

16-0-2 扭轉阻尼器介面項目↻

由上而下分 2 大段：1. 阻尼器參數、2. 承載面（傳遞到 Simulation）。

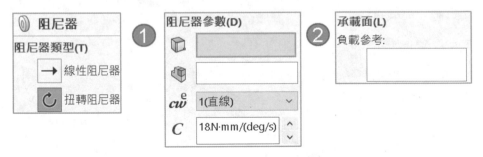

16-1 線性阻尼器（Linear Damper）🔧

線性阻尼器常應用液壓阻尼器，於圓筒內會附有活塞，圓筒內填充黏性液體，有效減緩機械振動、消耗動能的裝置，例如：汽機車懸吊系統、掀背車門...等。

16-1-0 動作研究前置作業

這是旋轉直線運動機構，1. 旋轉帶動連桿→2. 連桿推動滑塊→3. 滑塊帶動滑塊上棘爪→4. 棘爪推動滑板上的方塊槽。

步驟 1 備料

將機構調整到棘爪推動滑板上的方塊槽,讓懸臂準備帶動滑塊的位置。

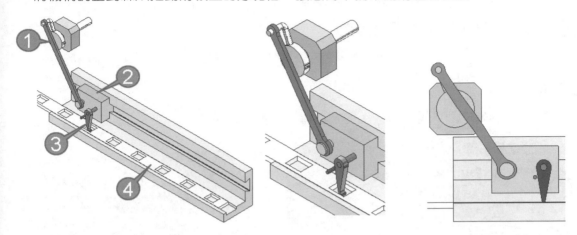

步驟 2 加入重力

加入 Y 軸向下的重力,重力控制棘爪向下。

步驟 3 旋轉動力:旋轉盤

在旋轉盤加入逆時針 50RPM,速度太快不容易識別,逆時針是因為滑板向右。

步驟 4 實體接觸

將滑塊、棘爪與載板加入共同接觸,口材質、口摩擦力。

步驟 5 播放

見到棘爪推動載板上的方塊槽,但是載板往右移動不停止,因為沒有摩擦力或阻尼,由於本章說明**阻尼**,所以故意忽略**摩擦力**不設定。

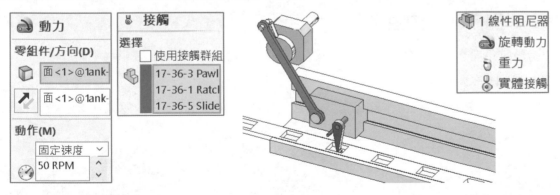

16-1-1 阻尼器參數

在阻尼器端點加入阻尼的模型 2 端位置,必須在不同模型定義開始與結束。

A 第 1 所選幾何

固定座的面=基準。

B 第 2 所選幾何

該模型加入**阻尼器**效果，例如：載板面。

C 阻尼力表達指數cv與阻尼常數C

1（直線）、0.03 N/(mm/s)，常數是查看動作配出來的數值。

D 播放查看

可以見到棘爪循環推動載板上的方塊槽，推動載板移動。

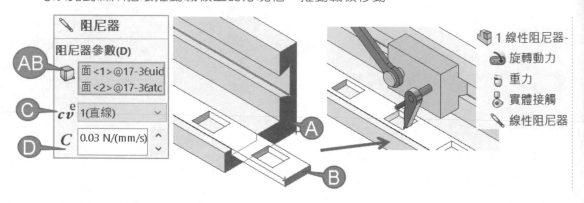

16-2 扭轉阻尼器（Torsional Damper）

扭轉阻尼器又稱**旋轉阻尼器**，應用於旋轉動作末端停止時，有平順效果，能提高設備品質、降低損壞，例如：洗衣機滾筒、影印機上蓋、鉸鏈...等。

16-2-0 動作研究前置作業

這是棘爪帶動棘齒機構，1. 右下凸輪旋轉→2. 帶動棘爪座→3. 棘爪推動棘齒。

步驟 1 備料

將機構調整到準備向上推的位置，包含：凸輪、棘爪座、棘爪、棘齒。

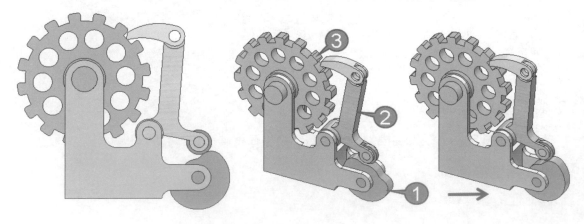

步驟 2 加入重力

加入 Y 軸向下的重力,重力控制 1. 棘爪、2. 棘爪座向下與 3. 凸輪接觸。由於有重力存在,所以當凸輪低處與滾輪接觸時,棘爪會自動落下,下圖左。

步驟 3 旋轉動力 :凸輪

設定凸輪逆時針旋轉,因為要往左推,固定速度 50rpm。**旋轉動力位置**不一定只能是圓柱面或圓弧線,也可選擇凸輪平面,但建議不要這樣,下圖右。

步驟 4 實體接觸 1 :棘爪、棘齒

分別加上 2 個 ,本節故意□**使用接觸群組**。點選棘爪、棘齒,□材質、□摩擦力。

步驟 5 實體接觸 2 :凸輪、棘爪座輪子

凸輪、棘爪座輪子。設定凸輪與滾輪接觸,□材質及摩擦。

步驟 6 播放

見到棘爪推動棘齒並讓棘齒不停轉動。

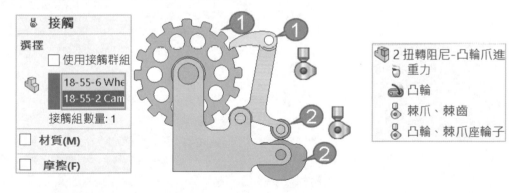

16-2-1 阻尼器參數

在阻尼器端點選擇加入阻尼的模型的位置。

A 第 1 個端點與軸方向

設定**扭轉阻尼**要加入在哪個模型,不會產生作用力的迴轉,只要點選模型的圓柱面、邊線、平面皆可,例如:點選棘輪的圓柱面。

B 基材零組件（Base Cmponent）👆

設定與第一個端點與軸方向選擇的模型，一起同步運動，本節不設定。基材零組件與扭轉彈力的基材零組件原理相同，不贅述。

C 阻尼力表達指數cw^e與阻尼常數C

1（直線）、1N/(mm/s)，常數是查看用動情形配出來的數值。

D 播放查看

可以見到棘爪不斷推動棘齒。

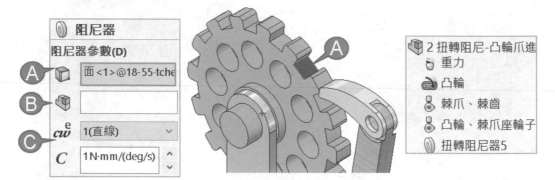

17

結果及繪圖-結果

本章說明利用**結果及繪圖**（Renault and Plot）產生機構運動的繪圖，由曲線圖容易看出最大和最小位置，適用**動作分析**。

由指令清單給物理條件，例如：追蹤路徑、線性位移、線性加速度...等，甚至可將圖表輸出 Excel，進一步分析或是讓其他軟體引用。

A 本章僅說明結果

由於的範圍過大，本章說明 1. **結果**，下一章說明 2. **繪圖結果**。

17-0 指令位置與介面

結果及繪圖於動作研究工具列尾端，介面分 3 大段：1. 結果、2. 繪圖結果、3. 輸出選項。

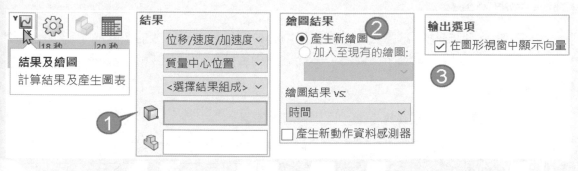

17-0-1 先睹為快

快速領略運動繪圖的產生，定義由哪個模型產生繪圖路徑，過程中蠻具思考性的，很有成就感，常用圓邊線作為繪製參考。

步驟 1 位移/速度/加速度

步驟 2 追蹤路徑

步驟 3 點選要追蹤的圖元

點選要產生運動軌跡的圓邊線，例如：圓盤。

步驟 4 播放

可以見到黑色運動軌跡隨著機構運動而產生。

步驟 5 繪圖結果

完成後的繪圖項目會放在 Motion Manager 的**結果資料夾**▤（為最下方），可以產生多個繪圖結果進行控制。

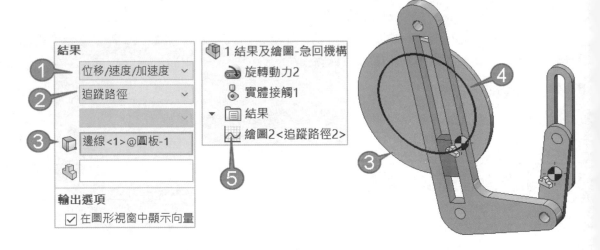

Ⓐ 顯示/隱藏繪圖

由於**追蹤路徑**無法顯示圖表，切換**質量中心位置**的動作研究，於灰階的 Y 組成上右鍵→顯示繪圖，出現圖表視窗，下圖右。關閉繪圖視窗=隱藏繪圖，圖表以灰階顯示～。

Ⓑ 編輯特徵🐾

如果要更改設定可以編輯特徵，回到🐾指令項目。

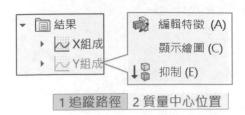

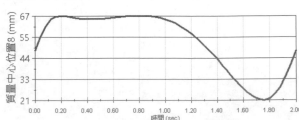

17-0-2 結果的範圍

於結果欄位由清單看出要設定的範圍：1. 主類別、2. 次類別、3. 結果組成，看完以後會覺得結果範圍相當多。

🇦 主類別

由清單可見 4 大項：1. **位移/速度/加速度**、2. **力**、3. **動量/能量/力量**、4. **其他量**。一定要定義其中一個項目，才會有接下來的項目。

🇧 次類別

每一類別的次類別有相當多項目，可使用的**次類別**視選擇的**類別**而定。

🇨 結果

依次類別顯示結果項目有所不同，絕大部分為 XYZ 組成或量值。

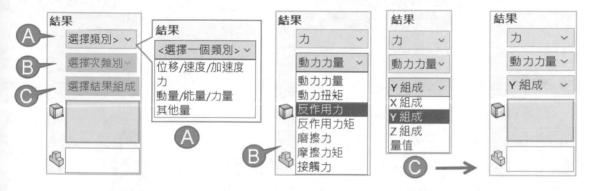

17-1 類別：位移/速度/加速度

在繪圖區域產生位移/速度/加速度的運動曲線，本節說明主類別選擇位移/速度/加速度之後，次類別的項目。

🇦 次類別的項目

由清單中可以見到 4 大分類：1. 追蹤路徑 2. 質量中心位置、3. 線性位移、線性速度、線性加速度、4. 角度位移、角速度、角加速度。

17-1-1 追蹤路徑（Trace Path）

　　繪圖區域以黑色線條顯示模型運動軌跡，本節使用率最高，先前說明的先睹為快就是這裡。

A 選擇特徵（計算中心）

　　選擇模型面、模型邊線，系統以白色圓點呈現：1. 面中心、2. 線段中點、3. 圓邊線，重點在點選想要繪製路徑曲線的模型邊線，建議不要選擇圓柱面。

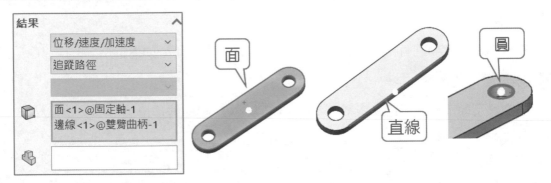

B 狹槽路徑

　　點選會在狹槽移動的圓邊線，完成滑塊在狹槽上下運動產生路徑。

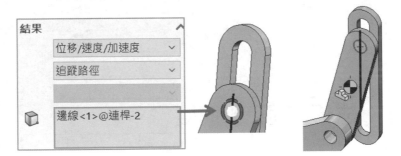

C 連桿路徑

　　點選會在連桿運動圓邊線，完成連桿運動產生弧路徑。

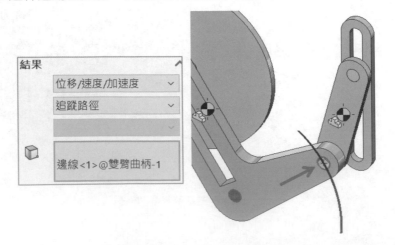

17-1-2 質量中心位置（Center of Mass Position）

零件相對組合件的原點位置，產生質量中心路徑繪圖，例如：1.點選曲柄，讓系統取得曲柄質量中心⊕，2.相對組合件原點，3.以 X、Y、Z 軸進行繪圖，下圖右。

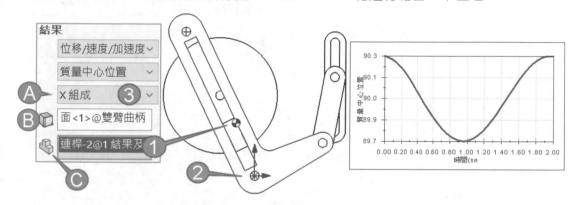

A X、Y、Z 組成（Component，俗稱分量）

由清單選擇繪製質量中心的 X、Y、Z 分量位置，下圖左，圖表橫向皆為**時間**。如果也要看 Y 軸，就再做一個 Y 組成，就會有 2 個圖表。

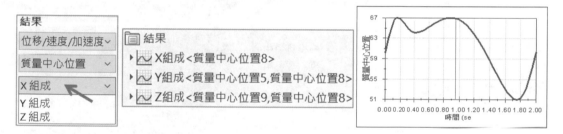

B 選擇特徵 🔲

指定要繪圖的模型，選擇模型面會顯示**質量中心符號**⊕，下圖左。到這裡就能完成本節設定，播放動畫可以見到**繪圖視窗**。

完成後展開繪圖項目會出現：X **時間**、X **質量中心位置** 1，建議修改名稱會比較好閱讀，否則就要**編輯特徵**查看設定項目，會比較不直覺，下圖右。

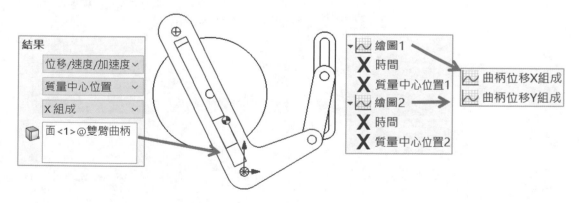

C 參考零件

承上節，是否計算另一零件的相對座標**質量中心**，例如：連桿 2，Y 軸為質量中心位置。

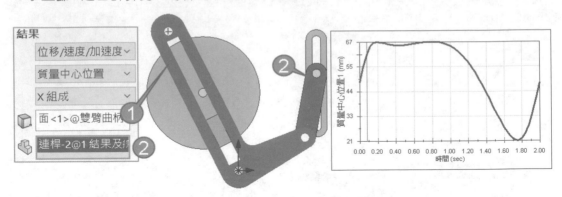

D 顯示零件質量中心

由於播放的過程看不到零件的質量中心，1. 建議在零件加入**質量中心**→2. 在組合件**檢視質量中心**，在模型上會出現**質量中心圖示**，播放過程會一直顯示該圖示，下圖右。

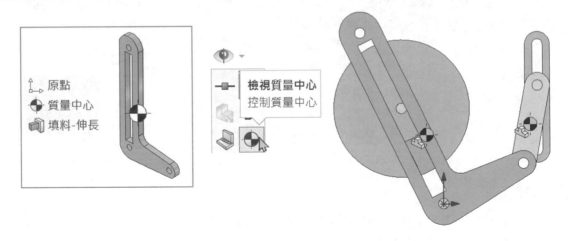

17-1-3 線性位移、線性速度、加速度（Linear Acceleration）

本節利用凸輪上方的頂針繪製模型的移動或相對其他模型的 1. 位置、2. 速度、3. 加速度圖表，例如：1. XYZ 組成、2. 量值、3. 切線組成、法線組成。

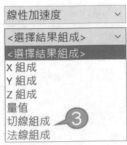

A XYZ 組成

分別呈現 1.**線性位移**（Displacement）、2.**線性速度**（Velocity）、3.**線性加速度**（Acceleration）的 Y 組成繪圖，因為被動件為上下移動比較好看出圖表的效果。

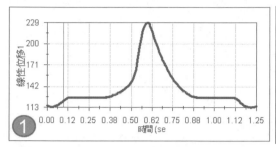 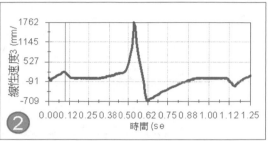

在模型的選擇上，選擇 1.凸輪面與 2.被動件的頂點，下圖右。

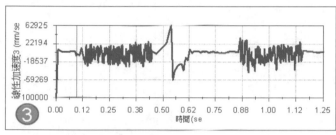  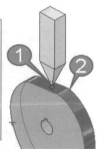

B 量值（Magnitude）

量值=呈現方位、速度或加速度的向量值（只大小沒有方向，大小沒有負值），例如：線性位移與速度（Y 軸）就不會見到負值，下圖右。

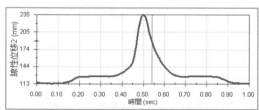 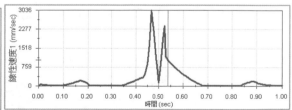

C 徑向組成（Radial component，適用線性速度）

在平面通過軸心線的方向速度值，以本節來說 Y 軸運動=Y 組成圖表，例如：Y 軸為**線性速度**。

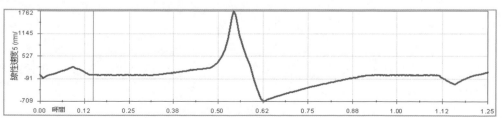

D 切線組成（Tangential，適用線性加速度）

相切於路徑的加速度向量，Y軸為**線性加速度**。

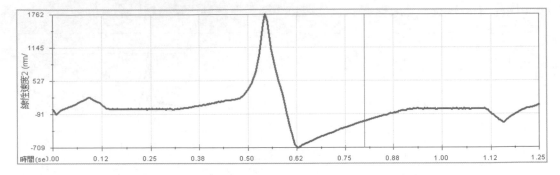

E 法線組成（Normal，適用線性加速度）

垂直於路徑的加速度向量，Y軸為**線性加速度**。

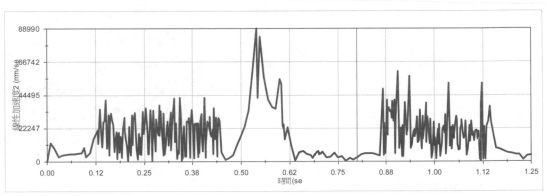

17-1-4 角度位移、角速度、角加速度

繪製角度移動或相對其他模型的 1.**角度位移**、2.**角速度**、3.**角加速度**圖表。**角度位移**無法使用 X、Y、Z 組成選項。

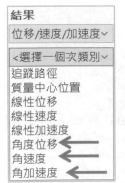
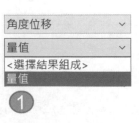

A 選擇特徵

選擇旋轉位置或任 3 點（非同一平面）來計算角度動作，例如：點選曲柄面比較簡單。

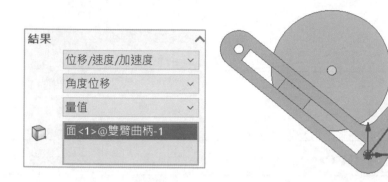

B 角度位移（Angular Displacement）

由標註的角度尺寸可以看出相對應的位移曲線圖，Y 軸為角度位移。

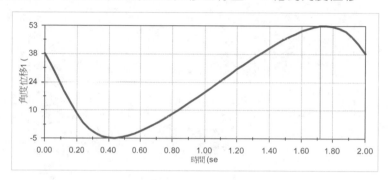

C 角速度（Angular Velocity）　▶ YouTube

角速度公式：$\omega = \theta / t$，Y 軸為角速度。

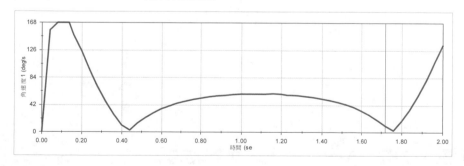

D 角加速度（Angular Acceleration）

角加速度公式：$\alpha = \omega / t$，Y 軸為角加速度。

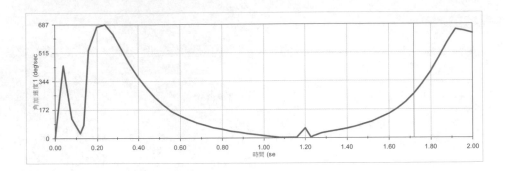

17-2 類別：力（Force）

清單選擇**力**，由電腦計算物理答案，由 1. 次類別：動力力量、動力扭矩、反作用力…等→2. 選擇 XYZ 組成、量值，適用**動作分析**。

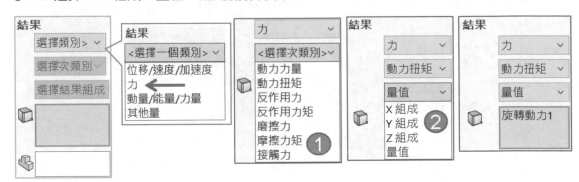

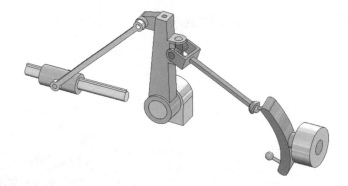

17-2-1 動力力量（Motor，支援直線動力）

設定模型的**直線動力**＝產生的**動力力量**圖表，並選擇**量值**，重點在於 Motion Manager 選擇**直線動力**＝產生力量圖表。

A 動力力量圖表

X 軸皆為時間，Y 軸為動力力量（牛頓力）。

B 動力力量理解與支援

由於**動力力量**英文翻譯為 Motor 容易誤以為**旋轉動力**，且**動力**模擬元素英文為 Motor，也希望未來能支援力。

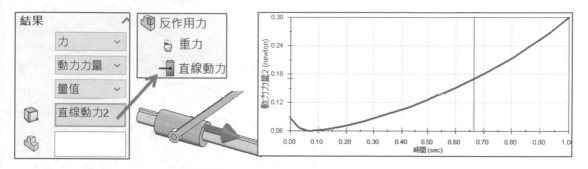

17-2-2 動力扭矩（Torque）

承上節，於 Motion Manager 選擇**旋轉動力**產生圖表，Y 軸為動力扭矩（牛頓力）。

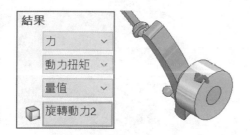 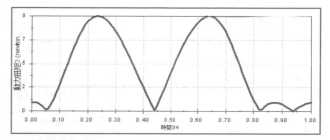

17-2-3 反作用力（Reaction Force）

設定模型之間的反作用力並選擇**量值**，1. 點選圓柱面、2. 於 Motion Manager 選擇**鉸鏈結合** 1，因該結合連接 2 模型，所以存在反向力。

A 反作用力圖表

Y 軸為反作用力（牛頓力）。

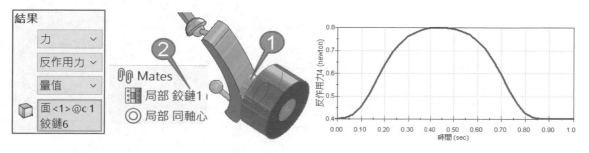

17-2-4 反作用力矩（Reaction Moment）

承上節，設定反作用力矩並選擇**量值**。

A 反作用力矩圖表

Y 軸為反作用力（牛頓力）。

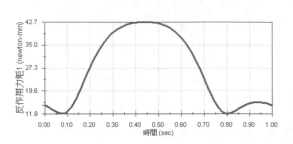

17-2-5 摩擦力（Friction）

設定模型之間的摩擦力並選擇**量值**，選擇滑塊與斜面。

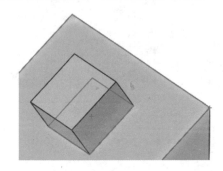

A 摩擦力圖表

Y 軸為摩擦力（牛頓力）。

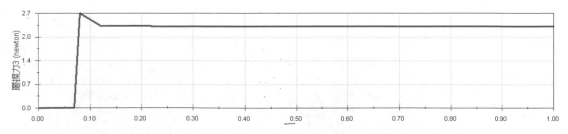

17-2-6 摩擦力矩（Friction Moment）

承上節，設定**摩擦力矩**並選擇**量值**，**摩擦力矩**是物体旋轉時產生的影響，點選圓平面與同軸心結合條件，因為同軸心結合條件有加入摩擦。

A 摩擦力矩圖表

Y 軸為摩擦力矩（牛頓力）。

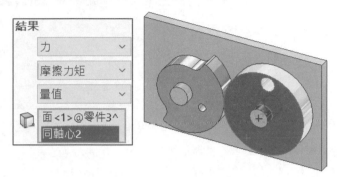

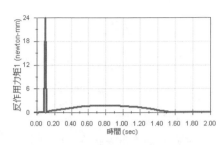

17-2-7 接觸力（Contace Force）

設定 2 模型相互碰撞時產生的力，並選擇**量值**，例如：2 圓弧面的接觸力。

A 接觸力圖表

Y 軸為反作用力（牛頓力）。

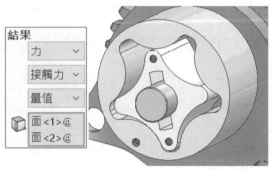

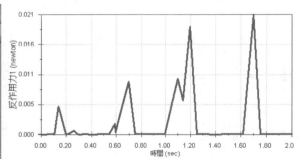

17-3 類別：動量/能量/力量

本節說明 1. 動量（Momentum）、2. 能量（Engery）、3. 力量（Power），其中包含：平移力矩、角動量、力量消耗…等。

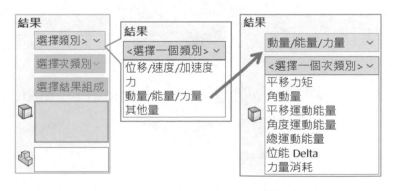

17-3-1 平移力矩（Translational Momentum）

設定平移的滑塊面產生動量並選擇 Y 組成，滑塊為 Y 方向上下移動，點選滑塊的圓柱面（箭頭所示）。

A 平移力矩圖表

Y 軸為平移力矩（牛頓力）。

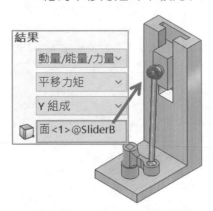
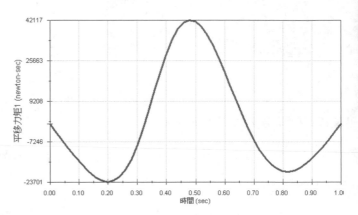

17-3-2 角動量（Angular Momentum）

定義模型相對於某點或轉軸，將轉動形成的**動量繪圖**，點選旋轉軸的圓柱面。

A 角動量公式

L＝r*p，r＝旋轉半徑、p＝動量。SI 單位＝公斤‧米平方/秒（kg‧m^2/s）。

B 角動量圖表

Y 軸為角動量（牛頓力）。

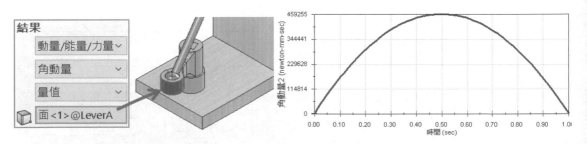

17-3-3 平移運動能量（Translational kinetic Energy）

計算零件平移或線性動作產生的運動能量，點選滑塊的圓柱面（箭頭所示）。

A 平移運動能量圖表

Y 軸為平移運動能量（焦耳）。

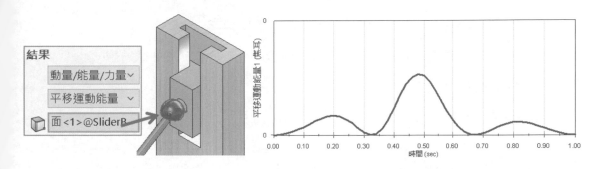

17-3-4 角度運動能量（Angular kinetic Energy）

計算由零件旋轉產生的運動能量，點選旋轉軸的圓柱面（箭頭所示）。

A 角度運動能量圖表

角度運動能量（焦耳）。

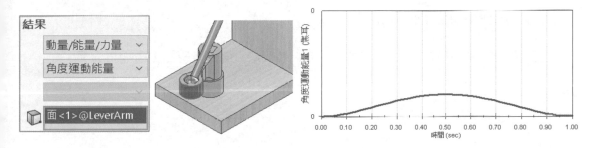

17-3-5 總運動能量（Total Kinetic Energy）

計算每種運動能量的總合，通常包括動能和位能，點選連桿的圓柱面（箭頭所示）。

A 總運動能量圖表

Y 軸總運動能量（焦耳）。

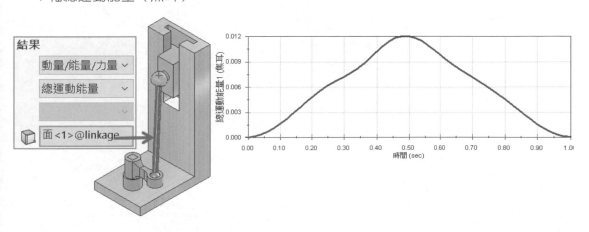

17-3-6 位能 Delta（Potential Energy Delta）

物體改變位置或高度時產生的能量變化，點選球面，分別完成 3 個繪圖。

A 平移力矩圖表

Y 軸為位能（焦耳）。

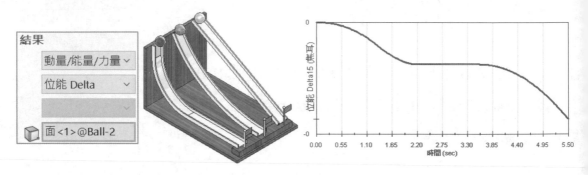

17-3-7 力量消耗（Power Consumption）

計算要移動模型所需的力量，於 Motion Manager 選擇**旋轉動力**模擬元素。

A 力量消耗圖表

Y 軸為力量消耗（瓦）。

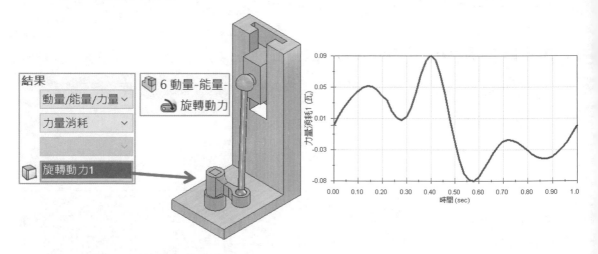

17-4 類別：其他量（Other Quantities）

本節說明其他量的次類別：尤拉角、斜度/偏角/滾轉、Rodriguez 參數...等。

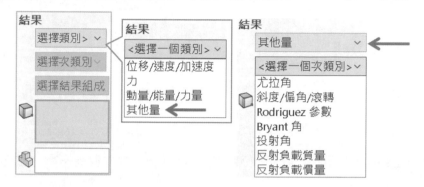

17-4-1 尤拉角（Euler Angles）

又稱**歐拉角**，對任何參考系 1 剛體取向，依序做 3 個尤拉角旋轉，剛體取向可用 3 個基本旋轉矩陣決定（資料來源：維基百科）。

尤拉角是牛頓運動定律的延伸，應用在剛體的平移、旋轉運動，分別感受力或力矩之間的關係。

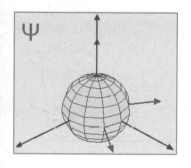
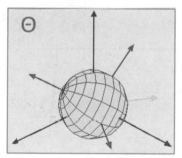
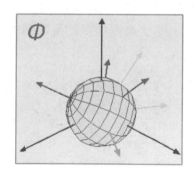

本節點選傳動桿上的圓柱面（箭頭所示），進行 3 個尤拉角旋轉的繪圖。

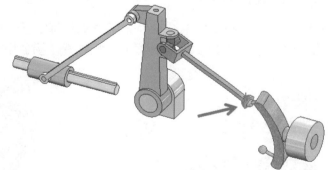

A Psi（Ψ，saɪ）

第 1 旋轉角度的旋轉順序，ψ 相對於旋轉座標-Z 軸旋轉。

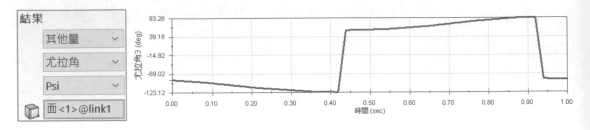

B Theta（Θ）

第 2 旋轉角度的旋轉順序，套用 ψ 旋轉後，Θ 量測相對於旋轉座標-X 軸旋轉。

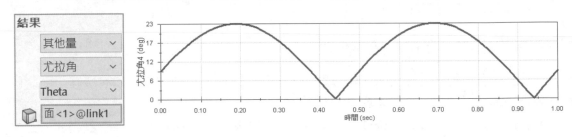

C Phi（Φ）

第 3 旋轉角度的旋轉順序，套用 ψ 及 Θ 旋轉後，Φ 量測相對於旋轉座標-Z 軸旋轉。

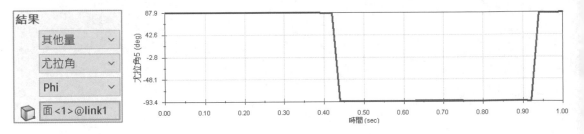

17-4-2 斜度/偏角/滾轉（Pitch/Yaw/Roll）

1 個座標相對另 1 個座標系統，由 3 個連續旋轉定義：**偏角**-Z、**斜度**-Y、**滾轉**-X，定義固定空間旋轉順序，本節點選傳動桿上的圓柱面（箭頭所示）。

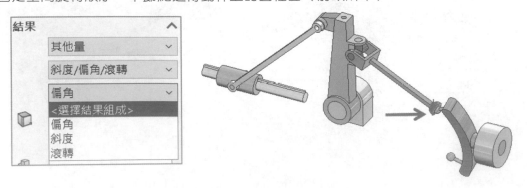

A 偏角

第 1 旋轉角度，測量旋轉座標系統的-Z 軸相對於整體座標系統旋轉。

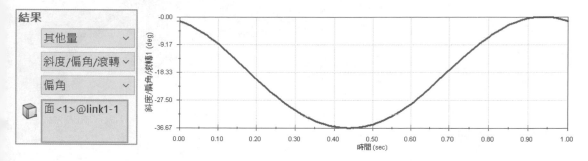

B 斜度

第 2 旋轉角度，測量套用**偏角**旋轉後，旋轉座標系統-Y 軸相對於整體座標系統的旋轉。

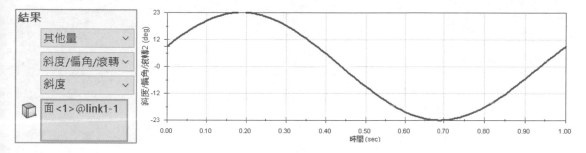

C 滾轉

第 3 順序旋轉角度，用於測量在套用**偏角**與**斜度**旋轉後，旋轉座標系統的-X 軸相對於整體座標系統的旋轉。

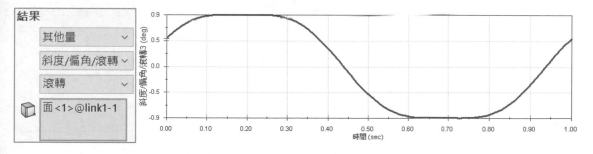

17-4-3 Rodriguez（羅德里格斯）參數

用來表示 3 度空間的旋轉，類似移動零件的旋轉方位，並指定：參數 1（-X 軸）、參數 2（-Y 軸）、參數 3（-Z 軸）表示空間中旋轉，點選傳動桿上的圓柱面（箭頭所示）。

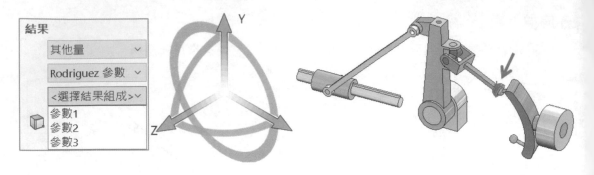

A 參數 1，-X 軸圖表

Y 軸為 Rodriguez（無單位）。

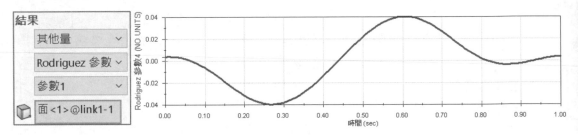

B 參數 2，-Y 軸圖表

Y 軸為 Rodriguez（無單位）。

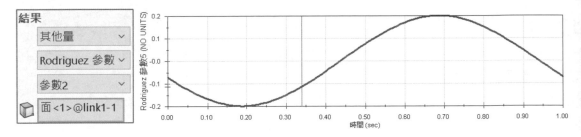

C 參數 3，-Z 軸圖表

Y 軸為 Rodriguez（無單位）。

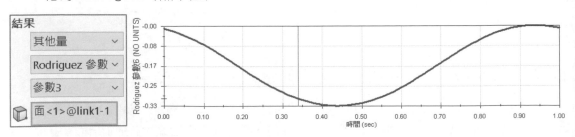

17-4-4 Bryant 角（Bryant Angles）

1 個座標系統相對於另 1 個座標系統旋轉角度，由 3 個連續旋轉順序定義，並指定：角度 1（-X 軸）、角度 2（-Y 軸）、角度 3（-Z 軸），本節點選傳動桿上的圓柱面（箭頭所示）。

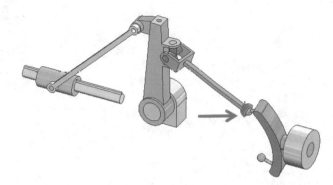

A 角度 1

第 1 旋轉角度，量測相對於座標-X 軸旋轉。

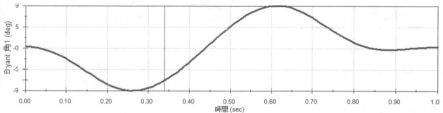

B 角度 2

第 2 旋轉角度，套用角度 1 旋轉後，角度 2 相對座標-Y 軸旋轉。

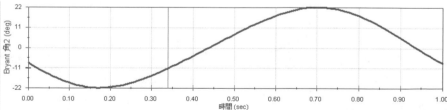

C 角度 3

第 3 旋轉角度，套用角度 1 和角度 2 旋轉後，角度 3 相對於座標-Z 軸旋轉。

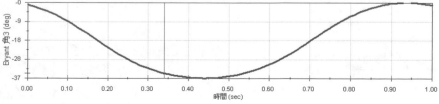

17-4-5 投射角（Projection Angles）

指定移動零件的旋轉方位，並選擇：繞 X、Y、Z 軸，點選傳動桿圓柱面（箭頭所示）。

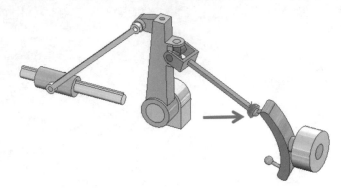

A 繞 X 軸圖表

Y 軸為 X 軸投射角。

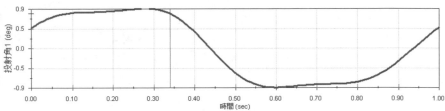

B 繞 Y 圖表

Y 軸為 Y 軸投射角。

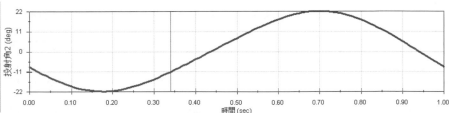

C 繞 Z 軸圖表

Y 軸為 Z 軸投射角。

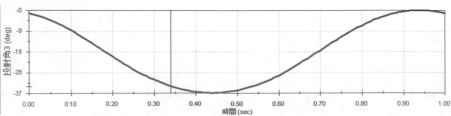

17-4-6 反射負載質量（Projection Mass）

本節由直線動力感知質量，於 Motion Manager 選擇**直線動力**，產生動力力量圖表。

A 圖表

Y 軸為反射負載質量（公克）。

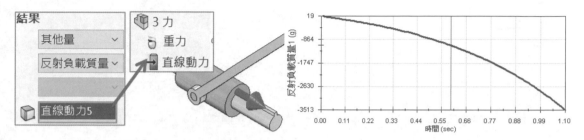

17-4-7 反射負載慣量（Reflected Load Inertia）

本節由旋轉動力感知質量，於 Motion Manager 選擇**旋轉動力**，產生動力力量圖表。

A 圖表

Y 軸為反射負載慣量（公克）。

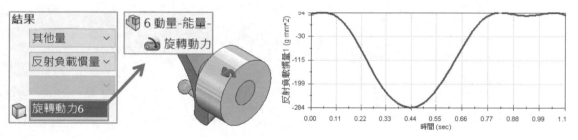

筆記頁

結果及繪圖-繪圖結果

　　本章說明**結果及繪圖**指令下方的**繪圖結果**，他屬於圖表的設定，可將多張圖表合併
1 個（常用於比對）或變更圖表 X 軸顯示內容，也可以增加**感測器**監控數值，適用**動作
分析**。

18-1 產生新繪圖（Create new plot）

　　將圖表獨立產生看起來單純，由結果清單可以見到多種繪圖結果，例如：藍球位能、
紅球位能、綠球位能，下圖右。

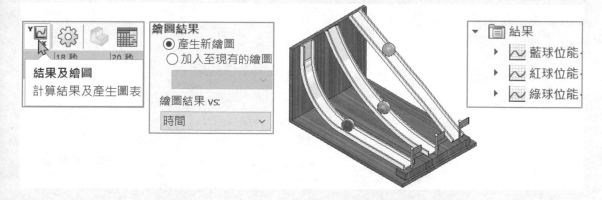

A 圖表

　　可以同時顯示多個圖表，每個圖表為獨立狀態，建議使用多螢幕同時監測機構運動與
圖表。

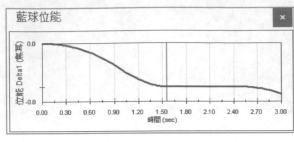

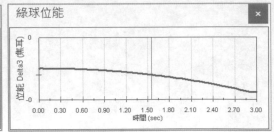

18-1-1 加入至現有的繪圖（Add to existing plot）

將 1. 目前編輯的圖表加入 2. 另一個圖表，常用在比對。

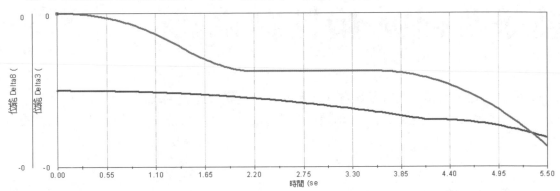

A 合併的結果項目

將**藍球位能**加入至**綠球位能**，也就是誰加入誰。

步驟 1 編輯藍球的繪圖項目

步驟 2 由清單選擇綠球繪圖

步驟 3 查看

見到**藍球位能**→被轉移到**綠球位能**，綠球圖表有 2 條曲線。

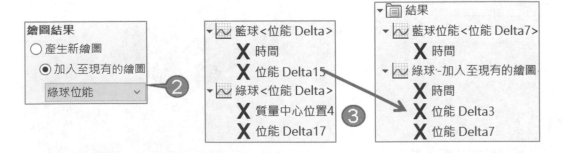

B 恢復至未合併的結果（編輯綠球）

承上節，編輯綠球的繪圖項目，將原本藍球位能回復到藍球。雖然藍球和綠球的項目已經恢復為預設，但繪圖結果還是加入的雙曲線，大郎認為是 BUG。

C 刪除項目

理論上無法刪除結果項目的內容，刪除會出現無法刪除的訊息。

無任何一個所選擇的圖元可被刪除。

D 刪除加入自現有的繪圖

使用**加入自現有的繪圖**，就可以刪除項目，例如：被加入到籃球的位能（箭頭所示）。另外，籃球只剩下時間就無法**顯示繪圖**，下圖右。

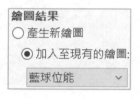

E 繪圖名稱

預設繪圖項目在清單選擇上不直覺，下圖左，建議名稱後會比較容易識別，下圖右。

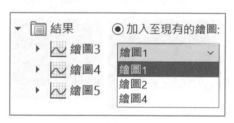
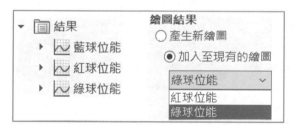

18-2 繪圖結果（Plot result versus）

清單切換 X 軸（橫向）的顯示：1. 時間、2. 框架、3. 新結果。

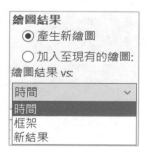

18-2-1 時間（Time，預設）

以時間描述動作研究模擬過程。

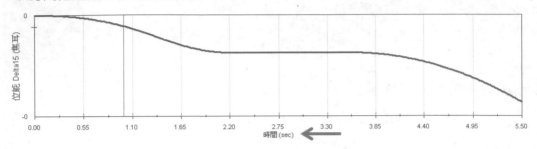

18-2-2 框架（Frame）

以**每秒畫格數**搭配時間線顯示，時間線第 0 秒時，畫格以 1 開始。例如：每秒畫格數 10，時間在第 0.5 秒位置，框架線上會以 6 來對照。

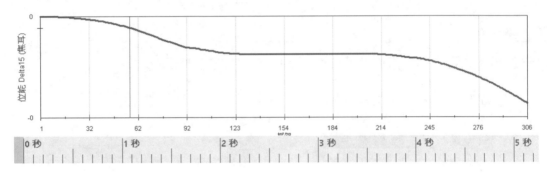

18-2-3 新結果（New result）

將 1. **結果**、2. **新結果**同時呈現，例如：Y 位能，X 軸質量中心。

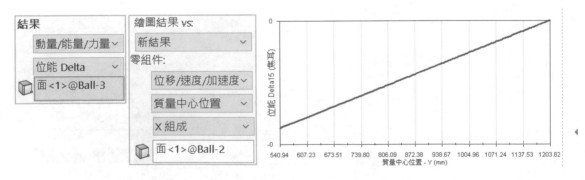

18-3 產生新動作資料感測器

是否將動作研究加入至感測器監控，並於下方設定**感測器屬性**及**感測器警示**，SW 原本就有對模型監控的**感測器**，接下來操作算是模型的延伸，關於詳細操作在進階零件完整說明，不贅述。

18-3-1 感測器位置

設定過程看不到計算結果（值：無法獲得資料），下圖中（箭頭所示），完成設定後在特徵管理員可以見到感測器結果，下圖右。

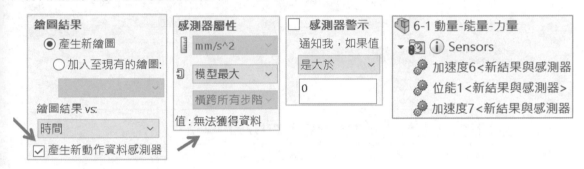

18-3-2 編輯感測器

於特徵管理員的感測器資料夾中的動作研究圖示上右鍵→編輯感測器，也可以在這裡進行更改。

18-3-3 感測器類型

本節說明**感測器類型**對應**動作研究**的項目。

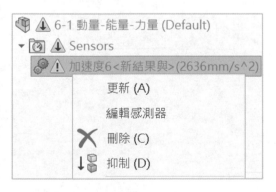  

A 感測器類型

由清單項目可以得知感測器支援 MOTION 資料，下圖左。

B 動作研究

設定要監測哪個動作研究標籤，例如：新結果與感測器，下圖中。

C 動作研究結果

定義哪個繪圖結果進行感測器，下圖右。

18-4 感測器屬性（Sensor Property）

設定感測器：1. 單位、2. 準則、3. 時間。

18-4-1 單位（Unit）

設定動作計算的單位，必須於文件屬性中**單位**選項變更，下圖右（箭頭所示）。

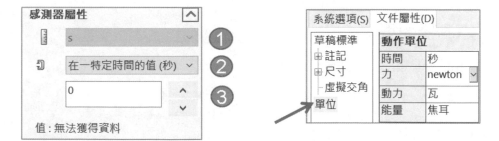

18-4-2 準則（Criterion）

以清單選擇感測器要以哪些項目作為標準。

A 模型最大/最小（Model Max/Min）

以結果最大值/最小值定義感測器。

B 模型平均（Model Average）

以結果平均值定義感測器。

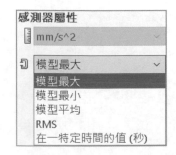

C RMS（Root Mean Square）

以結果均方根或方均根值定義感測器。

D 在一特定時間的值（秒）（Value at a Specific Time）

在設定的時間來定義感測器，並於欄位輸入。

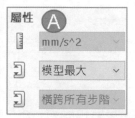 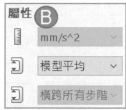 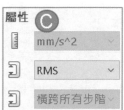 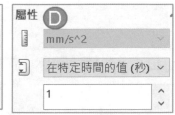

18-4-3 感測器警示（Sensor Alert）

當感測器數值超出設定的限制時，立即發出警告，感設器資料顯示於**特徵管理員**。

可設定以下運算式：1. 大於、2. 小於、3. 完全（等於）、4. 不大於、5. 介於⋯等。

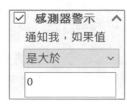 

18-5 輸出選項：在圖形視窗中顯示向量

是否在播放過程中運動的模型顯示向量方向箭頭，會比較容易判讀圖表。

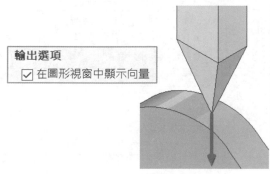 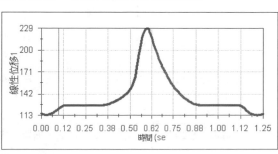

18-5-1 支援

只有設定以下類型，才可以有向量圖形呈現：

項目	內容
力	反作用力、反作用力矩
位移/速度/加速度	線性位移、線性速度、線性加速度

18-6 結果資料夾

完成"會記錄在動作研究管理員為下方，**結果資料夾**📄應該稱為**結果及繪圖資料夾**，與指令名稱相同比較直覺與明確。本節說明資料夾內容，有很多項目觀念相同，例如：編輯特徵。

18-6-1 顯示/隱藏所有繪圖

在結果資料夾📄右鍵：顯示/隱藏資料夾內的所有的繪圖結果。

A 隱藏所有繪圖

關閉圖表在結果資料夾會自動隱藏繪圖項目。

隱藏所有繪圖 (A)
顯示所有繪圖 (B) ←
重新命名樹狀結構項次 (E)

急回機構 (Default)
▼ 📄 結果
　　繪圖5<追蹤路徑3>
▶ 　繪圖6<質量中心位置3>

📄 結果
▶ A Y組成1<線性位移1>
▶ B 量值<線性位移2>
▶ B 量值<線性速度1>

18-6-2 垂直/水平非重疊顯示繪圖

在結果資料夾右鍵：垂直/水平非重疊顯示繪圖視窗，適用顯示繪圖。

隱藏所有繪圖 (A)
垂直非重疊顯示繪圖
水平非重疊顯示繪圖

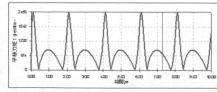
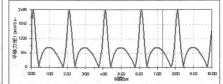

18-6-3 在繪圖項目上右鍵→編輯特徵、隱藏繪圖

編輯繪圖項目，可以共用編輯特徵的快速鍵。不顯示所選項目的繪圖，常用在大量繪圖項目造成資訊混亂時，繪圖項目灰階顯示。

18-6-4 在繪圖項目上右鍵→抑制

承上節,將繪圖項目抑制系統不會計算,繪圖項目灰階顯示。

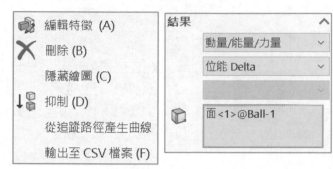
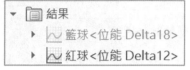

18-6-5 從追蹤路徑產生曲線（適用追蹤路徑）

在追蹤路徑圖表上右鍵→從追蹤路徑產生曲線。

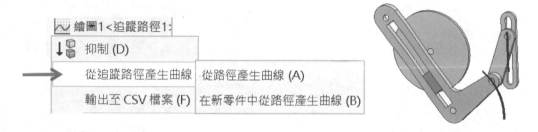

A 從路徑產生曲線

產生的曲線會在組合件的特徵管理員的原點下方出現曲線特徵,編輯他可以見到曲線檔案視窗,進行該視窗的設定。

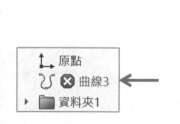

曲線檔案			

點	X	Y	Z
1	90mm	123.97mm	-7.5mm
2	89.97mm	118.51mm	-7.5mm
3	89.97mm	111.15mm	-7.5mm
4	89.97mm	110.85mm	-7.5mm
5	90mm	102.59mm	-7.5mm
6	90mm	102.59mm	-7.5mm

瀏覽...　儲存　另存新檔　插入

18-6-6 輸出至 CSV 檔案(適用追蹤路徑)

在追蹤路徑圖表上右鍵→輸出至 CSV 檔案。將路徑找轉換為點資訊並輸出 CSV 檔案，讓其他軟體讀取，例如：Excel 開啟會自動將資料分隔並完整排列至儲存格。

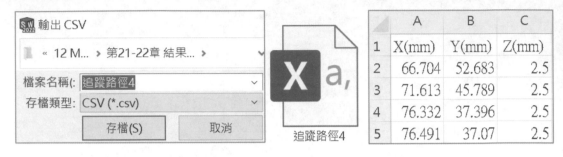

18-6-7 輸出至試算表(不適用追蹤路徑)

將圖表與點資訊輸出到 Excel 的圖表中，常用來編輯或優化圖表內容。

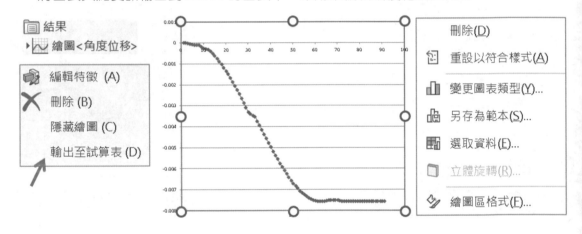

18-7 圖表屬性與內容

在圖表上右鍵可以見到一些功能，本節說明這些功能的用途。本節預設的設定在動作研究屬性中的**動作分析→繪圖預設**，下圖右（箭頭所示）。

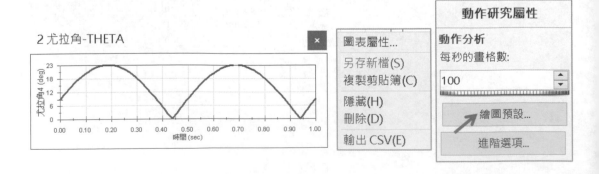

18-7-1 圖表標題

圖表名稱與繪圖項目連結，比較好識別顯示的圖表，動作研究到一個段落建議更改繪圖項目名稱。

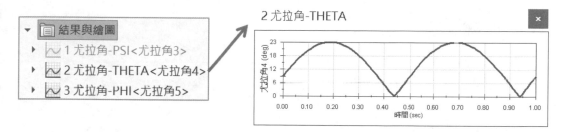

18-7-2 圖表屬性

進入圖標屬性視窗分別為：1.軸、2.標題、3.區域，這部分先前有說明過不贅述。

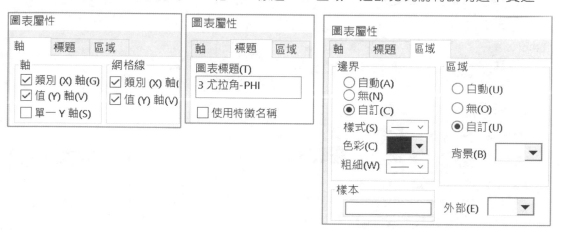

18-7-3 複製剪貼簿

將圖片以 WMF 增強型模式（清晰圖片）複製，方便貼到 WORD、EXCEL 或 POWERPOINT。

A 複製技巧

先把圖縮小→複製→貼上→再把拖曳圖放大，圖看起來線條會比較粗。

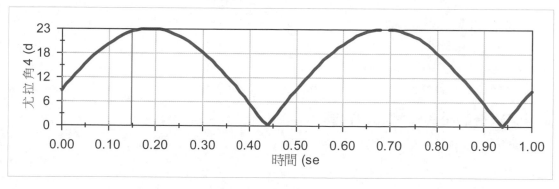

18-7-4 隱藏/刪除/輸出至 CSV

隱藏/刪除圖表或輸出至 CSV。左列 3 個項目不需要在結果項目中執行，其實所有圖表都可以**輸出至 CSV**，先前說過只有**追蹤路徑**才可以輸出 CSV，這是 SW 要改進的地方。

18-7-5 曲線屬性

游標在圖表曲線上右鍵→曲線屬性，進入**格式繪圖曲線視窗**，設定曲線顯示的項目。

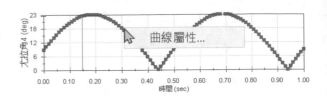

A 格式繪圖曲線視窗

設定曲線和標記項目。

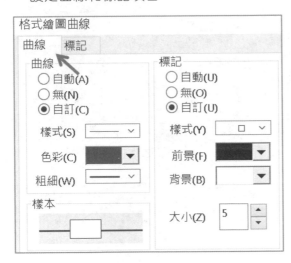
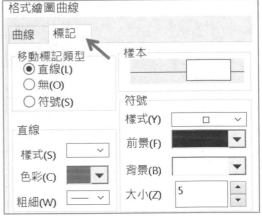

18-7-6 網格屬性

游標在圖表外框上右鍵→網格屬性（也可以快點 2 下網格），進入格式網格線視窗。

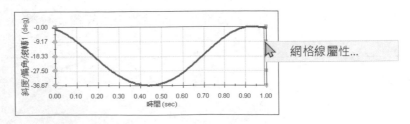

A 格式網格線格式繪圖曲線視窗

設定網格線和比例項目。

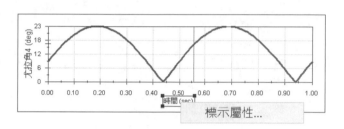

18-7-7 標示屬性

　　游標在圖表 X 或 Y 軸上的文字右鍵➔標示屬性（也可以快點文字），進入**標示屬性**視窗，設定文字和字型。

A 標示屬性視窗

　　設定文字和字型項目。

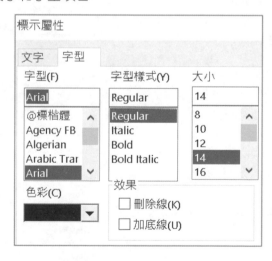

18-7-8 軸屬性

　　游標在圖表 X 或 Y **軸**上右鍵➔軸屬性（也可以快點軸線）進**格式軸**視窗，設定軸的顏色、比例、字型。

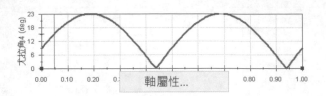

A 格式軸標示屬性視窗

樣式、比例、數量、字型，重複的項目本節不贅述。

19

以事件爲基礎動作視圖

以事件為基礎的動作視圖（Event-based Motion View，簡稱**以事件為基礎**）▦，動作研究可以基於：1. **時間**或 2. **事件**來產生，適用**動作分析**。

A 最大價值

有別於動作研究，以▦可以納入**感測**◉，達到自動控制的動作，例如：第幾秒要誰要做什麼。

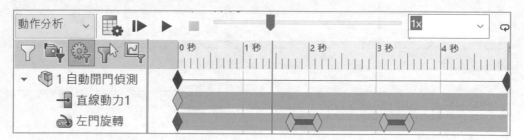

B 重點在觸發器

本章重點在**觸發器**，這是先前沒說明過的，例如：1. 紙箱在輸送台前進→2. 經過感測器→3. 自動開門，適合行進過程很難得位置和時間，而是紙箱只要經過感測就開門。

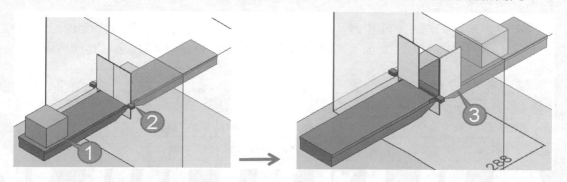

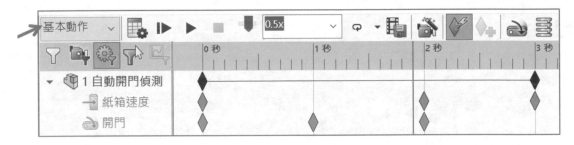

C 先時間→事件

先完成**模擬元素（時間事件）**→以事件為基礎▤，這樣會比較順。

D 動作研究提升下一境界

將先前做過的動作研究改**以事件為基礎**完成，更能通往動作研究另一境界。

E 支援動作分析

如果沒有切換到動作分析就沒有**以事件為基礎▤的按鈕**，在預設的介面中會見到從來沒見過的灰階畫面。

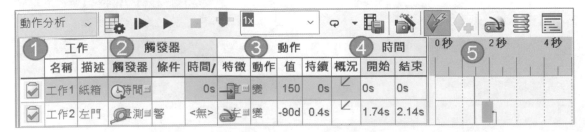

19-0 指令位置與介面

於動作研究工具列右方分別點選**時間線視圖**▤⇆**以事件為基礎的動作視圖**▤，就能明白它們之間的關聯。

19-0-1 介面項目

由左到右：1. 工作、2. 觸發器、3. 動作、4. 時間、5. 甘特圖（Gantt chart），條狀圖顯示動作隨時間進展的情況。大郎認為**時間**才是重點，其餘只是設定動作項目。

19-0-2 以時間為基礎（無法更改）

完成以**事件為基礎**▦，回到以**時間為基礎**▤，關鍵畫格以橙色代表以事件為基礎（箭頭所示），他只是記錄無法更改。

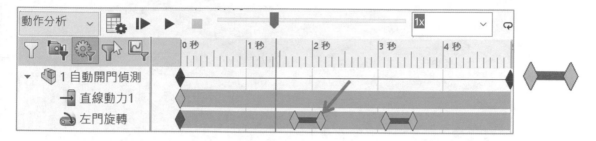

19-0-3 加大/調整以事件為基礎的畫面

事件為基礎會把該窗格加大方便識別，分別拖曳：1. 左邊的 Motion Manager 和 2. 右邊的**時間甘特圖**關閉。

A Motion Manager 介面

本章比較用不到左邊的動作研究管理員，拖曳該窗格讓事件為基礎的畫面加大。

B 時間甘特圖介面

更進一步的將右邊的時間圖也拖曳該窗格加大，因為一開始播放看動作，還不會看動作的時間（細節），等到要看這些細節已經很進階了。

	工作		觸發器			動作					0秒 2秒 4秒
按一	名稱	描述	觸發器	條件	時	特徵	動	值	持	概	開始	
☑	紙箱	前進	⏱時間		0s	→直	變	500	3s	↗	0s	
☑	工作6		⏱時間		5s	⛔結						

	工作		觸發器			動作					時間	
	名稱	描述	觸發器	條件	時間/延遲	特徵	動作	值	持續期間	概況	開始	結束
☑	工作1		⏱時間		0s	→直線	變更	150mm	10s	↗	0s	10s
☑	工作2		🎯測1	警示	<無>	🔄旋轉	變更	-90deg	0.1s	↗	4.77s	4.87s

19-0-4 先睹為快：直線動力→以事件為基礎

先簡單完成單一事件，一開始不習慣這些用法和術語，靜下心了解以後會越做越順，甚至會覺得以**事件為基礎**▦會比**時間為基礎**▤還來得快和好用。

將常用的模擬元素完成紙箱移動 500，這部分在**直線動力**▶相當容易，套用在▦運動會有不同體驗。

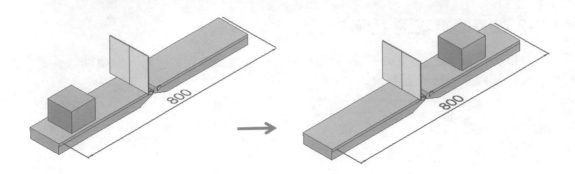

A 直線動力 ⊒

在時間為基礎中，製作紙箱移動 500mm。

步驟 1 零組件/方向

點選紙箱面定義移動的模型為紙箱，方向往右（-Z）。

步驟 2 動作：距離

距離 500、起始時間 0、終止時間 5。

步驟 3 查看模擬元素並播放

完成後於 Motion Manager 可以看到 ⊒，播放後紙箱移動。

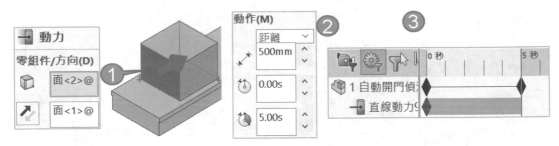

B 以事件為基礎 ▦

先確保模擬元素正確播放後，再轉移到**以事件為基礎**▦的動作研究。

步驟 1 點選▦，進入以事件為基礎的視窗

其實按下播放，還是會有動作，只是目前介面是空白的。

工作		觸發器					0秒 2秒 4秒
名稱	描述	觸發器	條件	時間/延	特徵	動	
➕*按一下此處來加入*							

步驟 2 按一下此處加入，加入新的工作

	工作		觸發器			動作					時間		
	名稱	描述	觸發器	條件	時間/延	特徵	動作	值	持續期	概	開	結
🗔 1自動開門偵測	➕*按一下此處來加人* ⬅												
⊒ 直線動力9													

步驟 3 工作

定義名稱：紙箱、描述：前進。

步驟 4 觸發器

定義紙箱移動以時間為主，例如：時間輸入 0，定義紙箱移動時間從 0 開始。

步驟 5 動作

特徵：直線動力、動作：開啟。後面無法設定，因為模擬元素已定義時間與動作。

步驟 6 計算

計算動作研究後會見到紙箱開始運動，重點是時間開始被記錄。

| | | 工作 | | 觸發器 | | | 動作 | | | | | 時間 | |
		名稱	描述	觸發器	條件	時間/延遲	特徵	動作	值	持續期	概	開	結
1 自動開門偵													
直線動力	☑	紙箱	前進	時間		0s	直線動	開					

19-0-5 先賭為快：直線動力之伺服動力→以事件為基礎

伺服動力在動力▤中，使用直線或旋轉動力皆有**伺服動力**，伺服動力先前有提到必須要在▦控制，相信當時聽不懂這是什麼對吧，因為大郎當初也不知道伺服動力用在哪。

本節用 2 單元分別說明：1. 模擬元素加入伺服動力→2. 切換到▦來控制伺服動力。

A 直線動力之伺服動力▤

製作紙箱移動 500mm，本節重點在**伺服動力的設定**。

步驟 1 零組件/方向

點選紙箱面，自行定義移動的模型方向往右（-Z）。

步驟 2 動作：伺服動力→位移

無論清單設定為何皆沒參數，指令下方有說明：必須使用▦來控制**伺服動力**的值，下圖右（箭頭所示）。

步驟 3 查看模擬元素並播放

於 Motion Manager 可以看到▤，播放後發現紙箱不動，因為**伺服動力**只能用在▦。

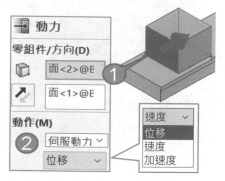

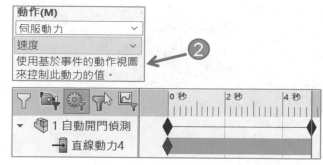

B 以事件為基礎 ▦

將先前完成的模擬元素轉移到**以事件為基礎**▦的動作研究，希望紙箱 3 秒完成 500 移動。本節重點在**動作和時間的設定**（箭頭所示），還有紙箱的移動方向問題的解決。

步驟 1 工作與觸發器

這 2 項說明與先前相同，不贅述。

步驟 2 特徵：直線動力

步驟 3 動作：變更

步驟 4 值：500

步驟 5 持續時間：3 秒

步驟 6 查看時間

可以見到開始 0 結束 3 秒的記錄（需重新計算）。

步驟 7 查看時間甘特圖

黃色區域填滿代表時間流程。

步驟 8 計算

計算動作研究後會見到紙箱開始運動，重點是 **5. 時間**開始被記錄。

觸發器			動作					時間		0秒　2秒
觸發器	條件	時間/延遲	特徵	動作	值	持續期間	概況	開始	結束	
⏱時間		0s	→直線動力	變更	500mm	3s	╱	0s	3s	

① ② ③ ④ ⑤ ⑥ ⑦

步驟 9 更改移動方向

由箭頭看出不是我們要的前進方向，這是 BUG。編輯直線動力→，在 2.動力方向欄位中點選紙箱另外一面，就能解決移動方向的問題。這部分技巧常用在其他指令項目中，學會了話有很多問題可以立即知道是問題，並立即解決。

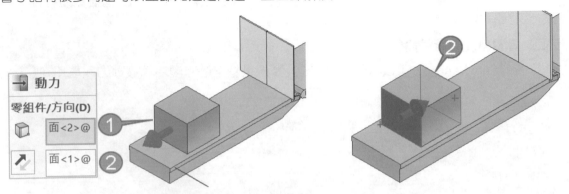

19-1 工作（Task）

定義動作項目，類似**關鍵畫格**（記錄動作與時間），習慣由上而下定義動作順序，進階作業可以 2 個工作同一時間執行。

A 事件模擬

本節製作 3 個工作項目：工作 1. 紙箱 3 秒前進 500mm→工作 2. 延遲 1 秒，門開啟 90 度（模擬紙箱移動接近門）→工作 3. 由感測器感測到紙箱，讓紙箱停止。

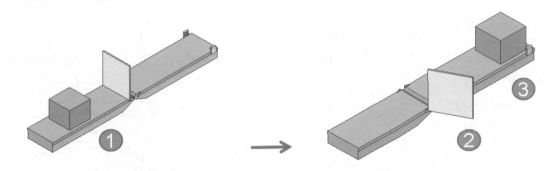

工作		觸發器			動作					時間	
名稱	描述	觸發器	條件	時間/延遲	特徵	動作	值	持續期間	概況	開始	結束
紙箱	前進500	時間		0s	紙箱速度	變更	500mm/s	3s		0s	3s
開門	開90度	紙箱	工作	1s 延遲	開門	變更	90deg	1s		1s	2s
紙箱	停止	接近1	警示	<無>	結束動作分					2.71s	2.71s

B 前置作業

分別完成箱子的 1. 直線動力→2. 門的旋轉動力→3. 感測器。

步驟 1 直線動力：將箱子定義伺服動力之位移。

步驟 2 旋轉動力：門將門定義伺服動力之位移。

步驟 3 感測器

接近、點選圓柱面、追蹤零件箱子、長度：100、☑警示：為真。

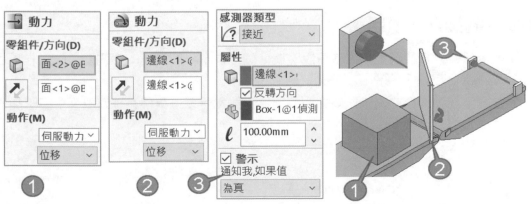

19-1-1 加入工作

點選▀進入控制介面,在工作欄位下方點選➕,往下加入工作項目,這裡加入 3 個工作。通常做完一個工作再加入工作,除非很熟練才會一次加入多個工作。

19-1-2 名稱

顯示工作重點,類似圖層名稱。預設工作 1、工作 2...,點選欄位可更改名稱,目視看出動作控制。通常名稱會比較簡短,例如:工作 1:紙箱、工作 2:開門、工作 3:紙箱。

19-1-3 描述

記錄工作說明,常用在寫下重點、重要參數...等知道動作目的為何,心情也不會亂,尤其是動作做不來時。

工作 1:前進 500

工作 2:開 90 度

工作 3:停止

工作	
名稱	描述
☑ 紙箱	前進500
☑ 開門	開90度
☑ 紙箱	停止

A 測試過程

通常製作過程不更改名稱,等測試完成後,再修改會比較節省時間。常發生製作過程做不好,會有刪除→重新製作的情境。

19-2 觸發器（Trigger）

選擇設定的項目讓模型動作,本節開始進入以**事件為基礎的動作**。本節依書籍講解直接完成 3 項觸發作業:1. 時間、2. 工作、3. 接近。以上作法不適合初學者,只是配合書籍說明。

19-2-1 觸發器（項目）

點選**瀏覽**進入**觸發器**視窗,依序說明這 3 個工作:A. 時間、B. 感測器、C. 工作項目,觸發器會對應右方的 1. **條件**和 2. **時間/延遲**。

觸發項目在動作研究之前做好會比較容易,雖然可以**以事件為基礎**視窗中臨時加入以上 3 大項目,但會有無形壓力。

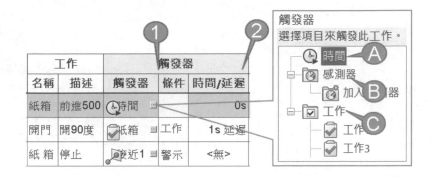

A 時間 ⏱

定義動作開始或延遲時間（單位秒），例如：輸入 0=紙箱延遲 0 秒（由第 0 秒）開始移動、輸入 5=延遲 5 秒才移動。

工作		觸發器			動作				
名稱	描述	觸發器	條件	時間/延遲	特徵	動作	值	持續期間	概況
紙箱	前進	⏱時間		0s	紙箱速度	變更	500mm/	3s	↗

B 感測器 📷

以**感測器**定義讓動作開始或結束並對應**條件：警示開啟**。例如：紙箱前進時，由感測器偵測到箱子，箱子會停止，要有感測器項目必須先完成感測器，常用接近。

	工作		觸發器		
	名稱	描述	觸發器	條件	時間/延遲
☑	紙箱	前進500	⏱時間		0s
☑	開門	開90度	紙箱	工作開始	<無>
☑	紙箱1	停止	接近1	警示開啟	<無>

C 工作（Task）☑

將先前工作套用到本次動作，動作才會啟用，例如：套用工作 1 的**紙箱（前進）**，讓工作 2 開門 90 度，可以見到剛才自訂的工作名稱，更能體會命名的好處。

	工作		觸發器			動作				
	名稱	描述	觸發器	條件	時間/延遲	特徵	動作	值	持續期間	概況
☑	紙箱	前進500	⏱時間		0s	結束動作分析				
☑	開門	開90度	紙箱	工作開始	<無>	結束動作分析				
☑	紙箱1	停止	接近1	警示開啟	<無>	結束動作分析				

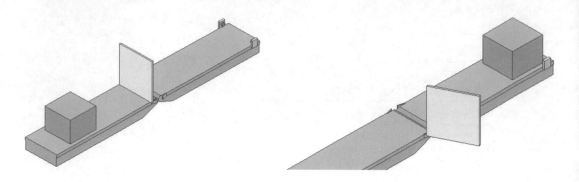

D 單 1 工作☑

可以 1 項工作，例如：紙箱移動。對初學者很容易以為因為一開始會誤以為要很多工作項目才可以使用本節。

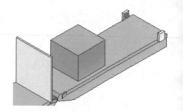

工作		觸發器			動作				
名稱	描述	觸發器	條件	時間/延	特徵	動作	值	持續期	概
紙箱		⏱時間		0s	➡直線	開			

19-2-2 條件（Condition）

條件與觸發器搭配使用，由清單設定是否動作，條件適用觸發器視窗中的：1. 感測器和 2. 工作，下圖左。

A 警示開啟/關閉（適用感測器）

使用動作清單設定：1. 警示開啟、2. 警示關閉，下圖中。

B 工作開始/結束（適用工作）

進行動作開始或結束控制，適用工作，下圖右。

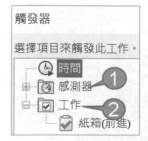
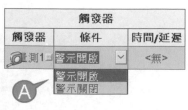

19-2-3 時間/延遲（適用時間、工作）

配合觸發器設定 3 種動作時間的項目：1. 開始、2. 延遲、3. 無，這 3 大項通常配合多種工作項目，完整的時序會呈現在最右邊的時間甘特圖。

時間重點在**以時間為基礎**，例如：動作總時間 5 秒，工作時間不得超過 5 秒。

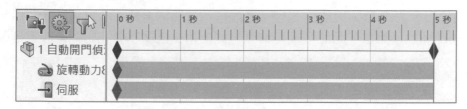

A 開始（適用⏱）

定義運動的開始時間，與**動作**的**持續期間**搭配。剛開始學習建議由 0 開始，有很多做不出來幾乎不是 0 開始。

B 無（適用感測器或工作）

輸入 0=無=無動作，常用在臨時性關閉。

C 延遲

延遲有 2 段觀念：1. 輸入延遲時間、2. 以上一段時間為基準延遲，例如：1s 延遲，甘特圖以上一段時間 0 秒開始空白=延遲。例如：紙箱持續移動，門由第 1 秒開始做動。

觸發器			動作					時間		
觸發器	條件	時間/延遲	特徵	動作	值	持續期間	概況	開始	結束	
⏱時間		0s	紙箱速度 變更		500mm	3s	↙	0s	3s	
紙箱 工作限		1s 延遲	關門 變更		90deg	1s	↙	1s	2s	
接近1 警示限		<無>	結束動作					2.71s	2.71s	

無　延遲

D 延遲時間與持續期間（適用伺服動力）

開始進入重頭戲了，本節會了動作時間就搞定了。設定紙箱移動的延遲時間和持續期間的搭配。紙箱由第 0 秒開始，輸入持續 3 秒，時間區間 0-3 秒。

觸發器			動作					時間		
觸發器	條	時間/延遲	特徵	動作	值	持續期	概	開始	結束	
⏱時間		0s	直線 變		500mm	3s	↙	0s	3s	

紙箱由第 1 秒開始，輸入持續 3 秒，時間區間 1-4 秒。

觸發器			動作					時間		
觸發器	條	時間/延遲	特徵	動作	值	持續期	概	開始	結束	
⏱時間		1s	直線 變		500mm	3s	↙	1s	4s	

E 不合理的時間

原本-伺服動力 3 秒，故意改 5 秒，系統認為時間不合理，右方甘特時間白色，播放無動作，大郎認為不應該，應該 5-8 秒作動才對，所以盡量不要初始動力設定延遲。

觸發器			動作				0秒	2秒
觸發器	條件	時間/延遲	特徵	動作	值	持續期		
時間		10s	伺服	變	-150mm/s	3s		
工作2 工		1s 延遲	旋轉動力 變		90deg	1s		

F 調整時間：以事件為基礎

在以時間為基礎可以見到伺服動力時間由事件為基礎中設定，不能在時間為機礎調整時間，雖然可以調整但很容易錯亂。

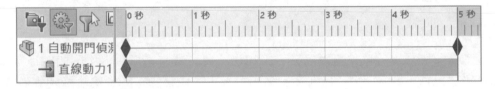

19-3 動作（Action）

動作為觸發器的延伸，套用先前完成的觸發型態，設定 5 種動作類別：1. 特徵、2. 動作、3. 值、4. 持續時間、5. 概況，下圖左。

19-3-1 特徵

點選瀏覽或快點兩下特徵下的儲存格，進入特徵視窗，有 4 種類型選擇：1. 結束動作分析、2. Motor 動力、3. 力、4. 結合，類似觸發器的觸發視窗，下圖右。

A 結束動作分析（預設）

停止動作，例如：紙箱到感應器的地方停止。

B 動力（Motor）

選擇動力條件，例如：直線動力、旋轉動力。

C 力

選擇力條件，例如：力、扭矩力。

D 結合

變更結合的抑制/非抑制狀態。

E 多個 🐭3)

可以一次選多個條件一起動作，例如：選擇直線動力+平行相距。

F 預覽項目

游標在瀏覽按鈕上方，可以看到設定哪些項目，就不必來回進入特徵視窗。

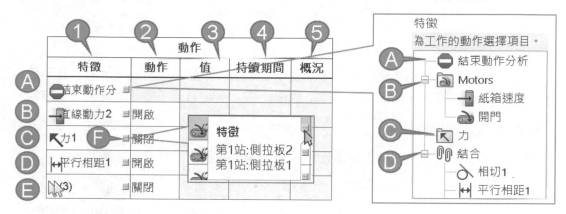

G 觸發器延伸到動作的特徵作業

本節將先前**觸發器**的內容完成**動作的特徵**（箭頭所示）。

步驟 1 動力 🖻

套用紙箱前進的**直線動力**🖷（伺服動力）。

步驟 2 動力 🖻

套用門板的旋轉動力🖷。

步驟 3 結束動作分析 ⊖

紙箱結束移動。

工作		觸發器			動作				
名稱	描述	觸發器	條件	時間/延	特徵	動作	值	持續期間	概況
紙箱	前進500	時間		0s	紙箱移動	關閉			
開門	開90度	紙箱1	工作開始	1s 延遲	開門	關閉			
紙箱1	停止	接近1	警示開啟	<無>	結束動作分析				

19-3-2 動作（Action）

由清單切換 4 動作：1. 開啟、2. 關閉、3. 變更、4. 停止。有些類別很類似，不必刻意研究，以免時間耗在這，例如：**關閉**和**停止**很像，只要來回切換看結果即可。

A 開啟

開啟動作不進行後續設定，無法設定**值**和**持續時間**。例如：直線動力的伺服速度以預設來執行，以時間為基礎圖來定義時間。

B 關閉

關閉動作，也無法進行後續設定，例如：**動作、值**。

C 變更（適用伺服動力或模擬元素）

可以控制動力值，根據**伺服動力**的類型來設定值，下圖右（箭頭所示），甚至可以變更模擬元素數值，我想這是後來版本可以支援，線上說明還是停留在僅支援**伺服動力**。

D 停止（適用伺服動力）

停止特徵運動，但無法停止模擬元素，所以**停止**和**關閉**很像。

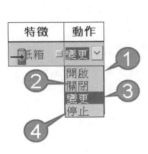

動作				
特徵	動作	值	持續期間	概況
⊖結束動作分 ▤				
⇥直線動力2 ▤	開啟 Ⓐ			
↖力1 ▤	關閉 Ⓑ			
🔄旋轉動力1 ▤	變更 Ⓒ	90deg	1s	◿
⇥直線動力2 ▤	停止 Ⓓ	0mm/s	3s	◿

19-3-3 值（Value）

承上節，定義**變更**，輸入動作值，例如：位移距離、位移角度、速度…等。

A 距離（適用和直線速度有關的指令）

輸入移動速度，例如：150，會自動帶單位 mm/s。

B 角度（適用旋轉動力）

輸入旋轉速度，例如：90，會自動帶單位 deg。

C 方向

輸入距離或角度還可以數值前輸入-來更改方向，例如：-150。

19-3-4 持續期間（Duration）

設定特徵動作的時間，本節可以體會時間直覺控制。

A 移動 3 秒

輸入 3=紙箱 500mm/s 移動 3 秒。如果移動後的位置不是自己要的，可以在這裡改時間
→播放看結果。更能體會以往都要編輯 🔲→再看結果並不直覺。

B 旋轉 1 秒

以 1 秒轉 90 度。

C 對應觸發器的時間/延遲

以旋轉來說，紙箱移動 1 秒以後，門旋轉 90 度 1 秒。

觸發器			動作					時間	
觸發器	條件	時間/延遲	特徵	動作	值	持續期間	概況	開始	結束
⏰時間		0s	紙箱	變更	500mm/s	3s	╱	0s	3s
✅紙箱 工		1s 延遲	開門	變更	90deg	1s	╱	1s	2s
接近1 警		<無>	結束					2.71s	2.71s

D 非伺服動力無法定義持續時間

原先在**以時間為基礎**🔲的環境中，定義直線動力🔲固定速度 150mm/s，時間 5 秒。到了
以事件為基礎🔲，會發現即便可以定義**速度**和**持續時間**，但運動不會照指定時間，更能理
解伺服動力才可以完整控制**觸發器的時間/延遲**，以及**動作的持續時間**。

觸發器			動作					時間		0秒	2秒
觸發器	條件	時間/延	特徵	動作	值	持續期間	概況	開	結		
⏰時間		0s	直線	變更	100	3s	╱	0s	3s		

19-3-5 概況（Profile）

由清單設定動作結束
時的目標值，類似差補模
式，5 種選擇。

本節簡單說明概況的
原理，自行深度研究。

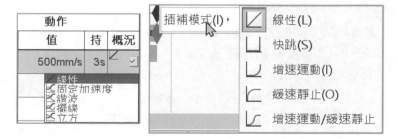

A 線性（Linear，預設）∠

模型以等速顯示，公式 A*t，
A（高低幅度）。

由開始與結束值，以及動作
持續時間計算，t 是行動期間的時
間。

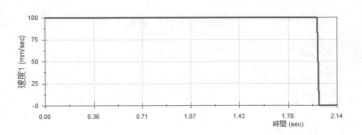

B 固定加速度（Constant Acceler）⊾

以**加速度**顯示。從動作開始到持續時間中點，第 2 個導數為正值，高低幅度為 A。中
點到持續期間結束，第 2 個導數值為-A。

幅度 A 計算從：

1. 第 1 個導數的連續限制

2. 第 1 個導數零值開始與結束限
制。

3. 特徵開始及結束值

4. 行動持續時間。

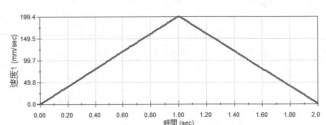

C 諧波（Harmonic）⊾

模型運動圖表以**弧線**顯示。輪廓第 2 個導數為動作持續時間，餘弦函數的前半個週期，
公式 A*cos(pi*t)。

幅度 A 計算從：

1. 第 1 個導數的連續限制

2. 第 1 個導數的零值開始與
結束限制。

3. 特徵開始及結束值。

4. 行動持續時間、t 是行動
期間的時間值。

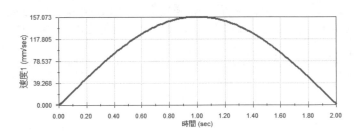

D 擺線（Cycloidal）⊾

模型運動圖表以**擺線**顯示。
輪廓第 2 個導數為動作持續期
間，正弦函數的完整週期。

公式 A*sin(2*pi*t)。

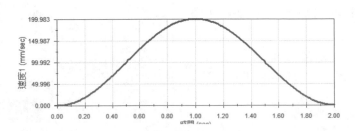

E 立方（Cubic）

模型運動圖表以**弧線**顯示。
第 2 個導數是連續和線性。

公式是 A*(2*t - 1)。

19-4 時間與甘特圖（Gantt）

本節說明動作時間和最右方的時間進度條狀圖（甘特圖），時間和：1. 觸發器的**時間/延遲**、2. 動作的**持續時間**、3. 時間、4. 甘特圖…等有關。

A 重新計算

重新計算後系統才會計算**開始**與**延遲時間**。如果沒有時間代表未**重新計算**或工作時間衝突，動作也無法產生。同學剛開始學習常發生不習慣**重新計算**而直接**播放**，得不到正確動作來回調整設定。

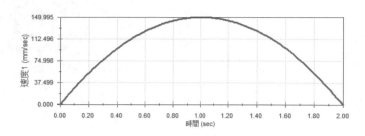

觸發器			動作					時間		0秒　1秒　2秒
觸發器	條件	時間/延遲	特徵	動作	值	持續期間	概況	開始	結束	
時間		0s	低箱速度	變更	500mm	3s		0s	3s	
低箱	工作開始	1s 延遲	關門	變更	90deg	1s		1s	2s	
接近1	警示開啟	<無>	結束動作					2.71s	2.71s	

19-4-1 時間的開始/結束

1. 調整觸發器的時間/延遲與 2. 動作的持續時間，系統會自動加總。其中，延遲時間也可以看出來它們的開始與結束時間。

A 時間有問題的解決

剛開始學習記得觸發器的時間/延遲=0 就好，就能解決時間的正確性。

19-4-2 甘特圖

以橫向條狀圖記錄每一個工作時間，第 1 行總時間，接下來都是觸發時間，會有藍色連接線。

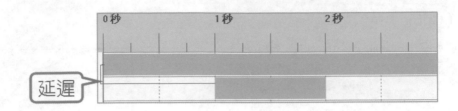

19-4-3 動作說明

以事件表格說明動作行為。

步驟 1 工作 1 紙箱

由第 0 秒開始以每秒移動 500mm/s，共 3 秒。

步驟 2 工作 2 門

由第 1 秒開始轉動，以 1 秒轉 90 度，第 2 秒停止。

步驟 3 工作 3 紙箱

移動到尾端 2.71 秒停止，由此可知紙箱並非移動 3 秒。

工作		觸發器			動作					時間	
名稱	描述	觸發器	條件	時間/延遲	特徵	動作	值	持續期間	概況	開始	結束
紙箱	前進500	時間		0s	紙箱速度	變更	500mm/s	3s	↗	0s	3s
開門	開90度	紙箱	工作	1s 延遲	開門	變更	90deg	1s	↗	1s	2s
紙 箱	停止	接近1	警示	<無>	結束動作分					2.71s	2.71s

19-5 編輯工具

在工作上右鍵進行多項工作項目，很可惜不支援快速鍵。

19-5-1 插入工作

在所選的工作表插入空白到上一行，就不用每次往下加入新的→花時間再拖曳到指定位置。

19-5-2 複製工作

複製工作列至點選表格的下一行，常用複製後修改，例如：複製 2 個結束動作分析。

A 插入多個

也可以選多行→複製很多工作項，不必 1 個做完才加入下 1 個可節省時間。

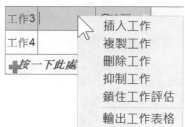

工作		觸發器			特徵
名稱	描述	觸發器	條件	時間/延遲	
開門	開90度	紙箱	工作開	1s 延遲	旋轉動力2
工作22		時間		3s	結束動作分析
工作20		時間		3s	結束動作分析

19-5-3 刪除工作

目前僅能右鍵刪除不能直接 DEL，希望未來可以。

19-5-4 抑制工作☑

將工作列抑制不執行，該行以黑色呈現，無法更改工作內容。

19-5-5 鎖住/解除鎖住工作評估🔒

將工作列鎖住，動作還會執行。工具列顯示鎖頭並以灰階呈現，會略過計算來提高計算效能，更可避免不小心修改到設定內容。

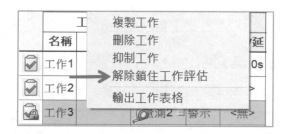

19-5-6 輸出工作表格

以*. CSV 輸出工作表格，不過以記事本開啟會覺得亂，下圖右。

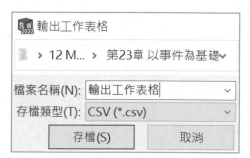

A 完整顯示

在 Excel 將 csv 內容轉化為方便閱讀的表格。1. 資料→2. 取得資料→3. 從檔案→4. 從文字/CSV→5. 分隔符號：逗號→6. 載入。

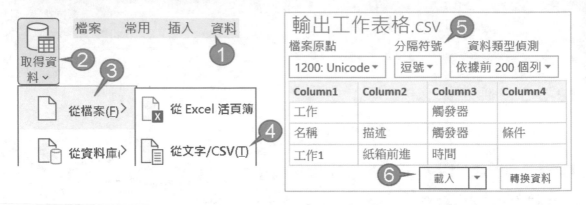

	A	B	C	D	E	F	G	H	I	J
1	Colur	Column2	Colur	Column4	Column5	Column6	Colu	Colur	Colum	Colu
2	工作		觸發器			動作				
3	名稱	描述	觸發器	條件	時間/延遲	特徵	動作	值	持續期間	概況
4	工作1	紙箱前進	時間		0s	直線動力1	變更	150mm/s	0s	線性
5	工作2	左門開啟	量測1	警示開啟	<無>	左門旋轉	變更	-90deg	0.4s	線性
6	工作3	右門開啟	量測1	警示開啟	<無>	右門旋轉	變更	90deg	0.4s	線性
7	工作4	左門關閉	工作2	工作結束	1s 延遲	左門旋轉	變更	90deg	0.4s	線性

B 複製文字

可以框選儲存格的文字內容複製→貼上，例如：貼到記事本。

觸發器			動作		
觸發器	條件	時間/延遲	特徵	動作	值
接近1	警	<無>	告束動作		
時間		0s	紙箱速度	變更	500mm/s
紙箱	工	1s 延遲	開門	變更	90deg

*未命名 - 記事本
檔案(F) 編輯(E) 格式(O) 檢視(V) 說
工作19   時間   3s
紙箱   前進   時間   0s
工作21   時間   3s
工作18   時間   3s

19-5-7 調整寬度欄位

拖曳移動表格寬度，或快點兩下格線可以適當大小欄寬，下圖左。

19-5-8 跳格（Enter 或 Tab）

按 Enter 或 Tab 可以橫向跳格，就不必滑鼠點選儲存格。

19-5-9 選取整行

點選工作圖示選取整行，下圖右。

工作		✛
名稱	描述	觸發器
☑ 紙箱	停止	接近1
☑ 紙箱	前進500	時間
☑ 開門	開90度	紙箱

工作		觸發器		
名稱	描述	觸發器	條件	時間/延遲
☑ 紙 箱	停止	接近1	警示開	<無>
☑ 工作18		時間		3s
☑ 開門	開90度	紙箱	工作開	1s 延遲

19-5-10 移動工作項目順序

拖曳移動工作項目上下分類好識別，通常會依時序調整，因為播放過程比較好看動作順序。另外，工作順序不影響播放，因為播放是依甘特圖時間而定。

工作		觸發器	
名稱	描述	觸發器	條件
紙 箱	停止	接近1	警示開啟
紙箱	前進500	時間	
開門	開90度	紙箱	工作開始

工作		觸發器	
名稱	描述	觸發器	條件
紙 箱	停止	接近1	警示開啟
紙箱	前進500	時間	
開門	開90度	紙箱	工作開始

19-6 動作研究：推桿連續推動

分別由 4 個角落推桿依序推動石塊，將石塊帶出軌道。

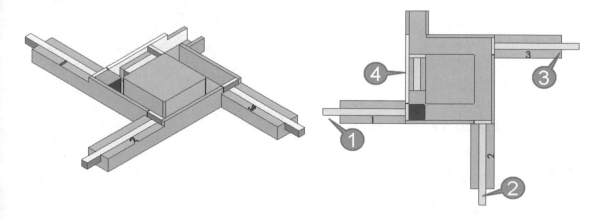

工作		觸發器			動作				概況	時間		0秒	4秒
名稱	描述	觸發器	條件	時間	特徵	動作	值	持續間		開始	結束		
推桿1	前推	時間		0s	直線	變更	200mm	2s	∠	0s	2s		
推桿2	前推	時間		2s	直線	變更	200mm	2s	∠	2s	4s		
推桿3	前推	時間		4s	直線	變更	200mm	2s	∠	4s	6s		
推桿4	前推	時間		6s	直線	變更	200mm	2s	∠	6s	8s		

19-6-0 前置作業：模擬元素

先完成：1. 直線動力和 2. 接觸。

步驟 1 直線動力

分別新增 4 推桿的直線動力，並於**伺服動力**選擇位移。

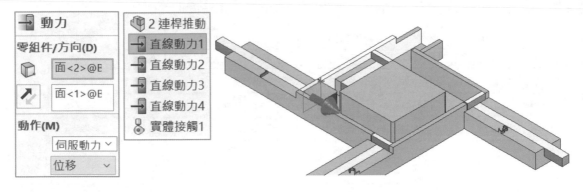

步驟 2 接觸

方塊與其他模型以群組接觸。

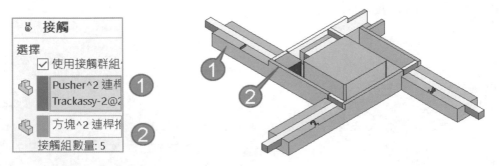

19-6-1 第 1 工作列

先好好完成第一工作列，接下來的工作列都差不多。

A 工作

定義 1. 名稱：推桿 1、2. 描述：前進。

B 觸發器

本節說明增加的觸發內容、條件和時間，開始進入重點。

步驟 1 觸發器：選擇時間🕐

步驟 2 條件：不選擇

步驟 3 時間/延遲

預設 5s，更改為 0s=動作從 0 開始，因為模擬元素預設 5S。

C 動作

動作需要：1. 特徵、2. 動作、3. 值、4. 持續期（持續時間）、5. 概況。

步驟 1 特徵

點選**瀏覽**，於特徵視窗展開 Motors，點選**直線動力 1→↵**，下圖右（箭頭所示）。

步驟 2 動作

展開清單，選擇**變更**。

步驟 3 值

量測推桿面及軌道面，可得知推桿必須位移 200，所以輸入 200。

步驟 4 持續期

持續時間 2s。

D 時間

重新計算，可以見到開始時間 0 到結束時間 2。

Ⓐ		Ⓑ			Ⓒ					Ⓓ	
工作		觸發器			動作					時間	
名稱	描述	觸發器	條件	時間	特徵	動作	值	持續間	概況	開始	結束
推桿1	前推	🕐時間		0s	直線	變更	200mm	2s	↙	0s	2s

特徵
為工作的動作選擇項目。
⊖ 結束動作分析
⊟ 🗃 Motors
→ 直線動力1

E 播放與時間甘特圖

完成 1 個工作播放看結果，0-2 秒完成推桿移動，由甘特圖可以看到時間線移動。

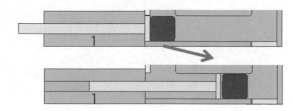

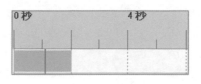

19-6-2 第 2 工作列

設定第 2 推桿的觸發器、**動作特徵**...等，使用複製工作可以快速完成。

步驟 1 複製工作列

在推桿 1 工作列任意欄位上右鍵→複製工作，下方被複製工作，進行以下更改。

步驟 2 工作與觸發器

更改工作名稱與描述，更改**時間/延遲**＝2s=第 2 秒開始動作，因為第 2 推桿是在第 1 推桿結束後才開始進行。

步驟 3 重新計算與播放

可以見到開始時間 2 到結束時間 4，簡稱開始 2 結束 4。

19-6-3 第 3、4 工作列

承上節，自行製作設定方法重複，完成後重新計算並播放。

工作		觸發器			動作					時間		0秒　　4秒
名稱	描述	觸發器	條件	時間	特徵	動作	值	持續間	概況	開始	結束	
推桿1	前推	時間		0s	直線	變更	200mm	2s	↗	0s	2s	
推桿2	前推	時間		2s	直線	變更	200mm	2s	↗	2s	4s	
推桿3	前推	時間		4s	直線	變更	200mm	2s	↗	4s	6s	
推桿4	前推	時間		6s	直線	變更	200mm	2s	↗	6s	8s	

20

關聯動畫

　　將組合件產生關聯並完成運動，這些都是由上而下關聯性技術，本章動畫表達以效果為考量，例如：鑽頭對工件鑽孔。

A 火候

　　每當見到別人的動畫嘆為觀止，實在很想也會製作，這類效果多半是軟體本身沒這指令，只能靠技巧完成，這技巧就是火候，必須具備高程度的指令邏輯運用。

B 火候涵蓋的技術

　　這些效果是利用：關聯性、數學關係式、巨集或變數，例如：滑台纜線、鈑金折疊、彎管機…等，難度相當高，本章點破常見高階技巧，完成旁人認為不可能的任務。

C 重新計算關聯性＋動力

　　關聯性需要**重新計算**🔘才可看到結果，播放過程就是系統自動執行無數個🔘，再加上模擬元素（通常為動力）來達到關聯性動畫目的。

D 魔術

　　看完本章就能體會動畫很多用騙的，不需做到很真實，越真實越花時間。

20-0 輔助零件（虛擬零件）技術

　　輔助零件是大郎自創名詞用在組合件，SW 稱為**虛擬零件**，只是為了動畫效果產生的檔案，用輔助零件來解動畫的難題，必須要 SW 極高的使用程度。

20-0-1 輔助零件作業

在輔助零件上 1. 產生特徵或參考幾何、2. 輔助零件與其他模型關聯,例如:手電筒剖切或吊鉤的纜繩、文件夾…等。

20-0-2 動作研究支援度不足的產物

能不要用輔助零件不是更好嗎?如果動作研究可以支援:1. 零件多本體、2. 特徵尺寸,大郎相信可以讓動畫效果和計算效率大幅度提升,我們期待未來版本解決。

20-0-3 驗證模型關聯性

先拖曳再動作研究。1. 在模型標籤,拖曳驗證輔助零件關聯性→2. 將輔助零件進行動作研究,例如:拖曳掛鉤→🔋,查看纜繩關聯性有沒有跟上,如果跟上了再進行動作研究。

20-0-4 輔助零件不顯示

輔助零件播放過程不顯示,這就是魔術了,例如:手電筒剖切利用平板(輔助零件)移動並除料,播放動畫的過程會將平板隱藏(箭頭所示)。

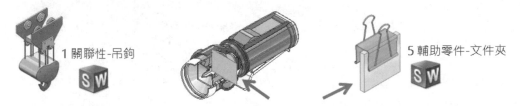

20-0-5 輔助零件不儲存

輔助零件不是真實零件,常與該組合件共生,不會儲存為實際檔案,避免增加管理負擔,特別公司有 PDM。

20-0-6 不支援輕量抑制

輕量抑制的關聯性模型,動作研究播放過程忽略不計算,造成模型不正確運動或位置,例如:掛勾上下移動但纜繩沒有跟上。

20-0-7 關聯性=動畫類型(此求解器不支援關鍵點)

關聯性動畫通常屬於動畫,無法使用**基本動作**或**動作分析**,會出現不支援的訊息。

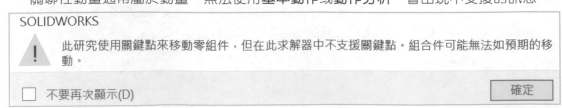

20-1 關聯性-吊鉤

上方吊車座為固定，將纜繩關聯吊勾，拖曳吊勾完成上下運動。

A 查看關聯性動態技術

本節先看效果→講解動作研究技術。拖曳吊鉤一小段距離→█可以見到纜繩有跟上，很神奇對吧，一開始會認為這是繩子長度的計算。

20-1-1 纜繩關聯性技術

纜繩由掃出完成，路徑線段與吊勾基準面重合，當吊鉤上下移動→重新計算後纜繩就會跟上，感覺用騙的，並不是更改纜繩長度。

20-1-2 製作動作研究並播放

1. 放置時間在第 2 秒→2. 拖曳吊鉤往下→3. 播放吊鉤查看纜繩關聯變化，更能體會動作研究進行內部不斷**重新計算**█。

20-2 關聯性-防塵罩

將防塵罩和滑塊關聯，當滑塊移動，防塵罩跟著伸縮。

A 關聯性動態技術

拖曳滑塊→█可以見到防塵罩有跟上，很神奇對吧。

20-2-1 防塵罩關聯性技術

防塵罩和滑塊運用掃出（輪廓＋路徑）完成。

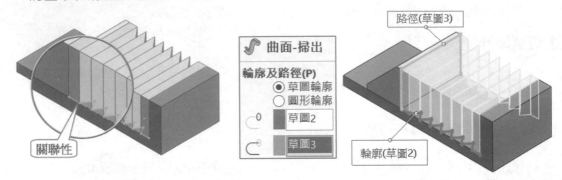

20-2-2 製作動作研究並播放

1. 放置時間在第 2 秒→拖曳滑塊至結束位置→3. 播放防塵罩跟著滑塊移動。

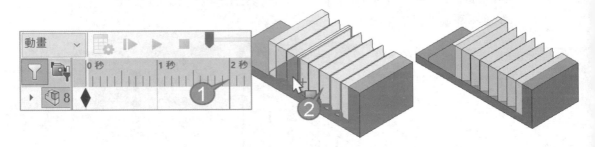

20-2-3 產生彈性零件（Make Part Rigid）

2020 特別推出了，拖曳滑塊後防塵罩立即關聯不須，這部分讓我們等太久了。這指令屬於事後作業，有點多此一舉，因為要先製作關聯→再使用點選先前製作的關聯，如果能直接以製作關聯性就好了。

A 啟用彈性零組件

點選防塵罩模型→由文意感應點選，進入啟用彈性零組件視窗，由視窗可以見到名為輪廓的草圖，該草圖為防塵罩的掃出特徵，下圖右。

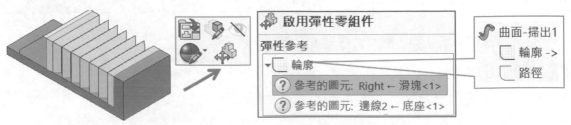

B 更新彈性參考：參考的圖元

點選要彈性零件的關聯，也可以說重新選擇相似的關聯性的圖元讓指令替換，例如：防塵罩由 1. 面和 2. 邊線與滑塊關聯，要更新 1. 面與 2. 邊線讓 🐟 重新辨識。

步驟 1 隱藏防塵罩

滑塊面被防塵罩遮住，無法被選擇替換，所以要將它隱藏，下圖左。

步驟 2 更新參考的圖元：Right←滑塊

可以見到 Right 面亮顯，點選滑塊面作為抽換，參考的圖元被接受✔，下圖左。另一個參考圖元（邊線）不必完成，滑塊的關聯性有滿足即可，下圖右。

理論上要將**參考的圖元**全部指定，其實可以不必。

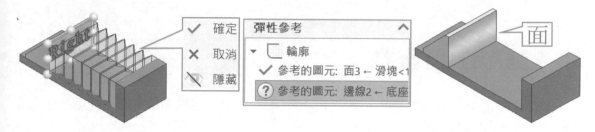

步驟 3 查看防塵罩關聯性

拖曳滑塊可以見到防塵罩不需重新計算，能達到關聯，模型圖示會變更為**彈性零件** 🐟（箭頭所示）。

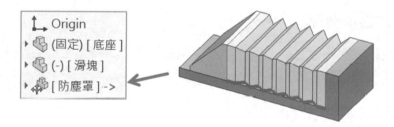

20-3 纜線動作

將纜線與滑塊關聯，拖曳滑塊→🔘，纜線跟著滑塊移動。

20-3-1 模型關聯技術

將纜繩與底座+滑塊進行關聯，重點在草圖標上**路徑長度**∑來定義總長度，到時滑塊變更位置時纜線會跟著移動長度相等，且纜線長度本來就是不變的。

早期沒有∑必須費心製作**數學關係式**讓纜繩等長，軟體的進步讓做法簡單和更有效率執行動畫。

20-3-2 製作動作研究並播放

利用 2 秒拖曳滑塊並播放看運動。

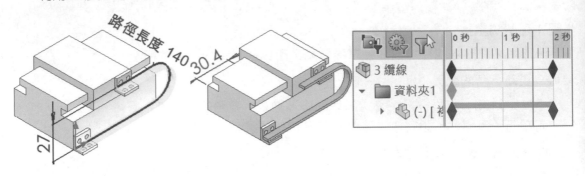

20-4 關聯性-避震器

模擬彈簧是論壇最多人問的，不須使用彈力彈，也不需要繪製螺旋線，使用**掃出**完成彈簧外型，再加上關聯就好了。

A 關聯動態技術

拖曳下連桿➜，可以見到彈簧跟上。

20-4-1 掃出選項彈簧

1. 分別完成輪廓與路徑直線，直線與上下座重合➜2. 選擇路徑及輪廓➜3. 輪廓扭轉，指定扭轉值➜4. 扭轉控制，圈數 6。

20-4-2 拖曳驗證關聯性

拖曳下座見不到關聯，必須才可以看到彈簧有跟上關聯。

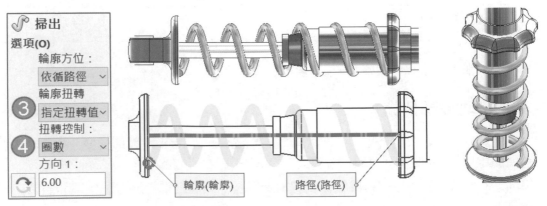

20-4-3 製作動作研究

1. 拖曳下座至起始位置→2. 放置時間在第 2 秒→3. 拖曳下座至結束位置→4. 播放，彈簧會跟著下座移動。

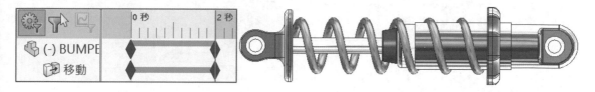

20-5 輔助零件-文件夾

製作文件夾開合動畫。由於動作研究不支援特徵或草圖尺寸變化，利用組合件距離，由輔助零件相對帶動文件夾開合。

點選平行相距，繪圖區域出現臨時尺寸，拖曳平行相距的尺寸，立即可見文件夾開合。本節不需🔒，因為更改尺寸系統本來就會進行計算。

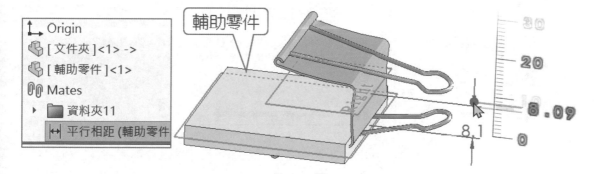

20-5-1 輔助零件關聯性技術

本節說明輔助零件與文件夾關聯製作過程。

步驟 1 限制條件

彈片草圖＋輔助零件→相切ᐱ，下圖左。

步驟 2 平行相距

1. 彈片中間面與 2. 輔助零件中間面→3. 加入平行相距 5，下圖中。

步驟 3 驗證

更改距離帶動文件夾開合，會發現不需要🔒就能讓文件架開合，下圖右。

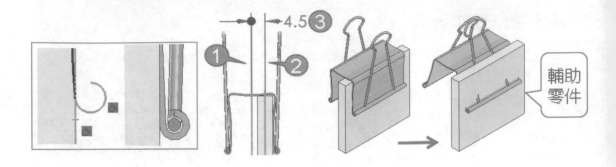

20-5-2 製作動作研究

本節說明製作動畫後再隱藏輔助零件。

A 尺寸動作研究

1. 放置時間在第 1 秒➜2. 修改平行相距尺寸➜3. 播放，文件夾會作動。

B 隱藏輔助零件

1. 將時間放置第 0 秒➜2. 隱藏輔助零件➜3. 播放。

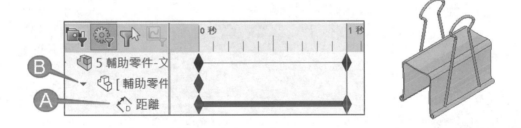

20-6 動態剖切-雷射刀

移動輔助零件讓雷射成型，本技術為組合件除料⬜。

A 查看動態剖切技術

拖曳距離尺寸，立即可見雷射成型。

20-6-1 定位輔助零件

利用結合條件將輔助零件定位，例如：2 基準面的重合人+X 軸的平行相距⟷（模型面與前基準面），距離 30=雷射光一開始出現的位置。

20-6-2 組合件除料

反向思考利用除料完成雷射成型。

步驟 1 除料作業▣

在輔助零件的前基準面繪製矩形→▣，完全貫穿，將雷射光除料。

步驟 2 查看

左邊的形狀被切除，除料特徵在結合條件下方，為組合件管理，下圖右。

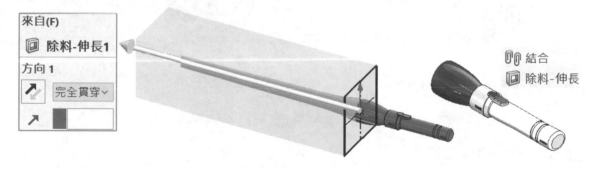

20-6-3 動作研究：控制輔助零件

更改輔助零件平行相距尺寸=雷射光距離，加入動作研究，播放即可看出效果。

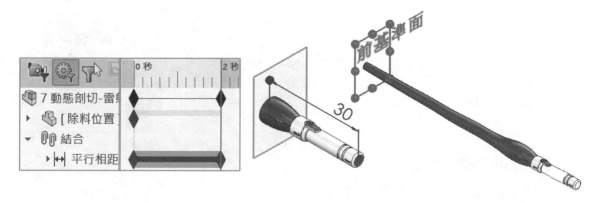

20-7 動態剖切-手電筒

　　進一步說明動態剖切的輔助零件做法，特別是有一個面移動。大家都用過剖面🔲查看組合件內部，進行模型檢視和設計驗證，不過🔲指令不能加入動作研究，所以才要利用輔助零件控制剖切深度，查看機構內部的視覺效果。

　　換句話說，如果動作研究有支援🔲的尺寸控制，就不必製作輔助零件了。

🅐 動態剖切技術

　　拖曳手電筒前面的面板→🔲，見到手電筒被剖切，很神奇對吧，其實面板是障眼法。

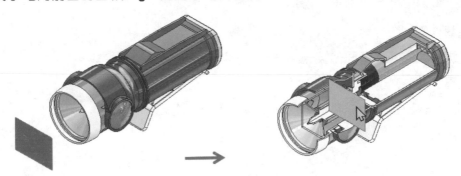

20-7-1 輔助零件的技術

　　在組合件環境說明輔助零件技術，這就是由上而下的關聯性作業。

🅐 產生輔助零件與定位

　　插入新零件🗒→刪除 InPlace🖊→加入 2 個重合，剩下 Z 軸移動的自由度，下圖左。

🅑 建立輔助零件

　　前基準面繪製矩形→平坦曲面🔲，故意讓輔助零件有點像鬼魂，下圖右。

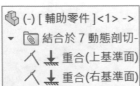

🅒 組合件下的除料作業

　　在輔助零件完成草圖→組合件除料🔲。

步驟 1 剖切草圖

　　在輔助零件的🔲上進入草圖→參考圖元，完成先前繪製的矩形。

步驟 2 除料

本節的除料作業很有意涵，也是靈魂所在。

D 除料深度技術

除料項目	技術說明
方向 1 深度 50	深度 50 可以變化，也可以深度 30，深度只是輔助零件的視覺效果，太深覺得太假，太淺有壓迫感。
方向 2 完全貫穿	輔助零件穿越手電筒的過程，繼續保有除料效果，否則穿越手電筒後，另一側會復原就覺得怪怪的，這就要看自己要怎樣的效果。

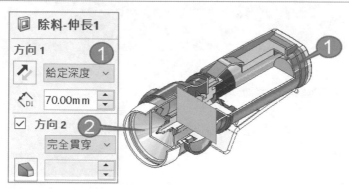

20-7-2 動作研究：拖曳輔助零件

拖曳輔助零件從手電筒頭到底端，完成剖切效果。

步驟 1 放置時間到第 2 秒

步驟 2 拖曳輔助零件到手電筒底端

由於除料深度 50mm，所以輔助零件一開始要離手電筒頭端至少 50mm 以上，這樣才不會動作研究還沒開始就剖切。

步驟 3 播放

可看到手電筒剖切效果。不希望播放過程看到輔助零件，可以將它一開始就隱藏。

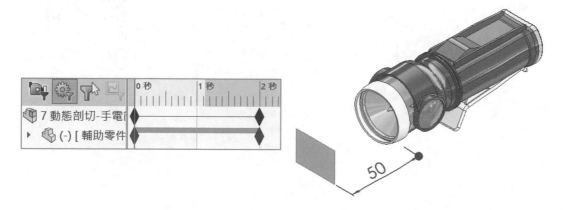

20-8 組合件除料-鑽孔

在工件加入旋轉除料⋒，該特徵與鑽頭前端關聯，當鑽頭下降工件會被鑽孔。

A 關聯性動態技術

拖曳鑽頭往下可以見到鑽頭螺旋式下降→ ❶，隱藏鑽頭，工件有鑽孔。

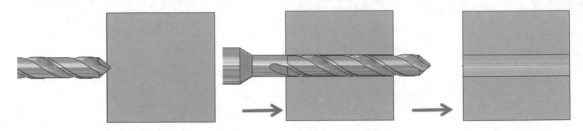

20-8-1 組合件關聯性特徵

本節有 2 項重點：1.鑽頭與除料特徵關聯、2.特徵加工範圍。

步驟 1 除料特徵草圖

在組合件前基準面繪製和鑽頭一樣大的草圖，1.草圖前端與鑽頭重合（箭頭所示）→旋轉除料⋒，到時鑽頭移動該草圖也會跟著移動。

步驟 2 特徵加工範圍

在特徵加工範圍選擇工件，否則⋒會把鑽頭也一起除料。

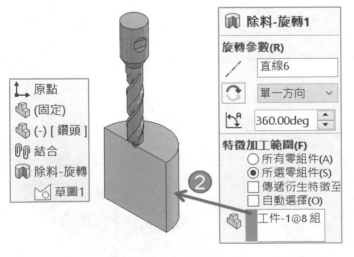

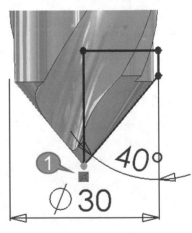

20-8-2 驗證關聯技術

移動鑽頭→重新計算後工件有鑽孔。鑽頭
起始位置一定要接觸到工件，否則除料關聯性
會遺失形成錯誤。

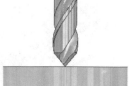

20-8-3 製作動作研究與條件優化議題

理論上鑽頭向下鑽要加 2 個模擬元素：1. 旋轉 🔩、2. 直線動力 🔲，運算會負擔過大，
不如在工件加上螺旋曲線，這機構本身就是旋轉轉直線運動。

Ⓐ 鑽頭與螺旋線重合，並驗證

將鑽頭螺旋線＋螺旋曲線端點→重合 ⟨，這時只要 1 個 🔩 就能螺旋轉入至工件。

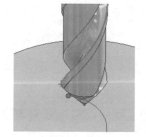
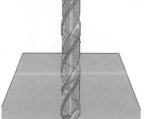
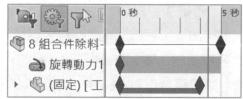

20-9 靜態剖切-鋸床

本節利用除料模擬木頭切割效果：1. 在鋸片加入除料模擬木頭鋸開、2. 木頭加入直線
動力模擬移動，不過無法模擬將木頭切成 2 半的效果，就要活用特徵技術。

Ⓐ 關聯性動態技術

拖曳木頭到鋸片上方→ 🔲，木頭被鋸開，這是組合件除料特徵的特性，下圖左。

20-9-1 減少模擬元素

分別在木頭和鋸片上加入 1. **直線動力** 🔲 和 2. **旋轉動力** 🔩，會造成模擬元素過多，這時
只要加入**齒輪與小齒條** 🔩，該結合為旋轉轉直線運動，接下來只要加入 🔲 或 🔩 即可，能少
一個模擬元素，這樣的思維能讓動作研究更有效率，下圖右。

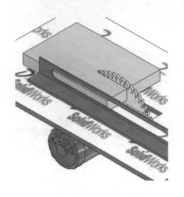
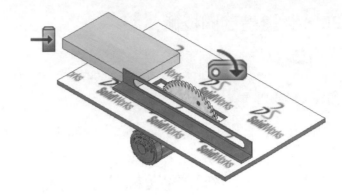

20-9-2 鋸片除木頭

木頭經過鋸片時有鋸切效果，在鋸片上加入◨，早期要同學使用**旋轉除料**◨，這實在是看不開啊。

步驟 1 鋸片草圖

在鋸片上繪製和鋸片一樣大小的草圖，深度 10，該深度和鋸片厚度相同。

步驟 2 ◨，特徵加工範圍

將木頭加入，特徵就不會切除到鋸片，下圖左。

步驟 3 過程驗證：重新計算

當木頭在鋸片上方→◨，依稀可見木頭被鋸切，且剖切外型為圓弧狀。拖曳木頭離開鋸片後，木頭鋸切效果沒出來需要後處理，下圖右。

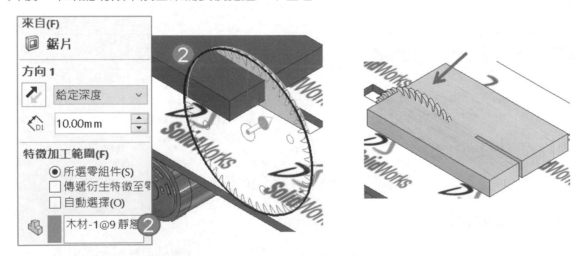

20-9-3 木頭完整剖切

在床台上加入◨，讓木頭離開鋸片後還有鋸切效果。

步驟 1 繪製矩型

在鋸片中間繪製直線，長度 1000，不需要繪製矩形，因為矩形不容易置中。

步驟 2 ◎，特徵加工範圍

方向 1：完全貫穿、薄件特徵：對稱中間面、特徵加工範圍，將木頭加入。

步驟 3 驗證

拖曳木頭經過鋸片和離開鋸片→◕都有被鋸切效果。木頭離開草圖範圍會發現木頭恢復原狀，更能理解特徵加工範圍的意涵。

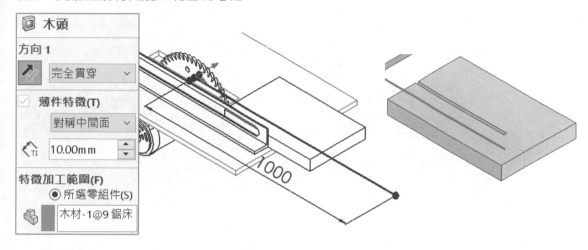

20-9-4 動作研究：鋸片加入動力

1. 在鋸片上加入 200RPM 旋轉動力→2. **播放**可見到鋸片和木頭被鋸切效果。

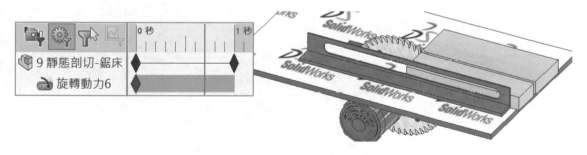

20-10 靜態剖切-捲線

模型由轉軸與捲線構成，利用除料將多餘的捲線切割，除料就是本節魔術。

A 關聯性動態技術

來回拖曳距離立即可見捲線在圓柱上不需◕，因為改變尺寸系統會自動計算。先前鋸床上的木頭要有接觸到幾何才會得到鋸切狀態，拖曳木頭就要◕才看得到結果，如果將木頭改為平行相距控制移動，就可以不必◕，下圖左。

20-10-1 模型關聯技術

在組合件環境中製作同步運動與關聯性技術，特別是組合件進行捲線除料。

A 線軸同步旋轉

將 2 線軸加入齒輪結合，讓軸同步旋轉，來減少模擬元素，下圖右。

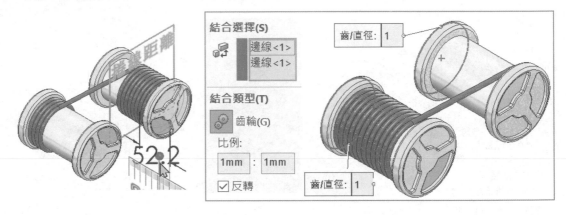

B 捲線移動

捲線零件由掃出構成，將捲線基準面與轉軸模型面加入平行相距，拖曳捲線距離可以見到捲線模擬移動，不過轉軸外會見到多餘捲線。

C 捲線除料

利用組合件除料，完全貫穿-兩者、☑反轉除料邊，把多餘的捲線移除，很神奇對吧。

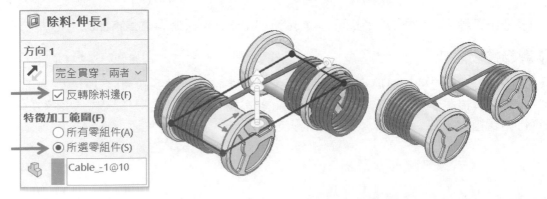

20-10-2 動作研究：旋轉與距離

加入旋轉動力，利用 2 秒鐘將捲線距離改變到 70。

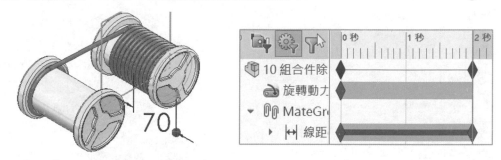

20-10-3 旋轉轉直線運動

利用**齒條與小齒輪**的特性來完成旋轉轉軸→捲線移動。

步驟 1 齒條

點選會直線運動的線段，這裡點選捲線的基準軸。

步驟 2 小齒輪/齒輪

點選為旋轉的模型面，這裡點選捲軸的圓柱面。

步驟 3 小齒輪節圓直徑

此數值控制旋轉帶動捲線的速度，例如：10。

步驟 4 驗證

拖曳轉軸可以見到捲線移動，不過除料作業必須才行。

步驟 5 進一步的技術

試想，如果只要更改平行相距的尺寸，能帶動轉軸並自動進行除料，就更完美了。其實可以的，只要同時存在這 2 個結合條件，下圖右。

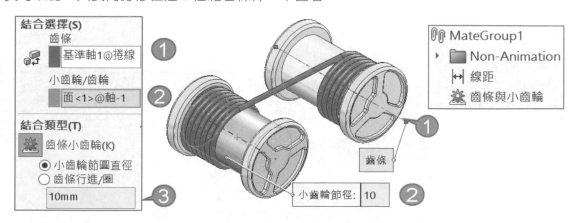

20-11 輔助零件-沖水馬桶

這是日常生活的趣味題，模擬馬桶出水，較難的是水箱水位下降那段，過程中會有時序，有些是同步作業，以生活習慣分 4 階段進行：

1. 把手向下

2. 水箱水位下降

3. 馬桶出水

4. 馬桶蓋蓋上

本節時間故意比較短，降低製作過程的運算時間。

20-11-1 關聯性技術：水箱水

製作水箱水的特徵（也是零件）。

A 輔助零件：水位控制

在水箱上製作控制水位的輔助零件，輔助零件與水箱平行相距。

步驟 1 在水箱上插入新零件🧩

步驟 2 刪除 Inplace✏️

要重新定義該零件位置。

步驟 3 定義輔助零件的位置↤↦

在水箱上面與新零件製作平行相距 20，不讓水看起來很滿的樣子即可。

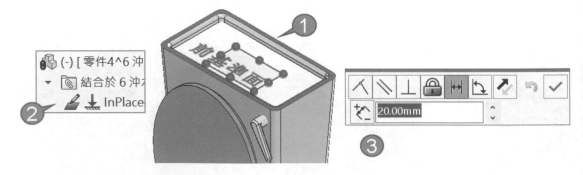

B 製作水箱水特徵

承上節，建立水位特徵，將水箱水由上往下填料。

步驟 1 編輯水箱水零件（編輯零組件）

常遇到直接在組合件繪製草圖會發現無法產生填料特徵，因為目前的草圖為組合件所有，不是在水箱水零件中所有，這時更能體會**編輯零組件**的意涵。

步驟 2 製作水箱水

在前基準面繪製矩形，該矩形不超過水箱外圍→，成形至某一面，拔模角 5 度（因為水箱也有錐度），下圖左。

步驟 3 驗證

更改基準面距離看能不能帶動水位，這尺寸就是給動作研究控制的，下圖右。

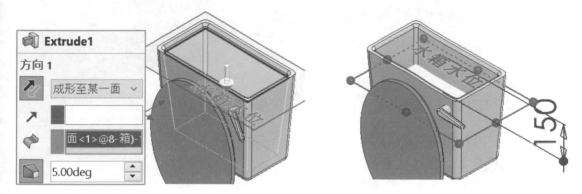

C 思考：組合件的基準面

組合件也可以新增基準面，但動作研究不支援，動作研究僅支援零件產生的基準面，如果組合件基準面有支援，本節就不必產生虛擬零件。

20-11-2 把手向下→水箱水位下降

把手向下，水位同時下降。

步驟 1 放置時間到第 1 秒→拖曳把手向下

步驟 2 水位

改變水箱平行距離 300，讓水位下降。

步驟 3 播放

可以見到把手向下,水位同時向下。

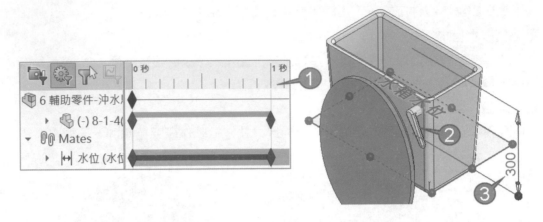

20-11-3 顯示/隱藏水流

水位下降接著顯示水流(出水)狀態,水箱水到底後,隱藏出水。

步驟 1 時間第 0 秒,隱藏水流零件

水流零件預設隱藏,如同把手第 0 秒沒作動,水箱不會水下降。

步驟 2 時間第 1 秒,顯示水流零件

因為把手和水箱水 1 秒完成下降,在過程中會有水流。

步驟 3 放置時間到第 1.25 秒

通常水箱水放完,水流還會短暫出水,所以在 1.25 秒才隱藏水流零件。

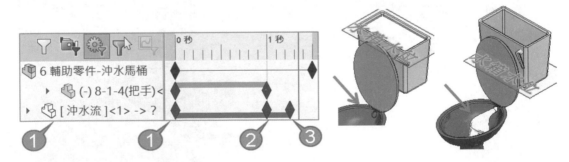

20-11-4 馬桶蓋蓋上

出水結束後,水箱沒有水,這時讓馬桶蓋蓋上,只是結尾的感動。

步驟 1 放置時間到第 1.5 秒

步驟 2 移動畫格到 1.25 秒

步驟 3 拖曳馬桶蓋蓋上

代表 1.25-1.5 秒蓋上馬桶蓋。

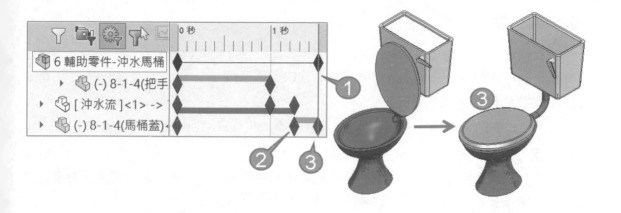

20-12 變數連結之動態註記

機構運動過程讓數值顯示，讓尺寸目視管理。

20-12-1 游標卡尺

這是精度 0.02 刻度式卡尺，卡尺到某位置後，數據跟著顯示。

步驟 1 調閱平行相距參數

快點 2 下平行相距 ↦，顯示平行相距參數。

步驟 2 插入→註記→註解A

步驟 3 註記連結

1. 點選尺寸值→隨意放置，完成變數連結。

步驟 4 註記變化

改變平行相距尺寸看看註記是否有跟著改變。

步驟 5 動作研究

製作 2 秒的游標卡尺行走 60mm。播放看到註記顯示效果，若數字顯示精度太低，可調整每秒畫格數 30。

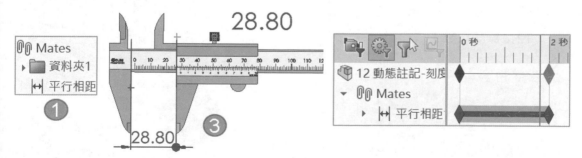

20-12-2 電子游標卡尺

這是精度 0.01 電子游標卡尺，卡尺到某距離，電子視窗會顯示數值，該**參數**會隨電子視窗移動，本節在組合件加入參考尺寸，完成變數連結。

步驟 1 在組合件上加入參考尺寸

1. 尺寸╰→2. 參考尺寸→3. 在游標卡尺上加入╰，該尺寸為**從動尺寸（參考）**。

步驟 2 定位註記尺寸

自行加入**A**後定位註解，避免移動夾尺後，電子視窗不會跟上，所以要使用**有導線註記**。由於箭頭會破壞整體美觀，改變箭頭樣式→無導線。

步驟 3 拖曳游標

拖曳夾尺看出參數動態在螢幕顯示。

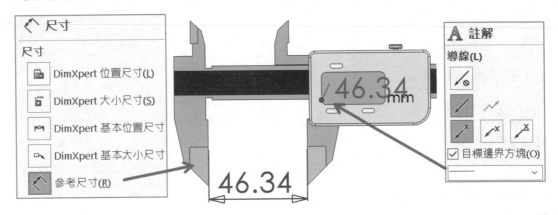

20-12-3 油壓缸組

本節說明油壓體積和壓缸行程動態顯示在螢幕上。

A 製作壓缸行程

利用尺寸將缸頭和活塞標上尺寸，就能目視看出行程動態變化。

步驟 1 隱藏油壓缸管

避免製作困擾，先將缸管零件隱藏。

步驟 2 自行標註尺寸

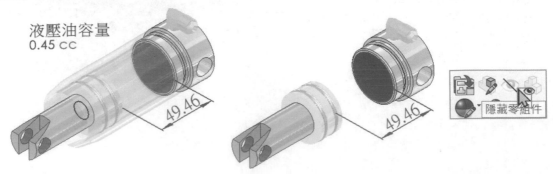

B 製作液壓油零件

在組合件**插入新零件**，命名液壓油，製作液壓油特徵並完成液壓油關聯性。

步驟 1 隱藏鋼管和液壓油

步驟 2 插入新零件

以缸頭平面為草圖開始面，目前為草圖編輯中。

步驟 3 製作液壓油零件草圖

點選活塞外徑邊線→**參考圖元**，草圖圓完成，活塞外徑=缸管內徑，下圖左。

步驟 4 製作液壓油零件特徵

→成形至某一面，選擇活塞平面，這時液壓油和活塞產生關連，下圖右。

步驟 5 查看是否關聯

拖曳缸桿，液壓油會跟著變化。

C 液壓油體積變數

製作液壓油零件體積屬性帶出變數，並複製到組合件中，完成液壓油體積顯示。

步驟 1 製作體積屬性

於液壓油的零件中，進入檔案屬性，將體積變數 CTRL＋C 複製出來。

步驟 2 退出編輯零組件

回到組合件，將**液壓油**體積變數貼在**註記**中，可立即看出體積參數。

步驟 3 製作文字

在變數後方加上 g（公克），並在體積上方加入**液壓油容量**文字，讓人容易判斷。

摘要資訊			
摘要	自訂	模型組態指定	
屬性名稱	類型	值 / 文字表達方式	估計值
1 體積	文字	註記-油壓缸組.SLDASM	161753.63

液壓油容量
18638.34 cc

D 製作動作研究

加入直線動力讓液壓油體積動態顯示在螢幕上。

步驟 1 直線動力→️

由於行程 50mm，在直線動力以距離方式設定，0～5 秒缸管移動 50mm。

步驟 2 播放

看見缸桿移動效果以及液壓油跟著變化。

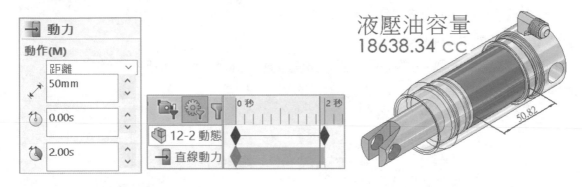

液壓油容量
18638.34 CC

20-13 國旗飄揚

國旗飄揚很難想像如何完成，重點在螺旋運用。

20-13-1 螺旋飄揚

本節分多個單元說明關聯性技術，特別是輔助零件。

A 查看關聯性動態技術

轉動黑色控制棒（故意畫的）讓螺旋線動作→️，可以見到國旗貼著螺旋線成型，呈現飄揚的樣子，試想將轉動的行為給予旋轉動力️就可以達到國旗不斷飄揚的效果。

B 輔助零件：螺旋線

輔助零件為 1 圈的螺旋線，在加上基準軸作為️的參考，下圖右。

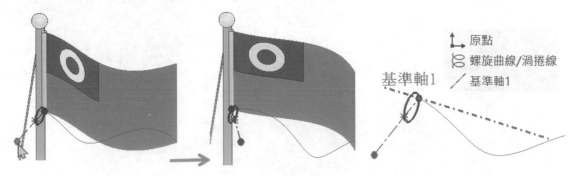

C 國旗面製作手法

本節算是技巧了。

步驟 1 製作國旗草圖

上基準面點選螺旋線➔⬡，產生平面曲線。

步驟 2 刪除限制條件

因為國旗會有變化，所以不能完全定義，下圖左（箭頭所示）。

步驟 3 重新給尺寸

標註總長是為了減少關聯性。

步驟 4 限制條件

在曲線上加入草圖點，該點與螺旋線重合並標上尺寸，標上尺寸為了定型，下圖右。

步驟 5 伸長曲面✏

深度 532=旗面，早期是成形至某一面，後來改為不要關聯性的距離。

D 升旗

在旗桿與國旗之間加入平行相距 950，移動距離為升旗狀態，下圖右。

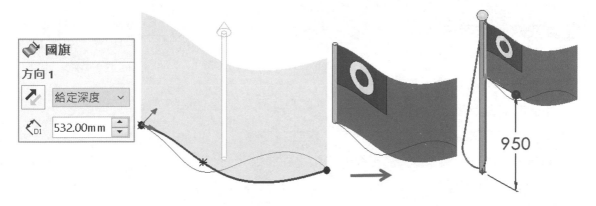

20-13-2 動作研究：旋轉與距離

分別加入旋轉動力與距離。

步驟 1 旋轉動力🖱

基準軸加入旋轉動力讓螺旋線驅動國旗。

步驟 2 距離⊢⊣

更改平行距離讓國旗升起。

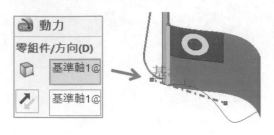
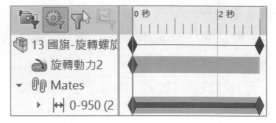

20-13-3 曲線移動飄揚

承上節,本節的國旗參考技術和之前差不多,重點在曲線之間的參考。

A 查看關聯性動態技術

拖曳波浪線→⬛可以見到國旗貼著波浪線成型,呈現飄揚的樣子。試想將移動的行為給予直線**動力**⬛就可以達到國旗不斷飄揚的效果。

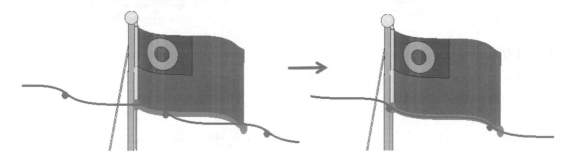

A 波浪線製作手法

本節算是技巧了。

步驟 1 製作一圈螺旋線

該曲線定義長度 780。

步驟 2 製作波浪草圖

前基準面圖點選螺旋線→⬚,產生 1 段平面曲線。

步驟 3 直線複製排列

將 1 段曲線複製 6 段,每段 780。

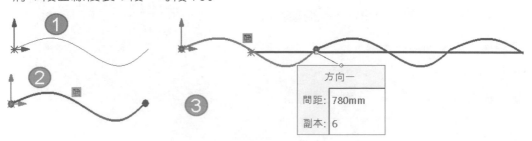

步驟 4 配合不規則曲線 L

先前複製排列後的草圖為一段一段不連續，所以 L 將它們聚合起來。

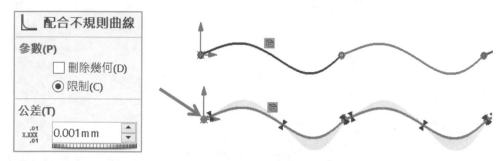

B 國旗製作手法

使用先參後剪的技巧。

步驟 1 製作國旗草圖

草圖中點選長條波浪→◻。

步驟 2 定義長度

拖曳圖元端點為一段，並標 780 尺寸。

步驟 3 伸長曲面

深度 532=旗面，就能看出國旗貼著波浪變化。

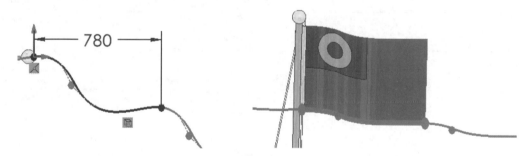

C 動作研究：直線動力

將波浪曲線加入→◻，指令一開始無法想到要點選的參考，因為沒有邊線可以選擇，其實只要點選波浪輔助零件的右基準面作為前進方向，以該面垂直的方向。

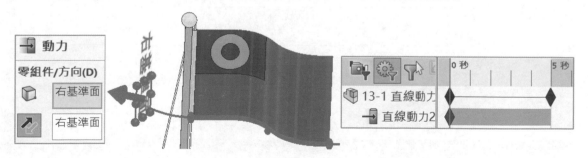

筆記頁

攝影機

攝影機（Camera）📷又稱虛擬攝影機（Virtual Camera），先在模型空間製作**攝影機**📷，再利用動作研究加入📷，滿足視覺效果。

A 人人都會攝影機

攝影機是日常，例如：每個人都會用手機錄影，所以大家多少知道一些專業術語，這些術語與 SW 通用，例如：拉近/拉遠、對焦、特寫、廣角…等。

B 攝影機=VR

攝影機模擬第 1 人稱視角，如同攝影師跳到 SW 裡面拍攝是一樣的，也可以說是 VR，而螢幕前所見的模型屬於第 3 人稱。

C 標準視角→多重攝影機→多重視角

除了**標準視角**還有**攝影機視角**，因為**攝影機**包含視角要素（控制所見範圍），更可以增加多台📷成為多重攝影，多台一起看就是子母畫面或分割畫面同步觀看。

D 融會貫通

要完整學會📷必須針對攝影機每一項目完成動作研究，這樣才能融會貫通。如果只有在模型產生攝影機，查看攝影機視角這樣是不夠的。

E 已完成動力

本章專門講解攝影機，模型具備動力不再說明模型加入動作研究的步驟，直接說明**攝影機**動作研究。

F 攝影機屬於後置作業

通常先完成動作研究才製作攝影機，因為攝影機屬於效果，有時間才製作。

G 常駐方位視窗

雖然有多種方法可以見到攝影機視角，例如：方位工具列必須利用展開切換其中 1 個攝影機視角，要切換另一個視角必須重新把清單展開，下圖左（箭頭所示）。

利用方位視窗可以直覺看到並任意切換攝影機視角，本章建議將方位視窗常駐顯示，學習過程可以更愜意，下圖右。

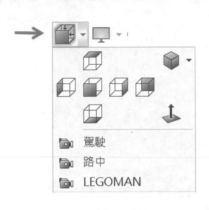
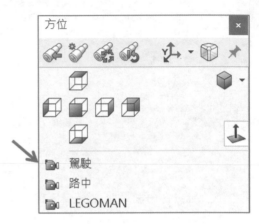

21-0 攝影機位置與介面

本節說明攝影機基礎，快速領略攝影機：1. 加入攝影機的方法➔2. 切換攝影機視角➔3. 查看/編輯**攝影機**，本節攝影機控制要全部看完才能融會貫通。

A 快速鍵或滑鼠手勢

製作攝影機過程會大量切換攝影機與標準視角、顯示/刪除攝影機，我們推薦**快速鍵**或**滑鼠手勢**克服這些常態作業。

21-0-1 攝影機指令位置

光源和攝影機位置相同，都在 2 個地方：1. **顯示管理員（DisplayManager）**●➔**檢視顯示光源及攝影機**，或 2. Motion Manager：**光源、攝影機及全景**資料夾之中。

A 不要在動作研究製作攝影機

建議●製作攝影機，否則在動作研究製作會感覺除了動畫要做，還有要完成，沒有操作層次之外，心中會很有壓力覺得煩。

B 攝影機右鍵內容不同

在 1. **顯示管理員（DisplayManager）**●、2. Motion Manager：**光源、攝影機及全景**上右鍵清單有些細節會不同，功能也分散，萬一找不到你要的功能，完整的內容在●會比較容易學習和找尋。

21-0-2 加入/抑制/刪除攝影機

本節說明加入📹的地方與加入過程，算是小小的先睹為快，開始進入📹的世界，而加入/抑制/刪除也是管理攝影機的作業。

Ａ 加入攝影機📹

1. 顯示管理員●：攝影機圖示上右鍵→加入攝影機📹（A），下圖左。
2. Motion Manager：光源、攝影機及全景🔩右鍵→加入攝影機📹（F），下圖右。

Ｂ 快速鍵（A）

最好用快速鍵加入攝影機，就不必切換到**顯示管理員**●，特別是經常會在特徵管理員作業，就不必來回切換介面。

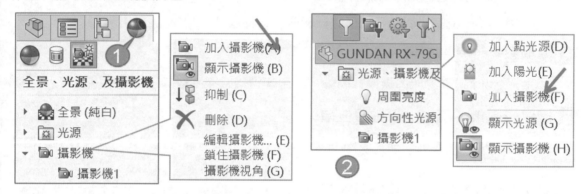

Ｃ 加入攝影機過程：螢幕被分割

加入📹會立即進入攝影機屬性，可見螢幕被分割 3 部份：1. 攝影機屬性管理員、2. 繪圖區域：攝影機與模型位置、3. 攝影機視角，↵完成加入攝影機。

這 3 項很佔畫面，建議 24 吋-27 吋螢幕進行攝影機作業。在攝影機屬性的過程，如果切換到**單一視角**▭，會自動關閉攝影機屬性，由此可知螢幕被分割 2 視角是必須的。

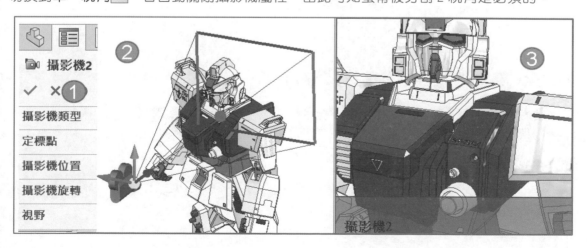

D 完成攝影機

結束攝影機後，系統回到單一視窗並呈現**攝影機視角**。通常會再切回標準視角，這時就可以體會兩個視角-垂直▥，分割 2 個視窗的重要性。

E 刪除攝影機

直接刪除▣即可，如同刪除特徵，不會用右鍵刪除。

F 抑制/恢復抑制攝影機（適用●）

在**顯示管理員**●，▣上右鍵→抑制/恢復抑制↓▤（或右鍵 C），常用在多個攝影機時，只要顯示其中 1 個攝影機，下圖左。

G 動作研究無法記憶攝影機抑制

當多個動作研究時，切換動作研究標籤要自行**抑制/恢復抑制攝影機**。

H 模型組態抑制攝影機

承上節，不想來回抑制/恢復抑制▣，利用模型組態控制▣的呈現，下圖右。

I 排序攝影機（無法上下搬移位置）

攝影機依加入順序由上到下排列，很可惜無法上下搬移▣位置，如果要整理攝影機順序只能重新製作。

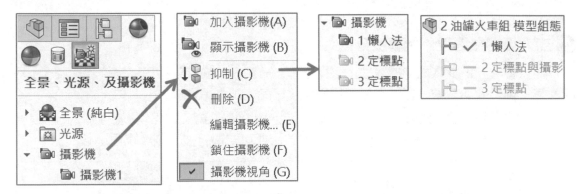

21-0-3 攝影機屬性（攝影機介面）

攝影機屬性有 6 項組成，由上到下分別：1. 攝影機類型、2. 定標點、3. 攝影機位置、4. 攝影機旋轉、5. 視野、6. 範圍深度（適用 PV360）。

A 攝影機組成與製作 3 大順序

A. 定標點、B. 攝影機位置、C. 視野。攝影機製作順序 B→A→C，這順序也是習慣，希望未來介面能上下調整。

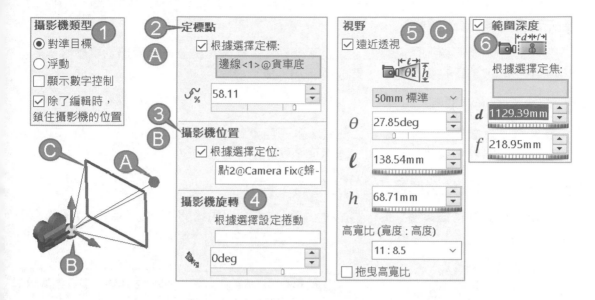

21-0-4 編輯攝影機/攝影機屬性

這 2 者都可以回到攝影機介面,很可惜名詞沒統一,應該統稱**編輯攝影機**會比較一致,**編輯攝影機**有 3 種方式,很可惜這部分無法設定快速鍵。

Ⓐ 顯示管理員⬤

1. 快點 2 下攝影機圖示📷(最常用)、2. 攝影機右鍵→編輯攝影機(E),或右鍵 E。

Ⓑ Motion Manager

快點 2 下攝影機圖示,或在攝影機圖示上右鍵→屬性。

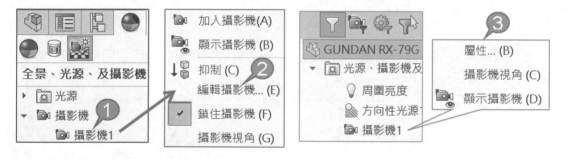

Ⓒ 攝影機視角

在繪圖區域攝影機視角右鍵→**攝影機屬性**(S),通常會留意右鍵 S 或 T,適用進階者。就不必回到**顯示管理員**⬤或 Motion Manager,可以節省很多時間,下圖左。

21-0-5 編輯攝影機的手法

攝影機會很頻繁回到**攝影機屬性**,會佔用很多時間也會覺得煩,特別是不斷來回修改看結果的時候,本節說明多種編輯📷手法。

A 先加入→再修改屬性

建議先加入攝影機，什麼都還不要設定→↵，完成攝影機後再**編輯攝影機屬性**，就不會發生不小心取消正在編輯的 📷，造成重新**加入攝影機**📷。

B 復原（Ctrl+Z）↩

看起來不怎麼樣的功能卻是一大救星，就不用重新點回來，📷製作過程經常不小心點錯，尤其是**定標點**或**攝影機位置**，下圖右。

C 移動攝影機屬性管理員（適用進階者）📋

將**攝影機屬性管理員**移到另一個螢幕，可以更愜意與迅速調整設定，這是 SW 操作套用到 📷 來應用。

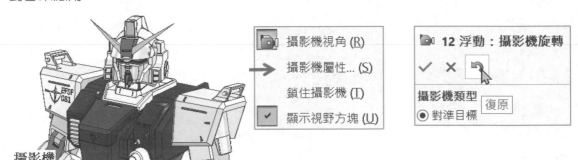

21-0-6 顯示/關閉攝影機視角

📷就是視角的一種，對初學者來說，加入 📷 後會呈現攝影機視角（畫面），一開始不知所措（感覺很多事情被限制住），有多種方式**顯示/關閉攝影機視角**。

A 方位視窗（快速鍵：空白）

攝影機視角會納入方位視窗一同管理，方便直覺且好用。在視窗中切換 1. **等角視**、2. **攝影機**📷，下圖左。

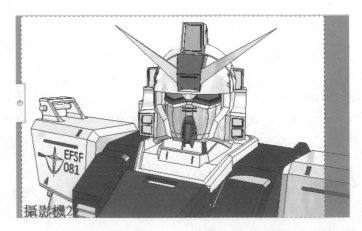

B 攝影機視角右鍵清單

在攝影機視角右鍵→攝影機視角。要有這清單，左邊的攝影機屬性要關閉，下圖左。

C 顯示管理員

攝影機右鍵→攝影機視角，下圖中。

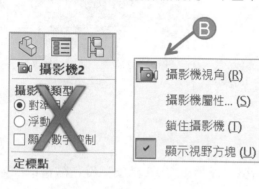
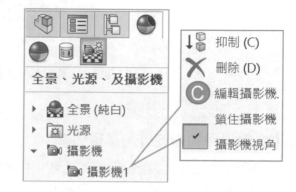

D 檢視→顯示→攝影機視角

有多個攝影機時，會出現選擇攝影機視窗，切換顯示攝影機視角，下圖左。

E 進階者：快速鍵或滑鼠手勢

攝影機視角使用率相當頻繁，可以設定**快速鍵**或**滑鼠手勢**（強烈建議），來回切換**標準視角**，下圖右。

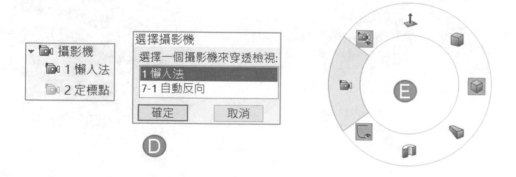

21-0-7 分割視窗/窗格同步比對

將繪圖區域以兩個視角-垂直，分割 2 個視窗，例如：左邊**標準視角**、右邊**攝影機視角**，同時呈現有比對效果，現今都是 24 或 27 吋寬螢幕，使用就不會顯得擁擠。

A 左邊=等角視、右邊=攝影機視角

利用**方位視窗**點選左邊窗格→，點選右邊窗格→。繪圖區域左下角顯示攝影機名稱，這是最快判斷窗格呈現哪種視角。

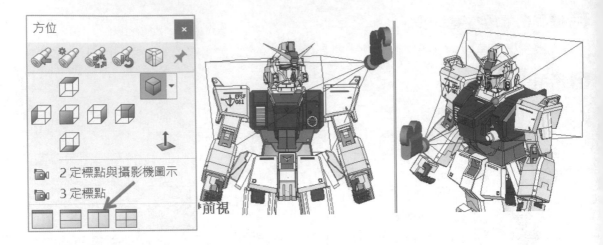

前視

B 攝影機視角🎥或等角呈現範圍

攝影機視角包含特徵管理員（也可以說是在特徵管理員後方），必須摺疊特徵管理員，否則視角會被特徵管理員蓋住，下圖左。

C 從攝影機檢視模型

可以從攝影機視角利用滑鼠檢視模型，例如：拉近/拉遠、旋轉、移動...等，檢視的過程游標旁會出現攝影機圖示🎥，提示這是**攝影機視角**，下圖右。

D 分割特徵管理員的窗格

將特徵管理員上下分割，上**顯示管理員**🔵、下**特徵管理員**🔵，可同時比對設定提高🎥製作效率，下圖右。

E 如果可以移動管理員

很可惜，目前僅支援**屬性管理員**📋可以移動到另一視窗，如果每個管理員都可以移動就好了，試想如果動作研究介面也可以移開會更好。

F 模型組態工具

承上節的期望靠未來版本解決,剩下就靠功力,例如:利用模型組態工具,就不要切換模型組的管理員了。

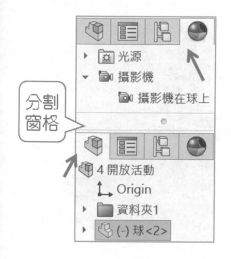

21-0-8 繪圖區域顯示/關閉攝影機

在繪圖區域可以清楚看見攝影機圖示與模型相對位置,旋轉模型攝影機會盯住模型,類似人中箭走動。

A 多種方式顯示/關閉攝影機

1. 攝影機圖示上右鍵→**顯示攝影機** (或右鍵 B)、2. Motion Manager 的**光源、攝影機及全景**右鍵→**顯示攝影機** (或右鍵 D)、3. 快速鍵或滑鼠手勢。

B 檢視→攝影機

由指令控制顯示,還要確認**檢視**是否開啟,這是很多人問為何繪圖區域看不見,下圖右。不過後來的版本在任何地方執行**顯示攝影機**,都會看得到攝影機,其實這樣不太好,違背**檢視**的核心用意。

C 攝影機視角看不見攝影機

各位是否有發現**攝影機視角**看不見**虛擬攝影機**,因為等角視=第三人稱,而攝影機視角=第一人稱,就好像自己看不見自己是一樣的。

D 保留攝影機屬性

進階者會製作 2 個以上攝影機,分別保留攝影機屬性,由於蠻佔畫面且容易影響視覺,所以經常**顯示/隱藏攝影機**。

E 顯示/抑制攝影機

當有多個攝影機，進行顯示/隱藏🔲會全部顯示/隱藏，由攝影機圖示也看不出是否顯示/隱藏，如果要顯示其中一個攝影機，只能抑制來控制。

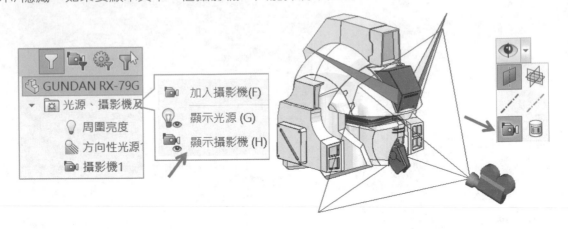

21-0-9 攝影機視角右鍵控制...

攝影機視角右鍵有一些項目可以控制，他與攝影機屬性關聯，初學者不習慣甚至會搞混。本節完整說明每項控制，未來在**攝影機屬性**對應講解，比較能連結。

A 攝影機視角

關閉攝影機視角，回到標準視角。但是**標準視角**無法右鍵**攝影機視角**。對進階者攝影機視角可以設定快速鍵或滑鼠手勢來回切換**標準視角**。

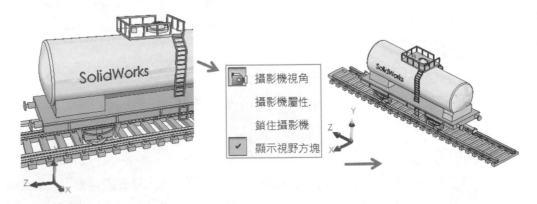

B 攝影機屬性

回到攝影機屬性，是目前最快進入攝影機屬性的方法，由於無法製作**編輯攝影機屬性**的快速鍵，並且製作動作研究通常會把特徵管理員關閉。

C 鎖住攝影機

是否鎖住攝影機視角，就無法檢視。本節設定與攝影機屬性的**除了編輯時，鎖住攝影機**的位置。

D 顯示視野方塊

在攝影機視角中，是否顯示攝影機前面的方框內的範圍，以虛線呈現，類似攝影機的景窗，有了視野方塊不容易失真，比較不會發生視野被裁剪到。

火車移動之定標點　　　　火車移動之定標點

21-0-10 攝影機製作技巧

由於攝影機內容繁多初學者難上手，本節將同學常遇到問題整理，協助快速上手不再對📷感到無助，本節說明新增攝影機，進入攝影機屬性。

A 製作前腦海 3 大想法

1. 攝影機位置（到哪拍）→ 2. 定標點（要拍什麼）、3. 視野（拉近拉遠景物）。

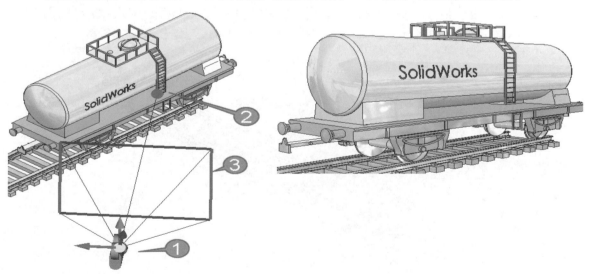

B 兩個視角-垂直▥（比對）

視窗分割左邊等角◈、右邊攝影機視角▣，方便對照。

C 想法 1：攝影機位置（定位）

拖曳原點或座標箭頭可移動攝影機位置。攝影機位置最重要，才會有定標點，但是介面由上到下為：定標點→攝影機位置，這時就要來回點選。

D 想法 2：定標點（拍攝物）

定標點是追蹤所見位置，攝影機作業幾乎完成。攝影機鏡頭前方投影紅色點，拖曳該點可快速搬移定標點位置，通常將定義模型上，例如：定標在板車上的邊線。

E 想法 3：視野（細節）

控制攝影機所見範圍，拖曳視野方塊會比改變參數來得直覺和簡單。

F 以攝影機位置命名（多重攝影機）

通常不只製作 1 個**攝影機**視角，會製作多個▣方便切換不同視角，改變▣名稱好識別，例如：平視或鐵軌。

否則預設的攝影機 1、攝影機 2 會不知哪種視角，到時會切來切去查看。如果無法在**顯示管理員**◉改攝影機名稱，到 Motion Manager 改即可，這是 BUG。

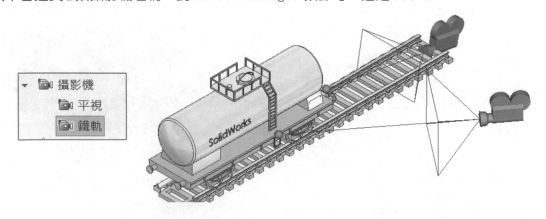

21-0-11 先睹為快：攝影機製作

本節完成常態作業，先體會攝影機作業環境，最後產生攝影機視角的動作研究。一路製作下來學會細膩操作，這些都是攝影機要訣，更加深動作研究的精神。

Ａ 零件的攝影機

剛開始練習建議在零件製作📷，可以降低製作壓力，因為組合件資訊過於豐富。

Ｂ 常態作業

以最短時間完成攝影機常用的項目，並孰悉這些作業。

步驟 1 加入攝影機📷與完成📷

在攝影機圖示上右鍵加入攝影機📷，進入攝影機介面後→↵，先完成攝影機。

步驟 2 兩個視角-垂直▭▭

點選左邊窗格→🔲，點選右邊窗格→📷。

步驟 3 編輯攝影機

快點 2 下📷圖示，回到攝影機屬性。

Ｃ 懶人法：移動攝影機視角（出淺到細膩）

在攝影機屬性中，游標在右方攝影機視角移動/轉動想要的畫面👆，下圖右。要更細膩了話，在左方的標準視角中 1. 調整一下視野方塊，甚至 2. 拖曳攝影機座標來調整位置。

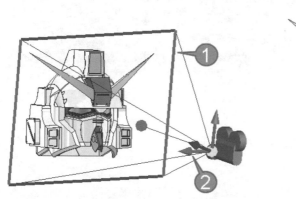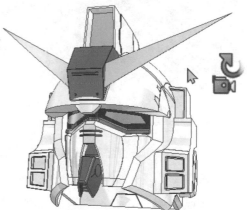

Ｄ 動作研究：產生攝影機視角的動畫

攝影機視角製作會比標準視角還要難一些，本節重點：1. 視角關鍵畫格的重放、2. 放置時間的議題，目前攝影機屬性開啟中。

步驟 1 點選動作研究標籤，停用視角關鍵畫格的重放

本節要製作**全程**以攝影機視角查看動畫，所以要停用**視角關鍵畫格的重放**，目前無法設定對吧，因為攝影機屬性使用中，此步驟 1 和步驟 2 一起講解。

步驟 2 放置時間到第 2 秒

目前無法放置時間對吧，先關閉攝影機屬性來放置時間。以後進入攝影機屬性之前要先放置時間，否則 1. 關閉屬性→2. 放置時間→3. 回到屬性，希望未來可以彈性作業。

步驟 3 攝影機屬性，移動攝影機位置

快點 2 下攝影機圖示，進入攝影機屬性，拖曳攝影機座標，讓攝影機有動作→↵（關閉攝影機屬性）。

步驟 4 播放

這時會繪圖區域會自動到攝影機視角，攝影機視角時間列變為◆━━━◆，播放可以見到攝影機視角。

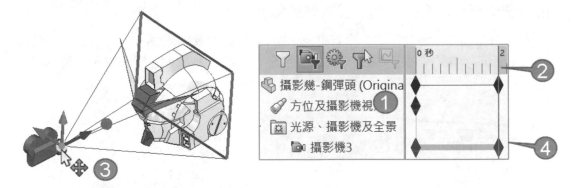

步驟 5 兩個視角-垂直▥

點選左邊→▤，點選右邊→▣，讓播放更具專業度。

步驟 6 過濾驅動✿

可以快速讓視覺整潔，大家對這功能都很滿意，變成很習慣會來點選他。

步驟 7 課後討論：無法在第 1 次產生攝影機，同時進行動作研究

要先產生攝影機之後➜才可以進行動作研究，大郎一開始也不知道是這原因，後來深入測試才突破，和大家分享。

E 動作研究：不在攝影機屬性調整視角

模型已經加入■，沒有在攝影機屬性的情況下，也可以在攝影機視角中使用懶人法完成視角，更能體會攝影機視角沒有在動作研究中，因為沒攝影機屬性帶出參數。

21-0-12 標準視角與攝影機視角轉換

一樣都是視角，攝影機視角比較不容易理解，本節先完成標準視角動畫➜再完成攝影機視角，更能理解視角的意涵，未來遇到視角動畫的轉變就不覺得有難度的了。

本節分別完成 0-2 秒：標準視角製作、2-4 秒：攝影機視角製作。

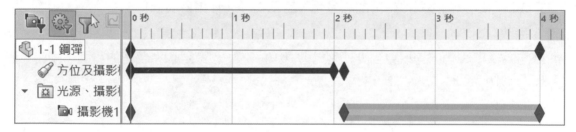

A 0-2 秒：標準視角製作

建立方位（標準視角）動畫。

步驟 1 停用視角關鍵畫格的重放/產生

因為要製作視角的動畫，所以不能停用。

步驟 2 標準視角動畫（等角視➜前視）

目前為等角視，放置時間 2 秒，製作前視，完成後有時間線產生。

步驟 3 播放

可以見到視角轉換。

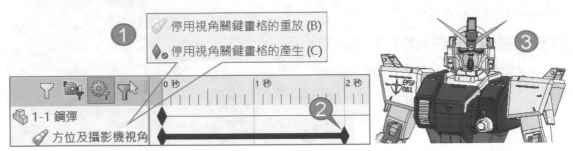

B 2-4 秒：攝影機視角前置作業

攝影機視角感覺很簡單，不過有很多細節要留意，本節先完成攝影機的前置作業。

步驟 1 先產生攝影機視角

因為無法第一次產生攝影機時製作動畫。

步驟 2 顯示攝影機

看見設定攝影機的變化。

步驟 3 放置時間到第 4 秒

讓攝影機視角到第 4 秒。

步驟 4 編輯攝影機→調整視野

完成後可以見到攝影機有時間線產生，目前為 0-4 秒攝影機視角。

步驟 5 播放

目前為標準視角，可以見到 0-2 秒標準視角、2-4 秒還是標準視角的畫面，同時見到攝影機有動作。

C 攝影機視角調整

攝影機視角製作後才知道還有一些細節要設定，仔細看第 4 秒為攝影機視角，如何完成 2-4 秒為攝影機視角。

步驟 1 移動攝影機第 0 秒畫格到第 2.1 秒

步驟 2 放置時間到第 2.1 秒

因為第 2 秒無法同時為標準和攝影機視角，所以用 2.1 秒避開。

步驟 3 切換到攝影機視角

可以見到攝影機時間線被轉換。

步驟 4 播放

可以見到 0-2 秒=標準視角，2.1-4 秒=攝影機視角。

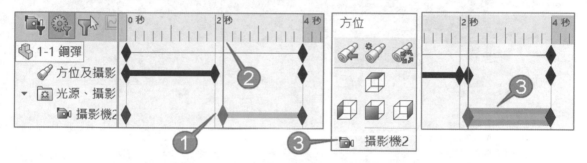

D 攝影機視角不成功的解決方案

攝影機視角的轉換經常不成功，特別是用方位視窗來控制視角時，下圖左。這時就要回歸到原理了，由於這是動作研究，在動作研究執行視角切換就能解決。

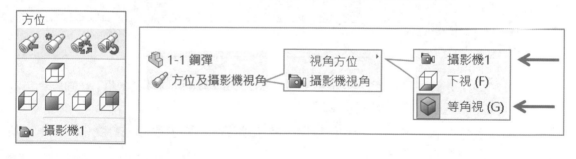

E 兩個視角-垂直

點選左邊→，點選右邊→，就不必這麼麻煩製作，不過單 1 視角會更能突顯專業性，也會讓人驚嘆你怎麼做出來的。

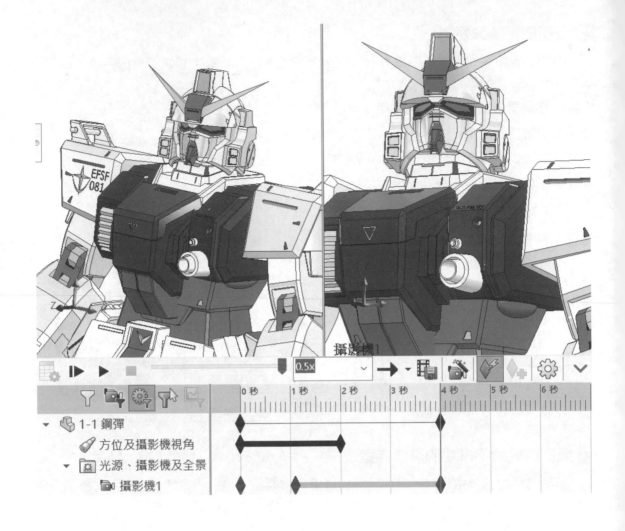

21-1 攝影機類型

攝影機類型是介面的第一個設定,會影響下方 1. **定標點**和 2. **攝影機**...介面變化,本節的調整一開始感覺交叉選項多元且繁雜。

攝影機類型分 2 大主選項、三大副選項,主選項不同,副選項會一些變化,接下來幫助同學快速領略攝影機屬性。

<table>
<tr><td>

攝影機類型
- ◉ 對準目標
- ◯ 浮動
- ☑ 顯示數字控制
- ☑ 除了編輯時,鎖住攝影機的位置

</td><td>

主選項 {
副選項 {

</td><td>

攝影機類型
- ◯ 對準目標
- ◉ 浮動
- ☑ 顯示數字控制
- ☑ 對正三度空間參考與攝影機
- ☑ 除了編輯時,鎖住攝影機的位置

</td></tr>
</table>

A 攝影機類型：對準目標

　　1. 定標點和 2. 攝影機位置，下圖左。

B 攝影機類型：浮動

　　只有攝影機位置，最大差別沒有**定標點**，下圖中。

C 共同

　　無論攝影機類型為何都有**視野**，且為最下方顯示，下圖右。

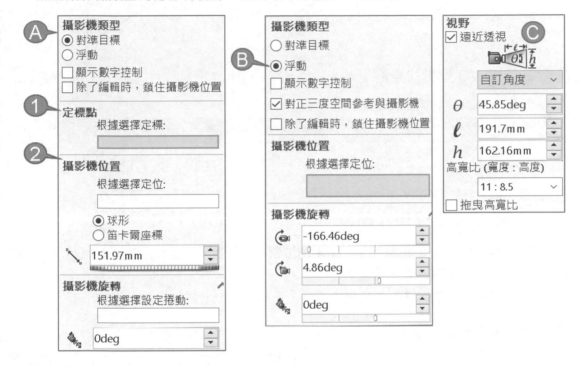

21-1-1 對準目標（Aimed at target）

　　以紅色**定標點**取得視角，鏡頭 Z 軸出現直線的**定標點**（**該點以紅色顯示**）。拖曳**定標**
點控制鏡頭擺動和定標點位置（攝影機位置固定不動）。

　　由分割畫面右方的攝影機視角，更能看出拖曳**定標點來對準目標**的意涵。

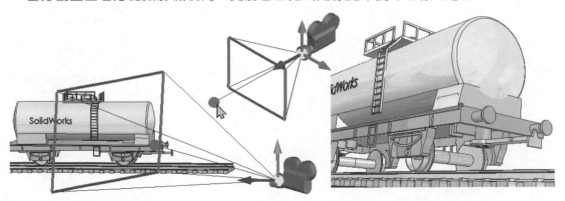

21-1-2 浮動（Floating）

以攝影機位置取得視角，這時看不見定標點，操作比較隨性。

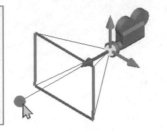
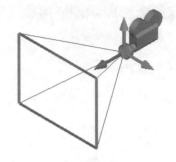

攝影機類型
- ○ 對準目標
- ● 浮動
- ☑ 顯示數字控制
- ☑ 對正三度空間參考與攝影機
- ☑ 除了編輯時，鎖住攝影機的位置

A 對準目標 VS 浮動的控制

下表說明攝影機和定標點的差異。

攝影機類型	攝影機位置	定標點
對準目標	可以控制	可以控制
浮動	可以控制	無

21-1-3 顯示數字控制（Show numeric control）

是否以**數字**來定義 1. **定標點**、2. **攝影機位置**，無論**對準目標**和**浮動**都可以顯示數字控制，本節會與 3. **根據選擇定標**搭配。

剛開始學習會忘記可以用這功能來調整，多半用拖曳方式來微調，相當辛苦。

A ☑顯示數字控制

以絕對座標（X、Y、Z）指定**定標點**或**攝影機位置**，經常設定 X0、Y0、Z100，讓**定標點**或**攝影機**為標準位置。

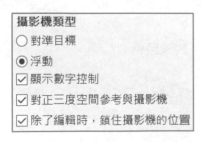
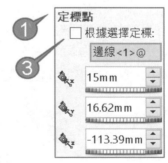

攝影機類型
- ○ 對準目標
- ● 浮動
- ☑ 顯示數字控制
- ☑ 對正三度空間參考與攝影機
- ☑ 除了編輯時，鎖住攝影機的位置

定標點
☐ 根據選擇定標：
邊線<1>@
15mm
16.62mm
-113.39mm

攝影機位置
☐ 根據選擇定位：
點2@Camera
● 笛卡爾座標
127.37mm
26.28mm
-25.47mm

B □顯示數字控制

根據選擇定位或人工拖曳控制定標點或攝影機位置，下圖右。

C 根據選擇定標，不顯示數字控制

無論**顯示數字控制**是否開啟，只要☑**根據選擇定標**，都不會顯示數字控制，因為已經指定圖元定標，數字控制會變得無意義與相衝。

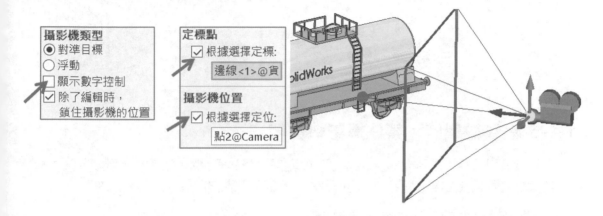

21-1-4 對正三度空間參考與攝影機（適用浮動，旋轉攝影機）

對正三度空間參考與攝影機（Align triad with camera）。攝影機 XYZ 軸向是否對正模型空間的**使用者座標**（UCS）或**世界座標**（WCS）。

A ☑**對正三度空間參考與攝影機（使用者座標，UCS）**

攝影機位置以**定標點**為 Z 軸，其餘以右手定則定義座標位置。

B □**對正三度空間參考與攝影機（世界座標，WCS）**

攝影機位置與左下角的世界座標(WCS)相同，比較容易調整位置。

C 攝影機旋轉

要達到本節效果必須將攝影機偏離設定 180、0、0，下圖右。

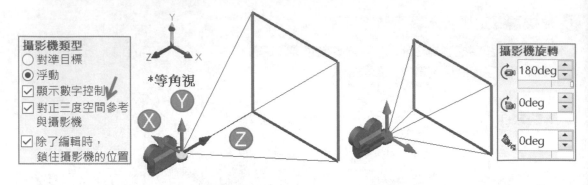

21-1-5 除了編輯時，鎖住攝影機位置

在攝影機視角中，是否允許檢視模型來改變攝影機視角=懶人法。本節應該為**鎖住攝影機**（與攝影機視角上右鍵同名）。本節重點：是否在攝影機屬性中（編輯狀態）。

A ☑鎖住攝影機（預設，適用初學者）

停用**檢視**指令，鎖住攝影機畫面，來保護攝影機設定。拖曳過程顯示 🖱️，避免不正確的移動攝影機位置和定標點，除非進入攝影機屬性才可以將屬性調整回來。

B □鎖住攝影機（所見及所得）

於攝影機視角以所見及所得取得攝影機畫面，也可以在攝影機視角右鍵→鎖住攝影機。

C 鎖住攝影機 VS 除了編輯時，鎖住攝影機位置

本節不容易理解，建議以攝影機視角右鍵→鎖住攝影機學習即可。

D 重要觀念：攝影機屬性會破壞攝影機視角

不論設定為何，只要在攝影機屬性進行檢視作業都會破壞**攝影機位置**或定標點的☑**根據選擇定位**，由於很多人搞混，接下來課題會特別對照。

E 兩全其美：2 個視角

本節有個缺點，經常忘記目前為攝影機視角，模型檢視就會破壞攝影機設定，這也就是為何我們要 2 個視窗，右邊窗格為攝影機視角，只要檢視模型就會在左邊窗格查看。

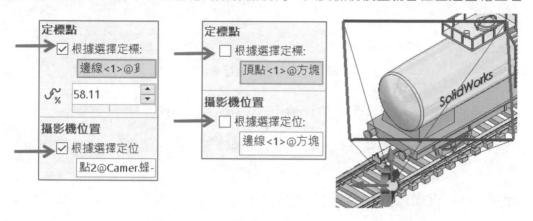

21-2 定標點（Target Point，適用對準目標）

定標點又稱目標點，在 🎥 前方顯示紅色點，拖曳紅點可快速（萬象）搬移**定標點**位置，剛開始類似手拿攝影機找尋拍攝目標，目標找到後定焦或追焦。

A 萬事起頭難

本節是 🎥 中最難理解的，也是第 1 個與攝影機視角有關的欄位。換句話說，如果這欄位為**攝影機位置**，大郎就會說本節是攝影機中最難的。

好消息是：本節會了攝影機就會了，因為他們的設定和觀念全部一樣。

B 啟用定標點

攝影機類型為**對準目標**，才會有**定標點**選項，且鏡頭前方有定標點，下圖左，而浮動沒有，下圖右。

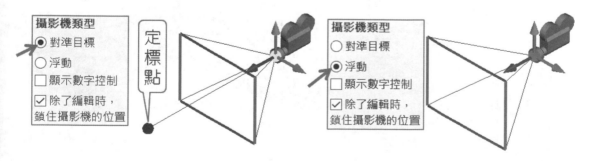

C 定標點與攝影機位置，動與不動功能對照

本節說明和動作研究的效果有很大的關係。

	A 效果	B 效果	C 效果
1. 定標點	定標點不動	定標點不動	定標點動
2. 攝影機位置	攝影機位置不動	攝影機位置動	攝影機位置動
3. 視角	類似縮時攝影	拍攝靜態物體	邊走邊拍

21-2-1 ☑根據選擇定標（Target by selection）

點選點、線、面，讓系統自動定標，支援草圖圖元、模型上的幾何來定義**攝影機**拍攝的目標，也可以讓目標有移動的範圍。

A 動作研究：火車移動之定標點

本節完整介紹攝影機製作（位置→定標→視野），由攝影機視角查看火車移動，火車移動過程攝影機盯著車板中間，目視火車離開。

步驟 0 思考：是否要停用視角關鍵畫格的重放/產生

步驟 1 攝影機類型：對準目標

步驟 2 攝影機位置：☑根據選擇定位

定義攝影機位置在蜜蜂上方，讓攝影機快速定位。

步驟 3 定標點：☑根據選擇定標

點選板車邊線，攝影機視野會轉向火車。

步驟 4 視野

調整視野能見到油桶上的 SolidWorks→↵，結束攝影機。

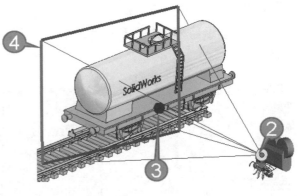

步驟 5 產生新動作研究

放置時間到第 2 秒，拖曳火車由右到左移動。這是機構運動，攝影機沒動。

步驟 6 播放

見到📷位置不動，鏡頭擺動。動作研究為火車移動，而非攝影機視角（箭頭所示）。

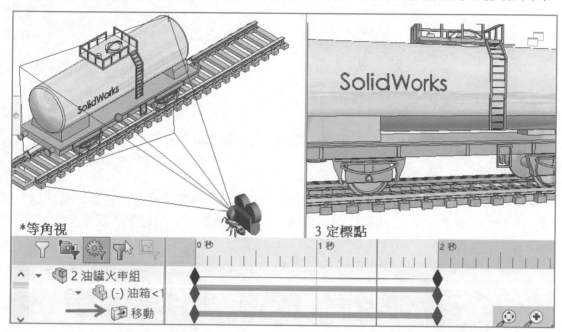

21-2-2 沿邊線/直線/曲線的百分比距離（適用對準目標）

承上節，將**定標點**指定範圍移動，類似有範圍的追焦（拍攝機車過彎）。選擇直線或曲線時，指定 0～100％距離值，1. 可移動滑動桿、2. 輸入數值、3. 拖曳定標點（很少人想到可以這樣）、4. 點選增量方塊（微調）。

A 點

目標在點上，無法拖曳改變位置，因為點是固定的，下圖左。有時我們會選線，將距離設定為 0 或 100%，讓點位置有彈性變化，就不須重新將點改為線。

B 直線或曲線

目標會在線上滑動，利用**沿邊線的百分比距離**訂出量化參數，例如：想要在中間就設定 50%，最旁邊 0 或 100%，下圖右。

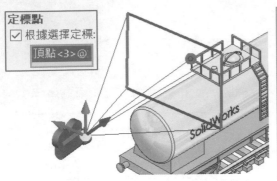
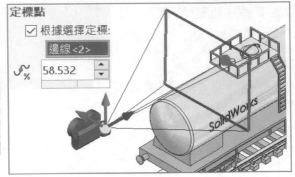

C 面

目標點在面上滑動，可以拖曳改變位置，但無法量化參數控制，下圖左。

D 直接或不小心更新定標點

編輯攝影機的過程點選到模型，會自動更新**定標點**，這部分常造成困擾。有 2 種方式克服：1. 上一步→上一步、2. ☐根據選擇定標（不過點選圖元又會自動☑根據選擇定標），下圖右。

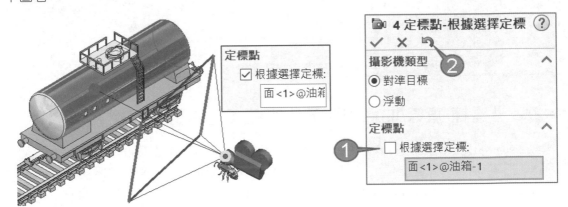

E 動作研究：移動之定標點百分比距離

火車不動，將定標點百分比距離 0-100%加入動作研究。

步驟 1 定標點：☑根據選擇定標

將定標點定義在板車邊線，百分比設定 0。

步驟 2 放置時間到第 2 秒

步驟 3 編輯攝影機，百分比設定 100

步驟 4 播放

攝影機沿著板車範圍移動，並見到攝影機視角。

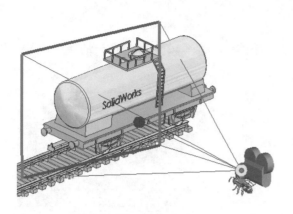

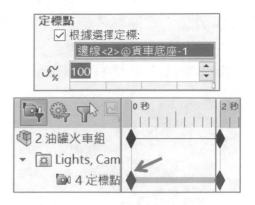

21-2-3 □根據選擇定標

目標以浮動呈現，將目標點定義在空間某個位置。

A 攝影機類型：☑顯示數字控制

以攝影機為基準，用 XYZ 空間精確定義目標位置，此項非必要選項。

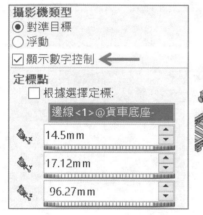

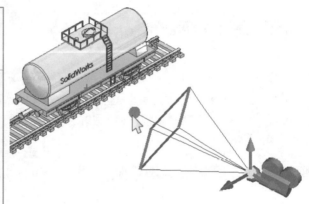

B 動作研究：拖曳定標點

物體和攝影機位置不動，由左到右拖曳定標點，類似手拿攝影機拍攝運鏡的感覺。

步驟 1 產生新動作研究，放置時間到第 2 秒

步驟 2 攝影機位置：自行定義

步驟 3 定標點：□根據選擇定標

拖曳定標點，由左到右拍攝油桶上的 SolidWorks，確認攝影機視角。

步驟 4 播放

攝影機擺動看火車，並見到這是攝影機視角的動作研究（箭頭所示）。

C 動作研究：定標點 Z 軸參數

承上節，更改定標點 Z 軸參數，由左到右精確轉動📷，類似📷在雲台拍攝的感覺，更能理解📷參數也可以納入動作研究。

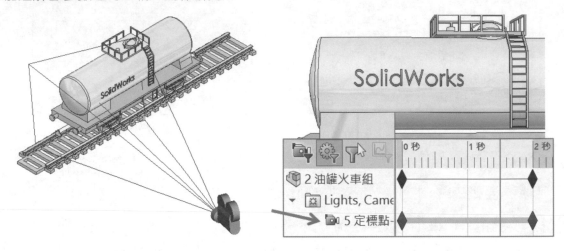

21-3 攝影機位置（Position）

利用 1. 草圖圖元、2. 模型上的幾何或 3. 模型空間來定義攝影機位置，更能表達動畫張力與運鏡技術，攝影機位置是📷第一個定義的地方。

A 攝影機類型與攝影機選項對照

攝影機類型：1. 對準目標或 2. 浮動，都有攝影機位置欄位，但攝影機位置選項不同也不好理解，所以本節篇幅很大，本節因講解需要將 3. ☑顯示數字控制。

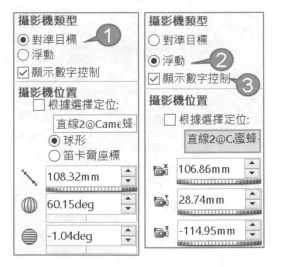

21-3-1 根據選擇定位（Distance from target）

是否利用模型或草圖圖元讓攝影機放置，本節說明與定標點的**根據選擇定位**相同，不贅述。

A ☑根據選擇定位

　　將📷擺在移動物體上，讓📷跟著物體移動，就不必進出**攝影機屬性**，例如：拖曳蜜蜂就能調整攝影機位置。攝影機不會有座標系統，因為📷被限制在幾何上，下圖右（箭頭所示）。

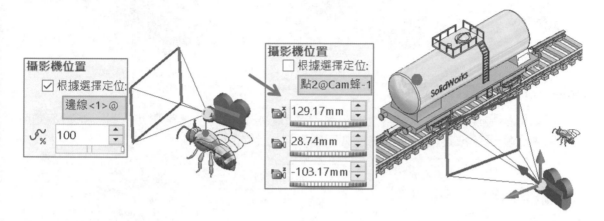

B ☐根據選擇定位

　　以**鏡頭**為基準並出現空間座標，可以進行細膩位置作業。拖曳📷前方 1. 黃色點可萬向移動，2. 拖曳 X、Y、Z 僅該軸移動，很多人沒想到空間座標可以被控制，下圖左。

C 攝影機圖示組成

　　圖示有 3 大組成對未來說明有幫助：1. 本體、2. 鏡頭、3. 底片箱，下圖右。

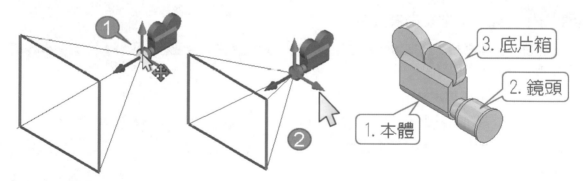

D 自動反向

　　定標點與**攝影機位置**參考同一地方，例如：同一邊線，當📷超過定標點時，攝影機位置會自動反向。

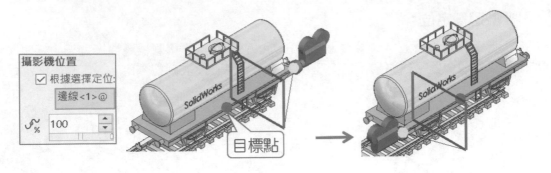

E 自動□根據選擇定位

在攝影機視角中旋轉或拉近拉遠，會自動□根據選擇定位，常讓初學者一開始不知所措。只要☑根據選擇定位，攝影機就會回到當初指定的位置上。

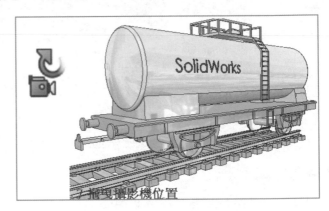

F 動作研究：拖曳攝影機位置

物體不動攝影機動。把🎥定義在蜜蜂上方，定標點在火車並移動蜜蜂，類似手拿🎥走動拍攝的感覺。

步驟 1 攝影機位置與定標點

攝影機位置在蜜蜂上，定標點在油桶，視野涵蓋火車→↵（關閉攝影機）。

步驟 2 放置時間到第 2 秒→移動蜜蜂

步驟 3 播放

可以見到攝影機移動並拍攝火車，由於定標點的關係，蜜蜂為弧形移動。動作研究為蜜蜂移動，而非攝影機視角（箭頭所示）。

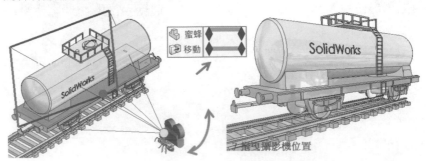

21-3-2 沿邊線/直線/曲線的百分比距離✎%

　　為攝影機位置選擇直線或曲線時，輸入 0～100%區間指定距離，本節說明和**定標點**相同，不贅述。

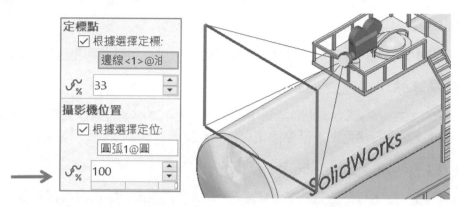

A **動作研究：攝影機位置百分比**

　　物體不動攝影機動，將攝影機位置在草圖圓上，以百分比 0-100 繞圓一圈。

步驟 1 攝影機位置

　　定義攝影機位置在草圖圓上方，將百分比設定 0，也是動作研究第 0 秒的位置。

步驟 2 定標點在火車→↵

　　定標點在油桶，結束攝影機。

步驟 3 產生新動作研究，放置時間到第 2 秒

步驟 4 編輯攝影機

　　設攝影機位置到百分比 100→↵，完成攝影機後，見到攝影機視角的時間線被產生。

步驟 5 播放

　　攝影機繞圓移動，定標點在火車，動作研究為攝影機移動算視角（箭頭所示）。

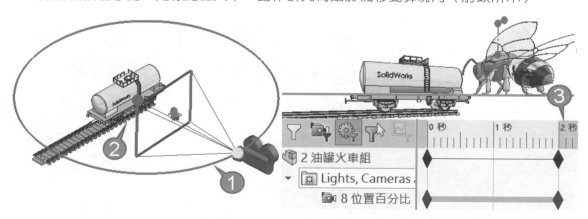

21-3-3 球形（Spherical，適用對準目標、☑顯示數字控制）

以球座標的球心半徑以及經、緯度將攝影機弧形定位，必須 1. ☑對準目標、2. □根據選擇定位，球形選項才顯示，因教學需要 3. ☑顯示數字控制。

A 切換看差異

分別切換對準目標與浮動、☑□根據選擇定位、可以見到球型和笛卡爾座標的差異。

B 目標點為基準（球心）

以目標點（紅色）為球心，距離攝影機原點（黃色）為半徑，進行攝影機位置的調整，一開始很容易以為攝影機原點為基準設定攝影機位置。

C 來自目標的距離（Distance from target）

設定攝影機相對定標點位置（球心半徑），以數字或拖曳 Z 軸箭頭來移動攝影機位置。

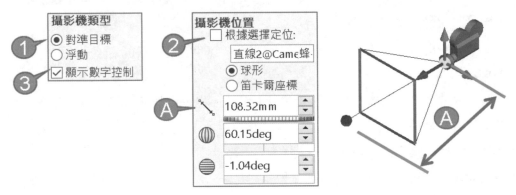

D 相對目標經度/緯度

以定標點為旋轉中心（球心），東西經（水平）各旋轉 180 度，合起來一圈正好是 360 度。南北緯（垂直）各旋轉 180 度，合起來一圈正好是 360 度。

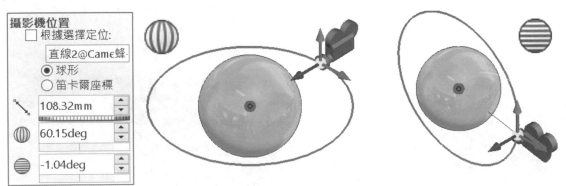

CHAPTER

E 動作研究：調整球形的攝影機位置

物體不動攝影機動，把攝影機定義在空間某個位置，調整球形水平 0-90 度（◍經度）加入動作研究。製作過程中會先暫時將**攝影機位置☑根據選擇定位→☐根據選擇定位**。

步驟 1 攝影機位置：☑根據選擇定位

將攝影機定義暫時在蜜蜂上，將定標點定義在油桶。

步驟 2 定標點：設定在油箱

步驟 3 攝影機位置：☐根據選擇定位

◍經度 0 度。

步驟 4 產生新動作研究，放置時間到第 2 秒

步驟 5 編輯攝影機，調整◍經度到 90 度

步驟 6 播放

📷追蹤油箱水平動作，由於有定標點的關係，📷為弧形移動，動作研究為攝影機位置（箭頭所示）。

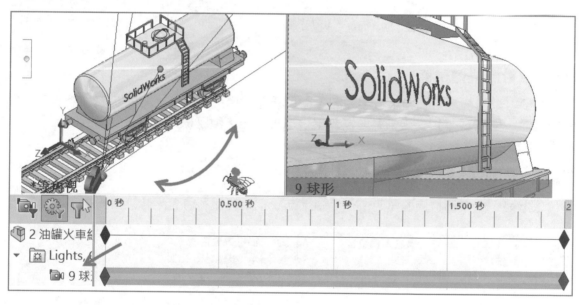

21-3-4 笛卡爾座標（適用對準目標、☑顯示數字控制）

笛卡爾又稱**卡式座標**，透過 X、Y、Z 三大軸向定義位置。

A 啟用笛卡爾座標

必須 1. ☑**對準目標**、2. ☐**根據選擇定位**，笛卡爾選項才顯示，因教學需要 3. ☑**顯示數字控制**，本節說法和上節一樣，不贅述，下圖左。

B 無笛卡爾座標卻有座標

1. ☑浮動、2. □根據選擇定位、3. ☑顯示數字控制，會發現無球形也無笛卡爾座標，但有 XYZ 空間數值，下圖右。希望未來**球形**、**笛卡爾座標**都會顯示，如果條件不足灰階代表即可，大家在學習的時候就不會覺得很亂也很疑惑。

C ☑顯示數字控制（核心）

本節設定有點亂，因為所產生的項目很多元，實在不會分攝影機類型（對準目標、浮動），只要☑**顯示數字控制**，一定會有攝影機位置的數值。

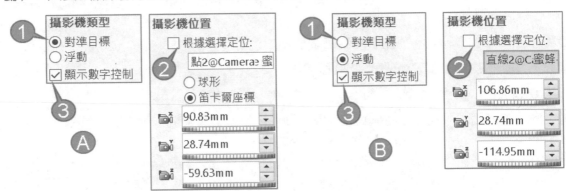

D 無攝影機位置數值

1. ☑**對準目標**、2. □**顯示數字控制**、3. □**根據選擇定位**，以上對系統來說無法定義攝影機位置，僅出現**球形**、**笛卡爾座標**。出現**球形**、**笛卡爾座標**是 SW 沒注意到的地方，根本不應該出現。

E ☑根據選擇定位=沒座標位置

承上節，只要☑**根據選擇定位**，無論上方設定為何都不會有座標位置。

21-3-5 調正攝影機位置

常遇到攝影機歪斜要打直，或要設定攝影機某個位置，卻不知道如何調整，本節簡單說明常用的方法進行攝影機和定標點定位

在組合件放置方塊來輔助攝影機定位，到時只要進行方塊移動會比較簡單，就不必進入攝影機屬性來為調整參數。

A 快速定位

利用**攝影機位置**和**定標點**來定位。

步驟 1 攝影機位置：☑根據選擇定位

點選模型邊線，讓攝影機位置先定義下來。

步驟 2 定標點：☑根據選擇定標

點選模型頂點，讓攝影機定義拍攝物體。

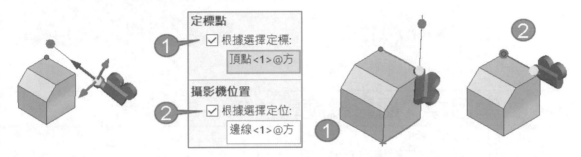

B 查看與更改

承上節，**定標點**不變，查看更改水平與垂直位置。常遇到攝影機的位置不是很正，可以□**根據選擇定位**來查看**球形**或**笛卡爾**數值是否為整數。

步驟 1 攝影機類型

☑對準目標、☑顯示數字控制。

步驟 2 ☑球形參數

查看攝影機位置的角度，將位置更精確定位。

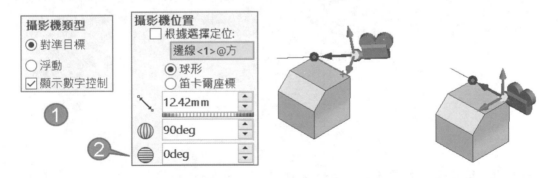

21-3-6 動作研究：攝影機位置：XYZ

目前攝影機在空間浮動，定標點在油箱，自行完成調整 Z 軸，0～2 秒攝影機繞著火車往 Z 軸方向由左到右移動，由於定標點的關係，❶為弧形移動。

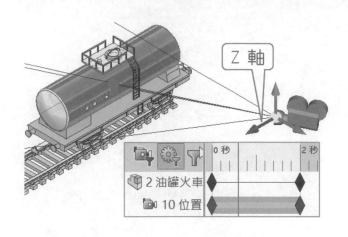

21-4 對準目標：攝影機旋轉（Rotation）

本節說明**對準目標**的**攝影機旋轉**，下圖左。他可以控制📷旋轉角度，📷以鏡頭為基準依 Z 軸旋轉，就像平面轉動手機，也可以說是方向盤。

A 攝影機旋轉 VS 攝影機位置

本節與**攝影機位置**搭配會比較好理解，**否則僅對攝影機旋轉**會覺得不好用，攝影機旋轉不會改變攝影機位置，下圖中。

攝影機旋轉雖然不是**攝影機位置**，但可以是一樣的參考，例如：攝影機位置和旋轉的參考都在方塊平面上，下圖右。

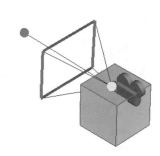

21-4-1 ☑根據選擇設定（Set roll by selection）

指定線、面設定攝影機向上方向的基準，攝影機旋轉無法指定點。

A 面或基準面

垂直於基準面會定義向上方向，下圖左。

B 邊線

攝影機以邊線垂直放置，例如：水平、垂直、斜線，下圖右。

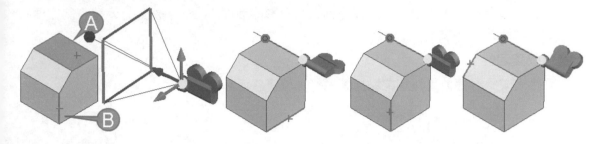

C 反轉方向（Flip direction）

是否將 反轉 180 度，會得到反轉的畫面，通常不是要反轉的畫面，都是遇到反轉再調回來，也希望反轉方向其他欄位也有，這是很基本的項目。

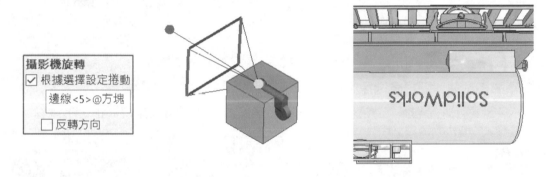

21-4-2 □根據選擇設定

以 上面的底片箱為基準，辨識上下位置，攝影機位置在方塊邊線上，進行±180。

A 轉動範圍

-180～0～180 度合起來繞一圈正好 360 度，通常輸入-180 來快速改變方向。

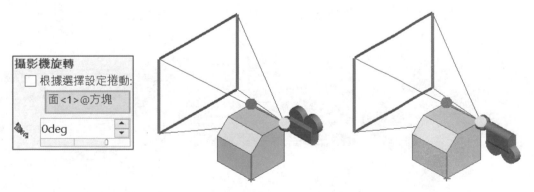

21-4-3 套用攝影機旋轉

常遇到攝影機不正，卻不知道如何調整，通常會先思考**攝影機位置**，絕大部分就這樣解決。但很極端的位置不正，就是沒想到還有**攝影機旋轉**的議題，例如：🎥是歪斜的要打直，或設定🎥某個角度，下圖左。

步驟 1 快速定位

自行完成**攝影機位置**和**定標點**，讓攝影機位置接近完成。

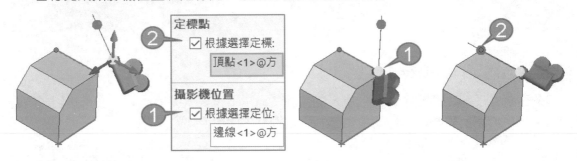

步驟 2 攝影機旋轉：☑根據選擇設定

定義旋轉參考，例如：直線，攝影機會以該直線垂直，下圖左。

步驟 3 攝影機旋轉：□根據選擇設定

輸入 45 度可以見到攝影機被控制角度，將角度改 0 度，讓攝影機擺正，下圖右。

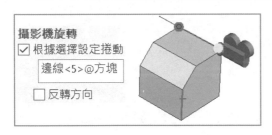

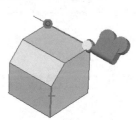

21-4-4 動作研究：攝影機旋轉角度

自行完成，物體不動讓攝影機轉動 0～180 度，可以見倒轉的火車。

21-5 浮動：攝影機旋轉

承上節，將攝影機旋轉分 2 節說明不容易亂，本節常用在擺正，實務上經常有偏極小的角度，只是看不出來就沒設定，除非進階者會到這裡來調整。

攝影機類型為☑浮動，攝影機旋轉會顯示：1. 偏離、2. 間距、3. 轉動，以上明名詞不容易理解，下圖左。

A 常見基準

設定過程會以螢幕上的圖示來判斷旋轉方位，比較常以 0 或 90 度為基準。最快的方式先全部設定 000（標準位置）再看哪部分要調整 90。

B 轉動範圍

±180 度合起來繞一圈正好 360 度，可以輸入-180 來快速改變方向。

21-5-1 偏離（邊-到-邊，Y 旋轉）

設定邊到邊的角度，沿 Y 軸旋轉攝影機角度，範圍±180 度，例如：頭向左向右轉。

21-5-2 間距（上-下，X 旋轉）

設定上或下角度，沿 X 軸旋轉攝影機角度，範圍±90 度，例如：頭向上向右看。

21-5-3 轉動（旋轉，Z 旋轉）

設定轉動角度，沿 Z 軸旋轉攝影機角度，範圍±180 度，例如：頭往右肩及左肩轉動。

21-5-4 練習轉動

將歪斜的攝影機擺正，先 000➔再調整 90 或 180，下圖右。

21-5-5 動作研究：攝影機旋轉角度

自行完成，物體不動攝影機偏離Y 軸轉動，-60～-120 度。

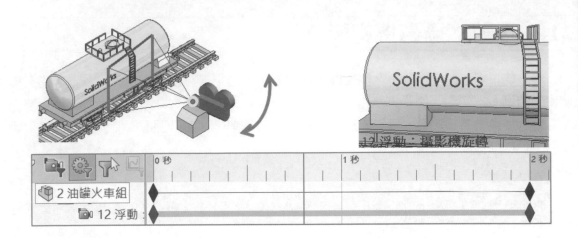

21-5-6 轉動攝影機

攝影機視角中 CTRL＋ALT＋中鍵，以攝影機鏡頭為基準，萬象轉動視角，就不必到攝影機屬性中調整。

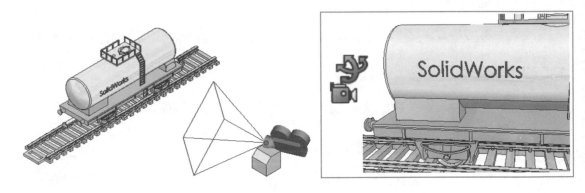

21-6 視野（Field of View）

於攝影機屬性最下方，操控攝影機所見範圍，拖曳矩形改變視野大小與距離。視野為獨立屬性，無論上方欄位設定為何，不會改變視野設定。

A 矩形大小

拖曳矩形角落改變矩形大小，控制所見範圍。

B 矩形前後距離

拖曳矩形邊框拉近/拉遠，控制所見範圍。

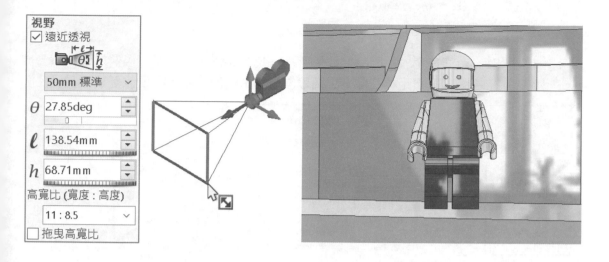

21-6-1 遠近透視（Perspective）

又稱**透視投影**或**透視圖**，投射線會相交於視點，與眼睛所見相同。

A ☑**遠近透視（預設）**

將 📷 拍攝的畫面，符合眼睛所見的情形。

B ☐**遠近透視** 📷☐

又稱**平行投影**，投射線平行不相交，視點無窮遠，不會改變畫面大小。本節與遠近透視 2 差異：1. 沒鏡頭選項、2. 僅剩視野高度 H。

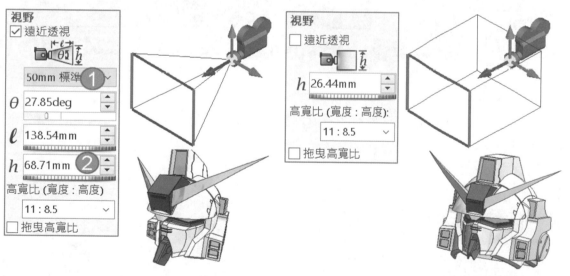

21-6-2 標準鏡頭（lens presets）

由清單選擇：1. 寬角度、2. 標準、3. 遠距、4. 自訂角度，這些選擇攝影機圖示不會改變，下圖左。在物體和鏡頭距離不變下，要取得物體大小的畫面，必須改變鏡頭長度。

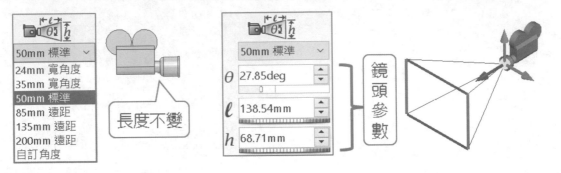

A 鏡頭長度與視角

鏡頭長度＝光圈與底片的距離，SW 定義攝影機至視野矩形的距離。在人物和鏡頭之間的距離固定不變的情況下，每種鏡頭有不同視角，鏡頭越長可視角越小（類似特寫），例如：135mm。

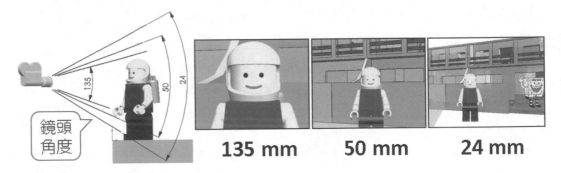

135 mm　**50 mm**　**24 mm**

B 保持人物大小

要保持人物大小，必須改變鏡頭長度與攝影距離，鏡頭長度增加並拉遠攝影距離，類似賞鳥用的大砲。

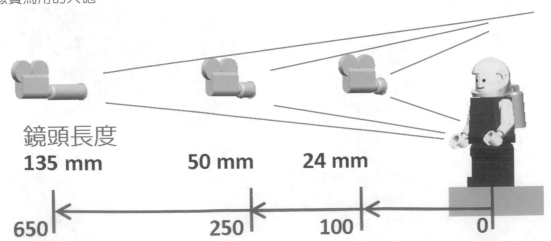

鏡頭長度
135 mm　**50 mm**　**24 mm**

650　250　100　0

C 24 mm 寬角度、35 mm 寬角度

也是廣角鏡頭視角範圍約 84 度，常用於拍攝風景把背景加入畫面中。

D 50 mm 標準、85 mm 中距

50～55mm 為標準鏡頭，視角範圍 46 度，因為它最符合眼睛所示的景物。它能夠填滿前景主體與背景的視覺區域且畫面不會變形。

E 135 mm 遠距、200 mm 遠距

長鏡頭，視角範圍約 20 度，對於長距離的拍攝，如賞鳥有較好的效果。

21-6-3 檢視角度（View angle）θ，

距離不變的情況下類似拉近/拉遠的特寫，輸入角度或移動滑桿，矩形高度h會同時變更，該值區間 0～179.99 度，也可以拖曳矩形改變角度。

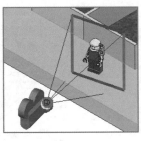

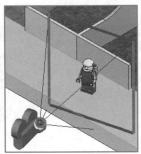

21-6-4 視圖矩特徵工具列課堂會形距離（Distance to view rectangle）ℓ，

設定視野與攝影機鏡頭的距離，就是拉近拉遠功能，設定過程會影響**角度θ**，也可以拖曳矩形改變距離。

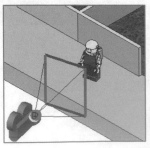

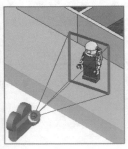

21-6-5 視圖矩形高度（Height of view rectangle）h，

距離不變的情況下，調整矩形高度，視角隨高度變更調整，，無論是否☑**遠近透視**皆可進行。本節看起來和角度一樣，因為下方的☑**拖曳高寬比**。

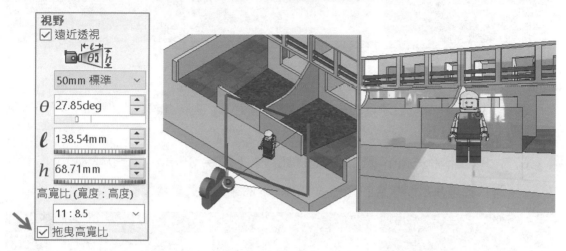

21-6-6 高寬比（Aspect ratio width：height）

設定攝影機視角看見的區域。目前盛行 16：9，若對方用非 16：9 觀看會失真或畫面被裁切，故各行業有一定標準比（寬度：高度）。

標題為高寬比，但清單為寬度與高度，這部分原廠要改進。

由清單選擇 1：1、4：3、16：9…等，若輸入比值，例如：輸入 2，系統自動判斷為 2：1。

本節說明多種寬高比畫面與用途，這些用途可以用來觀看、預覽、抓圖或列印。本節快速看看就好，除了 1:1 或 16:9，其餘幾乎用不到。

高寬比 (寬度：高度)：

1.158	
1：1	(正方形格式)
4：3	(標準視訊及列印格式)
16：9	(HDTV 格式)
8：5	(寬螢幕顯示器格式)
1.67：1	(劇院 35mm 格式 - 歐洲)
1.85：1	(劇院 35mm 格式 - 美國/英國)
2.39：1	(劇院 35mm 變形格式)
3：2	(4x6 列印格式，橫向)
2：3	(4x6 列印格式，縱向)
7：5	(5x7 列印格式，橫向)
5：7	(5x7 列印格式，縱向)
5：4	(8x10 列印格式，橫向)
4：5	(8x10 列印格式，縱向)
11：8.5	(US letter size, landscape)
8.5：11	(US letter size, portrait)

A 1：1（正方形）

用於貼圖或製作貼紙所呈現的畫面，在視覺上這種比例比較常見。

B 4：3（標準視訊及列印）

電視發明之初就已經存在，並用在傳統的 CRT 螢幕上，這種比例會慢慢比較少用。

C 16：9（HDTV）

高畫質電視國際標準，是目前最夯的格式，也稱為家用娛樂格式。

D 8：5（寬螢幕顯示器格式）

也就是 16：10 先前很流行的格式，因應面板經濟切割，這樣的比例比較少見，但高階的螢幕會標榜 16：10。

E 1.67：1（劇院 35mm-歐洲）、1.85：1（劇院 35mm-美國/英國）

35mm 膠片拍攝在戲院放映的電影的比例，歐洲、英美寬螢幕電影播放標準。

F 2.39：1（劇院 35mm）

早期 35mm 膠片拍攝在戲院放映的電影的比例，寬螢幕電影播放標準。

G 3：2（4x6 列印，橫向）、2：3（縱向）

6x4 用在沖洗相片專用的橫向/直向格式。

H 7：5（5x7 列印格式，橫向）、5：7（5x7 列印格式，縱向）

5x7 用在沖洗相片專用的橫向/直向格式。

I 5：4（8x10 列印格式，橫向）、4:5（8x10 列印格式，直向）

8x10 用在沖洗相片專用的橫向/直向格式。

J 11：8.5（US letter size，landscape）、11：8.5（portrait）

美式信封尺寸橫向/直向格式

21-6-7 拖曳高寬比（Drag Aspect Ratio）

拖曳**視圖矩形**，是否會改變高寬比清單設定的比值，使用**寬視野**較有張力，拖曳高寬比無法改變距離。

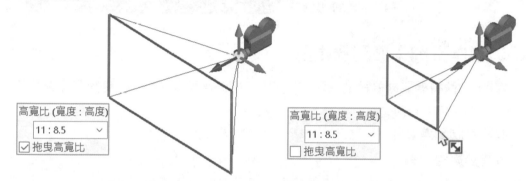

A 攝影機與背景影像高寬比不同

當背景非全景時，只是一張平面照片，點選攝影機視角就會出現是否要調整攝影機高寬比，或是調整背景圖片來符合攝影機視角的高寬比。

這部分不必刻意研究，除非對背景圖像的呈現要求很深。

21-6-8 顯示視野方塊（預設開啟）

在攝影機視角右鍵→可切換顯示**視野方塊**，依視野高寬比，裁切的邊會有所不同（箭頭所示）。在攝影機屬性中沒有這些項目可以設定，也希望 SW 改進。

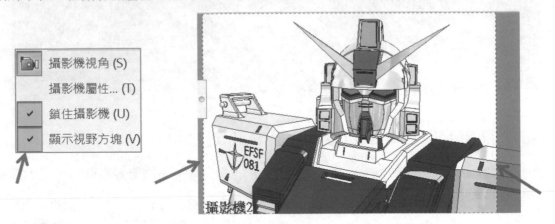

21-6-9 動作研究：攝影機視野

設定 0～2 秒將攝影機視野納入動作研究，如同眼睛所見的畫面，會覺得連視野都可以加入動作研究，相當神奇。

步驟 1 放置時間到第 2 秒

步驟 2 改變攝影機視野

進入攝影機屬性後，拖曳視野方框透過右邊攝影機視角觀看結果。

步驟 3 播放

關閉攝影機屬性後，攝影機時間線立即產生，我們要的是攝影機視角。

21-7 攝影機-人稱

攝影機畫面=模擬第 1 人稱，如同攝影師跳到 SW 拍攝是一樣的，在螢幕前面看 SW 所見視角皆屬第 3 人稱。

本節介紹第 1=我、第 2=妳、第 3 人稱=他，一樣動作在不同位置感受不同。

A 給別人看

動畫製作要考慮觀看的人，製作過程很容易迷失方向，搞到最後變成自己看得懂，所以動畫讓人想再看一次或看完後知道 8-9 成重點。

B 動畫長度

SW 以機構動畫為主不講求特效（爆炸、煙霧、音效...等），而是讓人想再看一次或看完後知道七八成的重點，動畫長度拿捏是本節重點。

21-7-1 第一人稱：自己的視點

自己開車在駕駛座看到儀表板或窗外景色，第 1 人稱看不見自己，只看得見自己的手和儀表板。分 2 階段製作第 1 人稱視角：1. 車繞房子 5 秒、2. 攝影機架在駕駛頭上。

A 第 1 階段：車繞房子

車輛繞圓形走，以路徑結合的百分比定義車子走一圈。

步驟 1 放置時間到第 5 秒

步驟 2 更改路徑結合的百分比

快點 2 下**路徑結合**╱，目前位置為 0%，更改百分比為 99.9%。

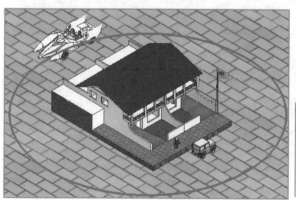
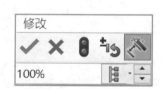
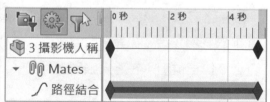

B 第 2 階段：製做攝影機

將攝影機架設在駕駛員頭上，本節回到模型標籤進行。

步驟 1 攝影機類型：☑對準目標

步驟 2 攝影機位置：安全帽前緣邊線中間為攝影機位置

步驟 3 定標點

設定在擋風玻璃的中間邊線上。

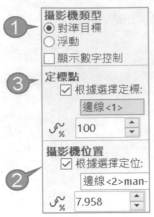

步驟 4 視野

依自己喜好改變視野大小，在右側攝影機視窗觀看視野調整。

21-7-2 第二人稱：別人（你）的視點

你在路邊看我開車。要同一模型製作人稱，就要製作模型組態來切換攝影機播放。

步驟 1 攝影機類型：☑對準目標

步驟 2 攝影機位置，在路人眼睛上

步驟 3 定標點，設定在吉普車上

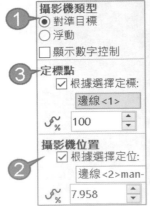
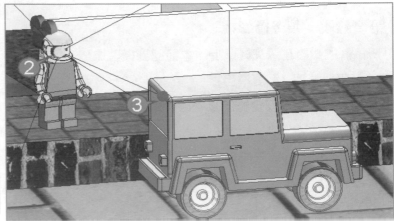

步驟 4 視野大小

依自己的喜好改變視野大小,在右側攝影機視窗觀看視野調整。

 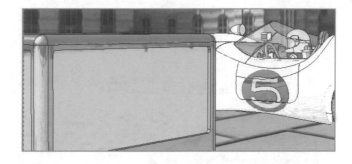

21-7-3 第三人稱:別人(他)的視點

你看見路人看我開車,換句話說,以旁觀者角度看所有。

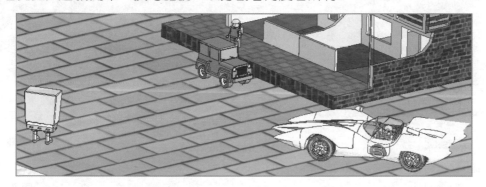

步驟 1 攝影機位置,架設在海綿寶寶頭上

步驟 2 定標點,設定在吉普車頂上

步驟 3 視野

依自己的喜好改變視野大小,在右側攝影機視窗觀看視野調整。

21-8 開放活動

在開放的空間或開放機構進行動作研究。

21-8-1 空拍機

以目前流行的空拍機將攝影機架設在雲台上，模擬實際照相效果。

步驟 1 攝影機位置

攝影機類型為浮動，因為本節不需要定標點，攝影機位置在鏡片上。

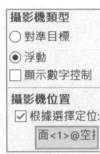

步驟 2 攝影機旋轉

調整攝影機擺放角度，以斜角向下拍攝。

步驟 3 調整視野大小，能清楚看出地圖輪廓即可

步驟 4 放置時間和移動位置

放置時間線到第 2 秒後，移動空拍機到下個位置。

步驟 5 播放

播放會感覺畫格頓頓的，可增加每秒畫格數或放慢播放速度改善。

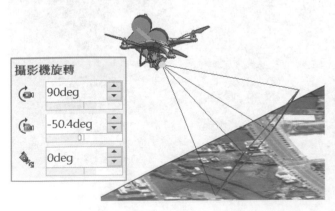

21-8-2 外太空

將外太空圖片加入 SolidWorks 背景，觀看太空船在太空飛行，增加 2 種攝影機：1.
模擬駕駛員視角、2. 攝影機在外部動態追蹤太空船，本節模型已經完成飛行船的動力。

A 設定太空圖片為場景：插入背景圖片

選項→色彩→影像檔案→太空圖. JPG，確定後就可以看見太空圖片已成背景。這題完
成後，不要背景圖片就☑使用文件全景背景，背景照片也可以使用全景🌐。

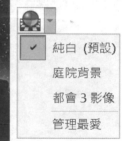

B 攝影機 1：追蹤太空船飛行

定義攝影機位置和追蹤太空船。

步驟 1 攝影機類型：☑對準目標、☑顯示數字控制

步驟 2 攝影機位置

將攝影機定位在空間，攝影機位置參數：X=100、Y=100、Z=800。

步驟 3 定標點：定標點在太空船

步驟 4 視野大小：自己抓感覺

步驟 5 播放

以第 3 人稱見到攝影機與被追蹤的太空船效果，有了背景襯托更有感覺。

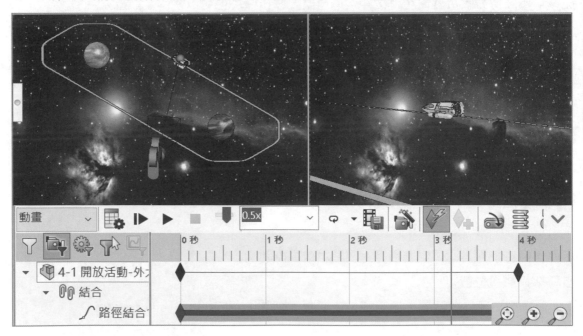

C 攝影機 1：駕駛艙

在駕駛艙定義攝影機位置。

步驟 1 攝影機類型：對準目標

步驟 2 攝影機位置

將攝影機定位駕駛座的頭部位置，因為這位置最接近眼睛。

步驟 3 定標點

顯示太空船草圖，點選駕駛艙的窗戶草圖點。

步驟 4 視野大小

改變視野大小，自己抓感覺。

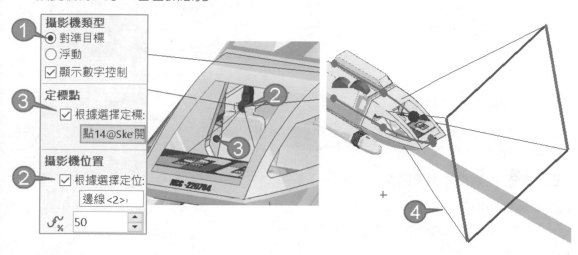

步驟 5 播放

以第 1 人稱看出去的效果很像身歷其境 VR 的感覺。

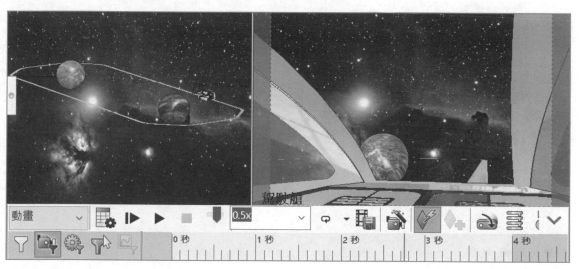

21-9 封閉活動

飛機是主角，導管是封閉場景。飛機進入管內，模擬自己是飛行員感受，本節分別製作多台攝影機，將攝影機放置 1. **飛機前**、2. **飛機後**。

在動作研究中只要製作飛機路徑，切換攝影機視角即可看多視角動畫。

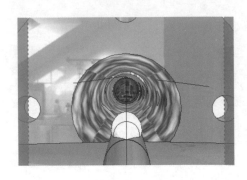

21-9-1 飛機入管路

📷架在飛機前觀看攝影機效果，本節重點在攝影機旋轉，因為飛機向下轉向，必須將攝影機位置牢牢定義。

步驟 1 攝影機類型：對準目標

步驟 2 攝影機位置、步驟 3 定標點

分別定義在預先繪製在飛機上的草圖點。

步驟 4 攝影機旋轉

右基準面，因為飛機不是平飛所以不能用上基準面。

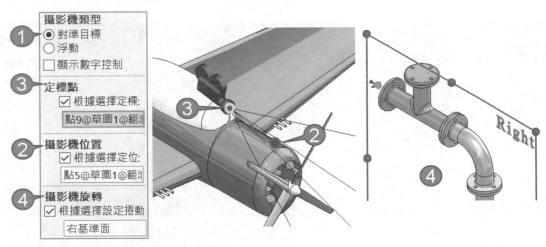

步驟 5 視野大小

依自己喜好改變視野大小，視野不要超過內管壁。

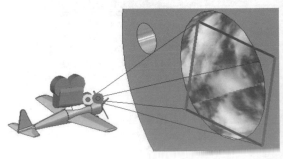

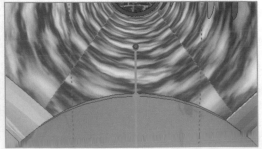

步驟 6 動作研究

時間放置 2 秒→更改路徑 90%→播放。

步驟 7 增加時間

時間 2 秒=測試，可以放慢播放速度至 0.25。時間到第 2 秒停止再重新播放會太突兀，增加停留 1 秒鐘再重新播放，可以避免有壓迫感，就像運動後要休息一樣。

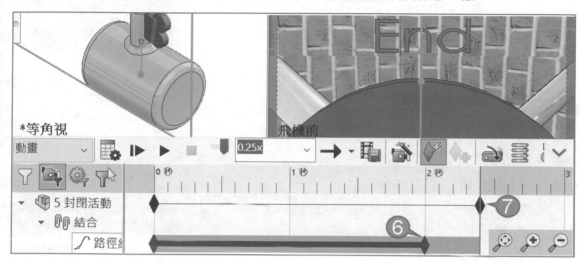

21-9-2 隧道行走

模擬人走在進隧道，走出洞口看到戶外景色。**攝影機位置**和**定標點**皆為不規則曲線，利用█的**位置百分比**模擬行走。

設定 2 個█：1. 行走：會走動、2. 監控：固定不動，可以得到另一種視覺感。

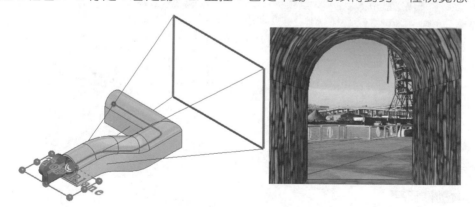

A 加入背景

製作走出隧道時會有世外桃源的感覺，在表現全景自行找喜歡的風景。

風景 4 影像 9　風景 4 背景

B 行走與監控攝影機 📷

先完成行走→再完成攝影機在門口的監控攝影機。

步驟 1 攝影機類型：☑對準目標

步驟 2 攝影機位置、步驟 3 定標點

都選擇**不規則曲線**，百分比距離自行調整，定標點位置在攝影機前面，例如：攝影機位置 0，定標點要比 0 還大。

步驟 4 攝影機旋轉

選擇模型面或基準面讓攝影機正常位置。

步驟 5 完成監控攝影機

重複步驟 1-步驟 4 完成監控攝影機，完成後會見到 2 台 📷，右圖為示意的位置，可以見到門口監控看行走的 📷。

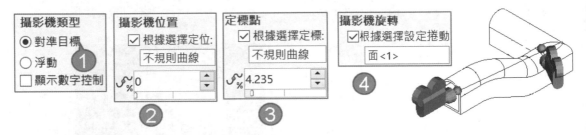

C 動作研究

完成行走 📷 的動作研究。

步驟 1 新增動作研究

放置時間在第 2 秒，快點 2 下編輯攝影機屬性。

步驟 2 變更定標點、攝影機的百分比距離

定標點 100％，攝影機位置 90％。

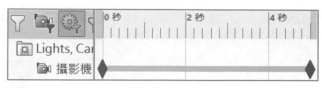

步驟 3 播放

使用 4 個視角，下方分別 2 個📹，右上等角視，左上自行決定想要的視角，播放同時看動畫效果。播放過程可以見到行走📹，這點和先前的感覺不一樣。

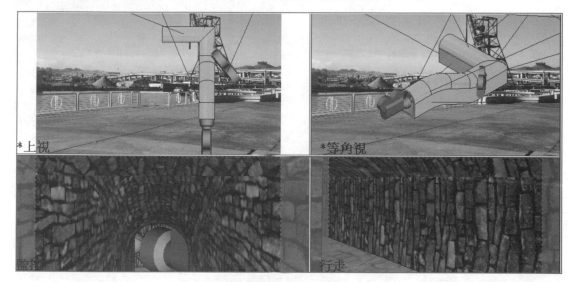

步驟 4 增加時間

由於時間 2 秒=測試，可以放慢播放速度至 0.25。時間到第 2 秒停止在重新播放會太突兀，增加停留 1 秒鐘在重新播放（箭頭所示）。

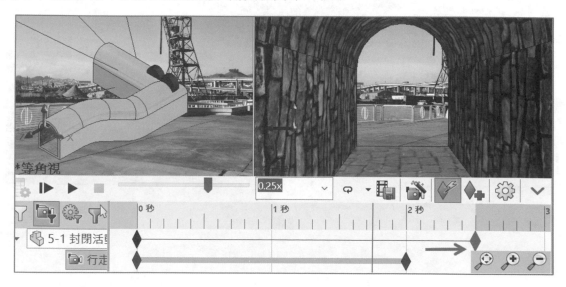

D 是否伸展背景影像與攝影機高寬比配合

如果背景影像不是全景，攝影機看出來會真實呈現，畫面會不好看（上下切邊），會出現訊息，這部分建議調整攝影機視野，或讓圖片佈滿整個繪圖區域。

SOLIDWORKS

⚠ 攝影機與背景影像的高寬比是不同的。
您是否要變更攝影機的高寬比來與背景影像的相符?
按一下否來伸展背景影像來與攝影機的高寬比配合。

是(Y)　　否(N)

步驟 1 編輯背景 🖼

顯示管理員●→光源及攝影機🏜→展開全景🌐→快點 2 下背景🖼。

步驟 2 編輯全景

☑伸展影像來配合 SW 視窗。

21-10 換位視角

製作攝影棚並把架設在駕駛座、路人或路邊燈桿上,其中模擬操作挖土機感覺,是第一人稱表現手法,每項主題再搭配其他議題,讓攝影機作業更多元。

課題已經到尾聲,會發現表達接近瓶頸,看來看去不外乎就是這些,再加上製作步驟也都如此,所以本節對重複作業簡略說明。

A 相對參考

運用基準作為相對依據和強調表達,例如:挖土機行走,如果沒有邊柱和地面上的分隔線,這樣只會看到輪子在轉。

21-10-1 多重視角:挖土機行走

本節架設在 3 個地方,並利用 4 個視角同時監看,類似保全監視器的樣態。

A 模型作業

挖土機車輪已經完成齒輪,車輪與地板完成**齒條與小齒輪**,到時動作研究只要進行跑道移動就能模擬挖土機運動,不必真實讓挖土機走,來提高運算效能。

B 第 1 階段:攝影機在駕駛座,觀看攝影機效果

攝影機能看見駕駛艙與外頭景物,重點在攝影機位置和視野。

步驟 1 攝影機類型:對準目標

步驟 2 設定攝影機位置

架在駕駛座的車頂上邊線 50%,如果更真實一點,駕駛放假人,把定在眼睛上。

步驟 3 定標點

定標在擋風玻璃的點上,該點是先前已經製作好的,這證明對模型的處理有更深一層的認知。

步驟 4 攝影機旋轉

以跑道平面定義攝影機旋轉基準，類似平行，讓攝影機擺正。

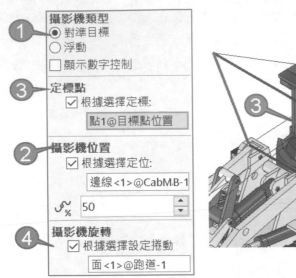

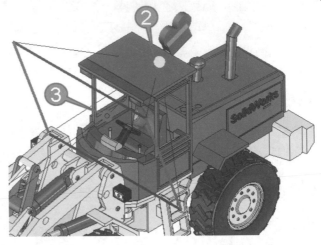

步驟 5 視野大小

依自己喜好改變視野大小，視野盡量不超過窗戶。

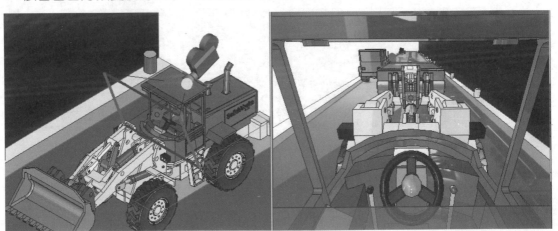

C 第 2 階段：路中攝影機 📷

📷架在路中桿子上，挖土機會經過路中，讓📷看到挖土機的車頭到車尾移動效果。

步驟 1 攝影機類型：對準目標

步驟 2 設定攝影機位置、定標點、攝影機旋轉

位置架在路中欄杆頂點、**定標點**在擋風玻璃的點上、以跑道平面定義旋轉基準。

步驟 3 視野大小

依自己喜好改變視野大小，視野包住挖土機即可。

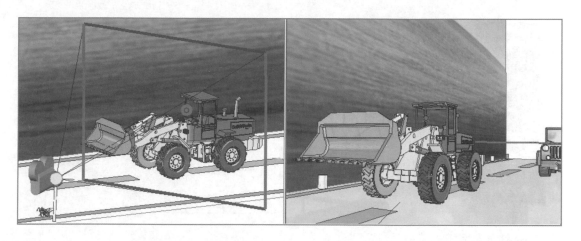

D 第 3 階段：legoman 攝影機

攝影機架 legoman 的頭上，重頭到尾觀看挖土機移動效果。

步驟 1 攝影機類型：對準目標

步驟 2 設定攝影機位置、定標點、攝影機旋轉

位置架在安全帽緣上、定標點在擋風玻璃的點、以跑道平面定義旋轉基準。

步驟 3 視野大小

依自己喜好改變視野大小，視野包住挖土機。

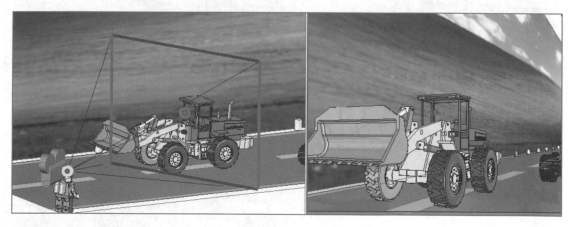

E 第 4 階段：動作研究

製作多重視角監看，本節只要製作跑道移動即可。

步驟 1 放置時間到第 1 秒

步驟 2 拖曳跑道

完成車輛移動的動畫。

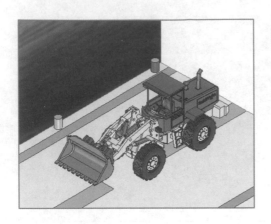
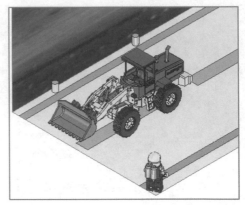

步驟 3 分割 4 個視窗

分別將每個視窗切換每台攝影機，右上角為等角視。

步驟 4 播放

每個視窗同時呈現動畫。

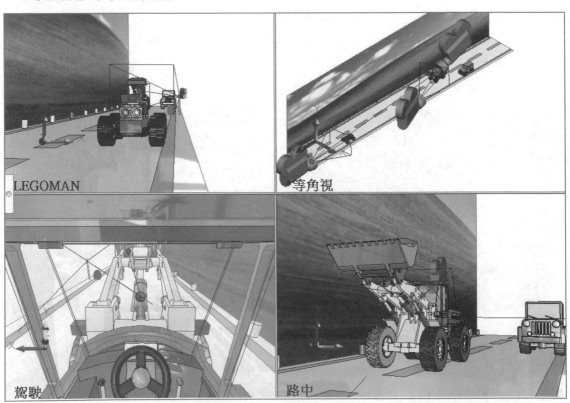

21-10-2 小車在電子叢林活動

模擬小車在電子叢林冒險之旅，其實是把吉普車縮小，很有身歷其境。

Ａ 第 1 階段：攝影機 📷

本節簡短介紹攝影機製作方式。

步驟 1 攝影機類型、攝影機位置、定標點、攝影機旋轉

1. 對準目標、2. 攝影機架在車頭前方的草圖、3. 定標點在前方的草圖、4. 攝影機旋轉以跑道平面定義旋轉基準。

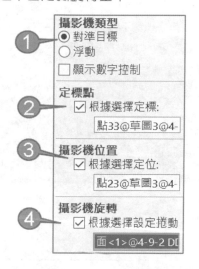
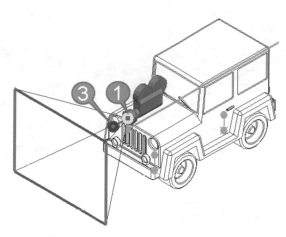

步驟 2 視野大小

拖曳視野方框，由攝影機視角抓視野的感覺。

Ｂ 第 2 階段：動作研究

完成短時間的路徑百分比，確認後再延長時間。

步驟 1 放置時間到第 1 秒

步驟 2 更改路徑結合 90%

步驟 3 播放

看起來沒問題後，ALT＋拖曳時間的關鍵畫格，增加動畫時間。

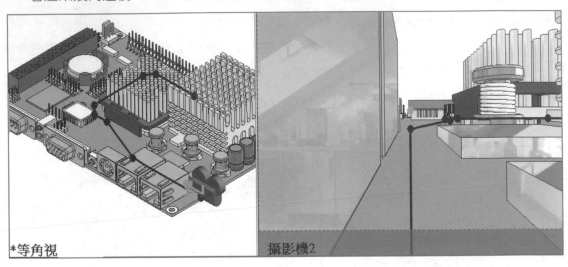

*等角視　　　攝影機2

21-11 運鏡視角

本節製作效果（氣氛）：1. 同步運動的運鏡、2. 由下往上拍，讓火車進站過程充滿霸氣，觀眾有身歷其境感覺。

21-11-1 油箱與貨車運動

攝影機架在油箱上，定標點設在貨車斗，油箱與貨車同時運動，觀看◉效果。

A 第 1 階段：攝影機◉

本節簡短介紹◉製作方式。1. **對準目標**→2. 攝影機架在**油罐車欄杆上**→3. **定標點在載貨車箱頂點**→4. 攝影機旋轉以平面定義基準→5. 視野大小。

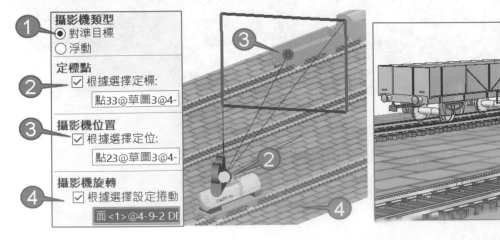

B 第 2 階段：動作研究

由於 1. 攝影機位置在油罐車、2. 定標點在貨車車箱，彼此關連，所以拖曳油罐車得到的視覺效果和拖曳載貨車箱 2 者間完全不同。

步驟 1 放置時間到第 2 秒

步驟 2 拖曳模型

分別拖曳 1. 油罐車和 2. 貨車車箱，讓他們完成交會。

步驟 3 播放

看到交會的攝影機視角，感覺又不一樣對吧。

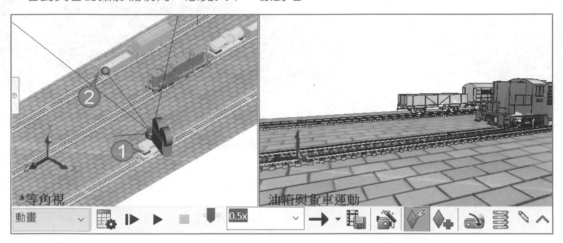

21-11-2 第 2 階段：由下往上看火車頭

由下往上觀看火車頭霸氣進站的效果。

A 第 1 階段：攝影機

本節簡短介紹製作方式。1. 對準目標→2. 攝影機架在油罐車下→3. 定標點在火車頭中間邊線→4. 攝影機旋轉以平面定義基準→5. 改變視野大小，讓視野包住車頭。

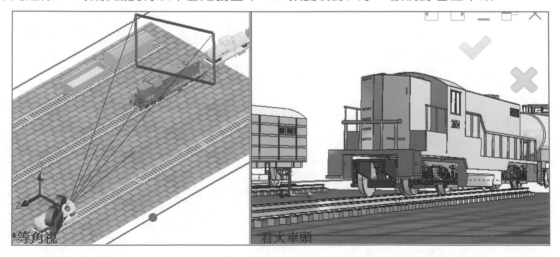

B 第 2 階段：動作研究

拖曳火車頭到終點讓攝影機追蹤，可以見到火車頭霸氣進站的感覺。

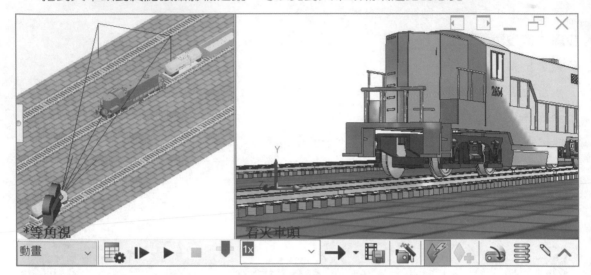

專業工程師訓練手冊[7]－Motion 機構模擬運動

22

排練預演

排練預演（Walk-through）以第一人稱的攝影機視角在模型內走動查看區域，這也是 VR 虛擬實境應用，再加上 VR 頭盔更能模擬身歷其境感受。本章只要會了先睹為快就能滿足業界需求，剩下的細節只是功能認知。

A 模型檢視與排練預演

試想，利用鍵盤與滑鼠是進行模型整體移動或旋轉，＝模型固定不動視角動，這是**排練預演**的特點。

B 排練預演與動作研究的差別

	排練預演	動作研究
1. 行走條件	鍵盤與滑鼠的搭配行走	組合件中配合移動的物件
2. 動作研究	不需動作研究，錄影行走軌跡	產生動作研究才可以記錄行走軌跡
3. 難易度	簡單上手	必須具備動作研究的操作能力
4. 錄影	控制台直接錄影	動作研究的儲存檔案

22-0 排練預演位置與介面

第一次進入自行摸索可以看到初步效果，控制台介面也很有趣，但遇到幾次挫折會不想使用，要克服這一點就要認識控制台所有指令。

22-0-1 排練預演位置

排練預演和攝影機位置相同，都在顯示管理員中 🌏。

22-0-2 排練預演屬性

在排練預演上右鍵→加入排練預演（A）🏃，下圖左，進入排練預演屬性，下圖右。由於會很常用加入排練預演🏃，所以習慣右鍵 A 或設定快速鍵。

22-0-3 作業順序

排練預演屬性不是由上而下設定，操作依序為：1. 視埠設定→2. 動作限制→3. 開始排練預演→4. 錄製。

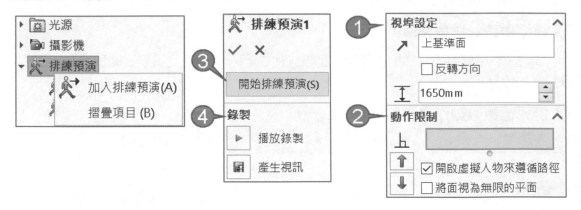

22-0-4 排練預演控制台

執行 3. **開始排練預演**→進入控制台，主要控制排練預演行走路線。主要分為 5 大區域（在上方區域）：1. 動作、2. 檢視、3. 錄製、4. 限制、5. 其他。

A 切換最小窗格

點選右上角箭頭,將控制台最小化,僅顯示動作按鈕,適用進階者,下圖左。

B 排練預演快速入門說明

每次進入都會出現**排練預演**快速入門說明視窗,以圖示說明鍵盤與滑鼠來控制行走,很類似廣告會佔住所有畫面,建議未來不要出現這視窗,這世代很反感這種情境,☑ **不要再顯示訊息**,下圖右。

1. 方向鍵:提供前後左右移動、2. 滾輪:提供前後移動、3. 左鍵按住=移動滑鼠向上-向下-向左-向右與萬向檢視。特別是 3 的圖示應該與控制台一致,否則會以為這是轉動。

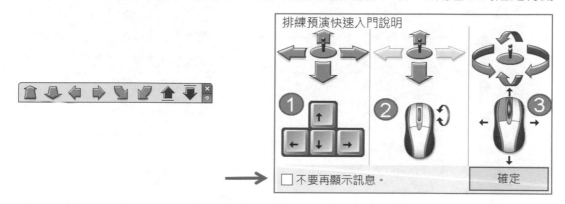

22-0-5 排練預演控制台快速鍵列表

本節列表說明指令圖示、名稱與快速鍵對應,這些按鍵相當直覺也是遊戲的預設。

A 鍵盤滑鼠搭配

排練預演作業絕大部分為鍵盤方向鍵與滑鼠搭配,進行移動與旋轉行走,進階者使用快速鍵,比較特殊使用上下鍵來上下樓,上下鍵不是前進與後退。

編號	圖示	名稱	快速鍵
1		關閉(介面)	
2		最小化窗格(介面)	
3		設定起始處	
4		回到起始處(首頁)	

5	⊕	顯示/隱藏對應（視窗）		
6	●	切換錄製（介面）		
7	🔒	切換限制（介面）		
8	⬆、⬇	前進、後退	W、S	
	⬅、➡	左移、右移	A、D	
	⤿	左轉	Shift＋A、Ctrl＋左	
	⤾	右轉	Shift＋D、Ctrl＋右	
9	⬆、⬇	上移、下移	Shift＋上、Shift＋下	
10	🐇、🐢	增加/減少速度	＋、－	
11	▲	朝上（向上看）	ALT＋上、拖曳滑鼠左鍵往上	滑鼠中鍵按住不放
	▼	朝下（向下看）	ALT＋下、拖曳滑鼠左鍵往下	
	◀	朝左（向左看）	ALT＋左、拖曳滑鼠左鍵往左	
	▶	朝右（向右看）	ALT＋右、拖曳滑鼠左鍵往右	
12	⬤	重設視角	Home	
13	🔍＋、🔍－	拉近、拉遠	Shift＋Z、Z、滾輪前後	
14	●、⏸	錄製、暫停	R、空白鍵	
	✓、✗	確定、取消	Enter、Esc	
15	00:00.00	目前時間		
16	🔒 路徑 ▾	由清單選擇限制		

22-0-6 先睹為快：排練預演

本節快速完成排練預演，重點能完成錄製與事後編輯。

A 排練預演預覽

這手法最常用，很多情況不見得要錄製，只是看模型，看完就不要了。過程中配合 1. 鍵盤和 2. 控制台會比較容易學習，換句話說單靠鍵盤或控制台會覺得不好用。

步驟 1 加入排練預演

在排列預演右鍵→加入排練預演🗡，進入排列預演屬性。

步驟 2 視埠設定

點選房屋地板、距離 1600mm（160 公分），大約是眼睛的距離。

步驟 3 開始排練預演

顯示排列預演快速入門說明→↵。

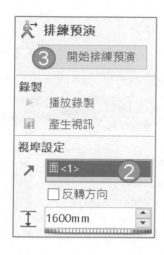

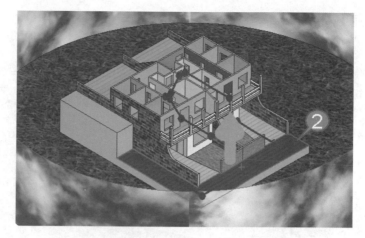

步驟 4 前進

先使用鍵盤或滑鼠滾輪前進入庭園，過程中很有身歷其境的感覺。

步驟 5 檢視作業

左鍵按住不放，左右上下＋繞圈類似擺頭動作。

步驟 6 ESC 退出

退出排練預演，回到排練預演屬性。

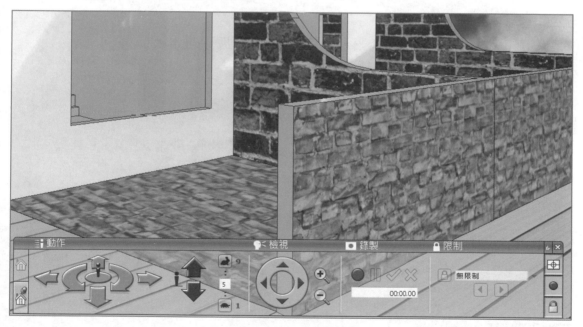

B 錄製電路組

承上節，以電路組來錄製行走路徑進入電路組，視埠設定上基準面 0，進入排練預演後向前穿透電路模型，會發現視覺很低，利用向上移動👆增加視覺高度，或朝上抬頭🔺。

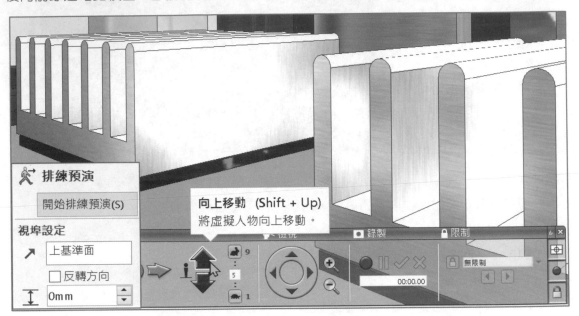

步驟 1 錄製 ⬤

點選面板右邊的錄製⬤，會出現開始錄製的時間啟動，確定✔（↵）。

步驟 2 完成並播放

回到排練預演屬性，播放錄製▶。

步驟 3 關閉，結束播放

可以見到先前錄製的模型畫面，ESC 關閉錄製視窗，回到排練預演屬性管理員。

步驟 4 完成排練預演

按下✔完成排練預演。

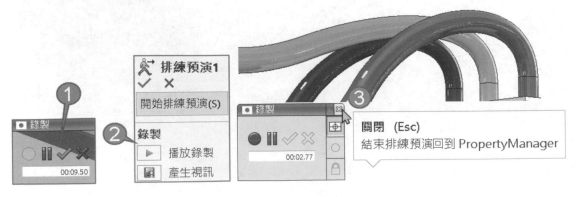

D 編輯排練預演

回到顯示管理員●，於排練預演內下方可以見排練預演特徵。

快點兩下（或右鍵編輯排練預演），回到排練預演屬性，進行重新錄製或產生視訊。

22-1 錄製

在排練預演屬性中進行 1. 播放▶和 2. 產生視訊圖，必須於控制台錄製●才可使用。

22-1-1 播放錄製▶

播放排練預演的錄製內容，播放過程僅出現錄製面板，很可惜沒有前進後退播放功能，也沒辦法更改要看的時間，目前只有暫停，ESC 結束播放，下圖左。

22-1-2 產生視訊圖

將錄製的影片儲存至檔案，這介面和動作研究的儲存動畫相同，不贅述。

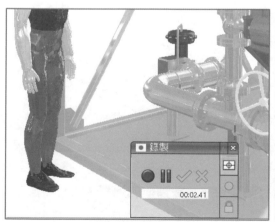

A 排練預演抓取模式

錄製過程會產生排練預演抓取模式，計算跑完才會產生錄影檔，建議錄影格式 MP4，錄製完成後回到排練預演屬性管理員。

22-1-3 無法播放錄製

完成的 🏃，經編輯特徵回到排練預演，會發現無法播放，感覺要重新製作，因為 2 個原因：1. 當初沒錄製、2. 儲存檔案後關閉（這部分 SW 要改進）。

22-2 視埠設定

設定視角的計算基準及高度，也就是眼睛的位置，本節必須指定**垂直方向**否則無法使用**開始排練預演**。

22-2-1 垂直方向（預設上基準面）↗

設定與視角的平行面，例如：點選上基準面，會顯示綠色向上箭頭，代表此面向上顯示高度，下圖左。

A 反轉方向

控制視覺方向，會見到物體翻轉放置，這畫面必須在排練預演的過程才會出現，下圖右。

22-2-2 檢視高度↨

定義攝影機平面上的高度,例如:眼睛距離地板的高度 160cm。

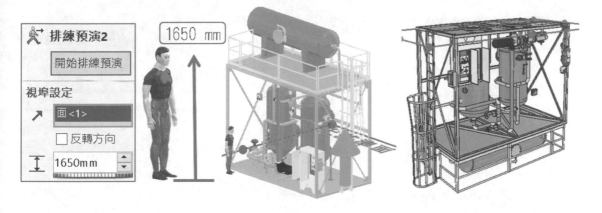

22-3 動作限制

設定虛擬人物的移動位置、視角、平面,類似路徑結合╭,能整合╭就更方便了。

22-3-1 曲線、基準面、及平坦面來定義地板及動作路徑

以草圖、模型邊線、模型面、基準面…等,限制人物行走位置,可複選多項條件,通常使用草圖線段來定義路徑,讓行走過程與鍵盤操作更加順暢。

A 部分或整體選擇

在繪圖區域點選草圖邊線(要多段選擇),若要整體選擇就在特徵管理員點選草圖。

22-3-2 開啟虛擬人物來遵循路徑

於指定的路徑移動時,遇到轉彎是否會跟著路徑繼續前進。

A ☑開啟虛擬人物來遵循路徑

遇到轉彎可以繼續前進。

B □開啟虛擬人物來遵循路徑

遇到轉彎會停止,要自行用鍵盤或控制台轉向→前進。

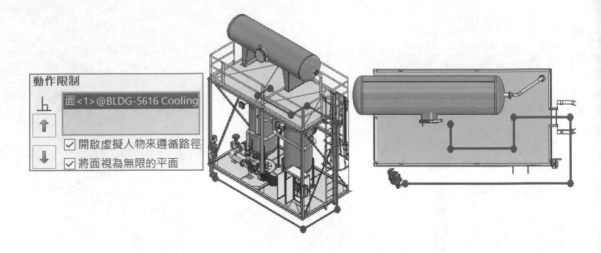

22-3-3 將面視為無限的平面

是否只能在所選的面上移動，例如：地面上的矩形面。

A ☑**將面視為無限的平面**

所選面=無線平面，不受面範圍限制，可以一直走下去。

B ☐**將面視為無限的平面**

只能在所選面的範圍內移動，這是常見的設定。

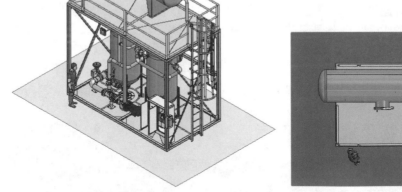
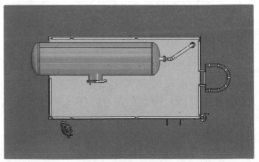

22-4 控制台

於排練預演屬性上方點選**開始排列預演**，進行接下來作業。

22-4-1 回到起始處🏠

回到設定的**設定起始處**重新出發，就不必結束控制台→開始排練預演，類似首頁。

22-4-2 設定起始處🧍

承上節，以目前的位置作為起始處，例如：進入到內部→🧍，下回使用🏃只要按下🏠，就可以回到內部，不過螢幕上看不出來起始處在哪，只能按下🏠才知道。

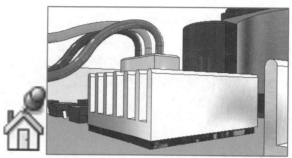

22-4-3 動作

設定虛擬人物的移動、轉動或行進速度，可以用方向鍵或滑鼠進行移動或轉動。

A 前🔼、後🔽、左◀、右移動▶，左轉↩、右轉↪

向前/後/左/右移動虛擬人物。向左/右轉動虛擬人物。

B 上移⬆、下移⬇

向上/下移動虛擬人物，類似上樓下樓。

C 增加🐰/減少速度🐢

調整移動速度。以烏龜和兔子為圖示，設定速度範圍 1-9。

點選數字欄位出現速度清單，速度等級有文字對照，例如：2-慢、6-正常…等。

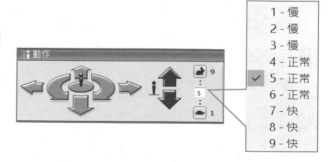

| 1 - 慢 |
| 2 - 慢 |
| 3 - 慢 |
| 4 - 正常 |
| 5 - 正常 |
| 6 - 正常 |
| 7 - 快 |
| 8 - 快 |
| 9 - 快 |

22-4-4 檢視

設定虛擬人物看出去的視角變化，例如：往上看、往右看…等。

A 上下左右▲

將虛擬人物視角進行定點上、下、左、右轉動，類似頭部轉動。

B 拉近🔍、拉遠🔍

以眼睛看出去的畫面，進行放大、縮小，可以用滾輪。

C 重設視角●

回到預設的視角，類似等角視。

22-4-5 錄製

設定錄製影片的功能：暫停、取消、完成…等，本節就是常見的錄影播放。

A 錄製●、暫停❚❚

從目前時間與位置開始錄製/暫停排練預演，快速鍵 R、**空白鍵**。

B OK✔

錄影完成回到**排練預演**屬性管理員，進行**播放錄製**或**影片儲存**，快速鍵 Enter。

C 取消

取消錄影，並回到**排練預演**屬性管理員，快速鍵 ESC。

D 目前時間

顯示目前排練預演的時間。

22-4-6 限制（預設無限制）🔒

與排練預演屬性管理員的**動作限制**搭配使用，可在模擬時切換到不同位置。

A 鎖住至限制

是否限制清單內的動作限制條件，例如：希望沿路逕行走。

B 選擇限制

由清單選擇動作限制的條件。

C 前一個/後一個限制

選擇清單內的前、後限制條件。

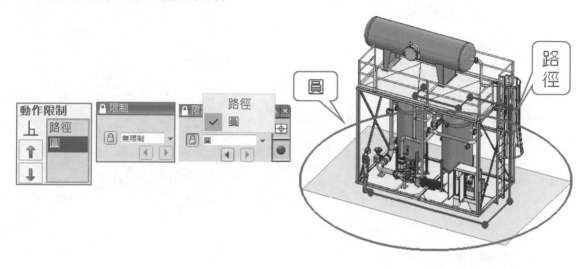

22-4-7 顯示/隱藏地圖⊞

是否出現對應視圖小視窗，以空拍顯示目前位置及所看的方向，可以協助識別目前位置，V 線所見視野。

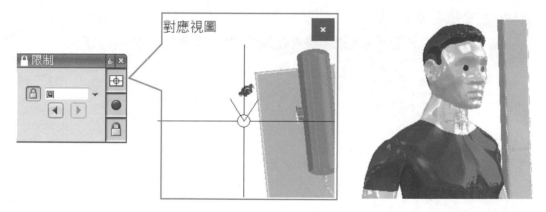

A 垂直視窗

使用兩個視角-垂直進行排練預演，左邊為等角，右邊為排練預演，有了左邊的完整視角，這樣在排練預演的過程比較不會迷失方向。

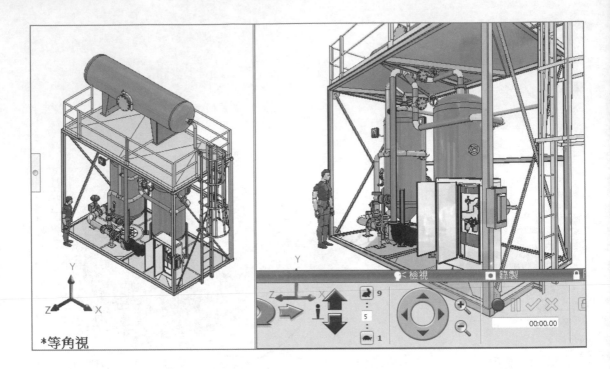

*等角視

22-4-8 切換錄製●

控制台面板是否顯示錄製區塊，精簡顯示。

22-4-9 切換限制🔒

控制台面板是否顯示限制區塊，極度精簡顯示。

23

動畫錄製與包裝

　　動作研究輸出就是如何錄製螢幕畫面，這部分比較容易學習了，因為多媒體已經是生活的一部分。在人人都有手機的世代，都有辦法錄影跟拍照，不必像以前還要買照相機、攝影機，甚至還要學習操作。

　　文章算是給同學有多種面相，絕大部分同學都知道怎麼做，有些是沒想到的細節。

Ａ 看得到

　　把動作研究儲存可播放格式，例如：MP4、GIF、Edrawings e...等，而不是看動畫就要安裝 SW。

Ｂ 看得懂

　　把動作研究主題呈現出來，重點不是效果，最好不需旁白就看得懂。

Ｃ 學習方向

　　這一章用輕鬆心情閱讀，每一節略為介紹方法，檔案範例比較多元，不一定是 SW 檔案，有 Gif 圖片或 MP4 影音。

23-1 儲存動作研究至檔案（儲存動畫）

　　將動作研究的畫面儲存為影音或圖片檔案。

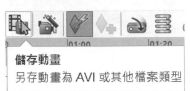

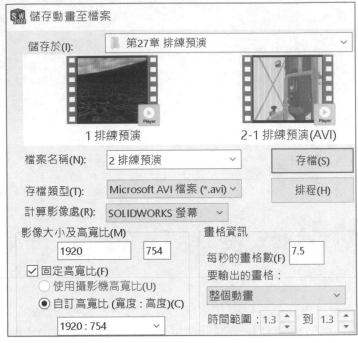

23-1-1 存檔類型

以清單選擇儲存類型：avi、flv、mkv、mp4、bmp、jpg、png、tiff...等，建議 MP4 比較通用，下圖左。早期我們寫網頁因為網路頁面載入的速度，對這些格式比須要很清楚，現在能了解 JPG 跟 PNG 差別的人也越來越少了。

23-1-2 計算影像處

選擇影像的計算器：1. SOLIDWORKS 螢幕、2. PhotoView360。須先啟用 PhotoView360，才會顯示在清單上，不過 PV360 在 2024 起改以 Visualize 替代。

A SOLIDWORKS 螢幕

將 SolidWorks 效果儲存，例如：小金球、陰影、光源...等。

B PhotoView 360

PV360 產生的影片，如同照片般擬真影像，可用陰影、真實反射、邊線平滑化...等。

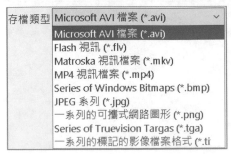

23-1-3 存檔

部分存檔類型在儲存的過程會出現視窗，下圖左。例如：儲存 AVI 會出現通常是**視訊壓縮**視窗，選擇壓縮程式：

1. Intel IYUV codec、2. Microsoft Video、3. TechSmith Screen Capture Codec、4. 全畫面（未壓縮）。

壓縮程式(C)：

Microsoft Video 1
Logitech Video (I420)
Intel IYUV codec
Microsoft Video 1
全畫面 (未壓縮)

A 壓縮品質設定

選擇影片類型為 Microsoft Video 時，可以設定影片壓縮品質及每秒畫格數，低壓縮比例，產生的影像較差。

點選右方**設定**來改善播放品質，預設 0.75，若改為 1，會得到較佳品質，但檔案大小會增加，下圖右。

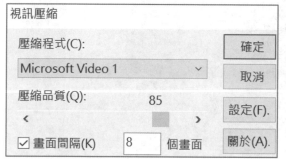

23-1-4 排程

使用**工作排程器**🔲的影像計算和動畫，來安排動作研究計算，要☑PhotoView360 才可以使用。

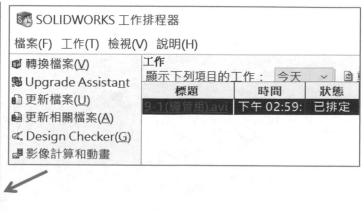

23-1-5 影像大小及高寬比

設定錄製的影像範圍：影像大小、高寬比，也可自訂錄製的範圍，很可惜設定的過程無法預覽錄製範圍。

A 高度及寬度

預設以繪圖區域為錄製範圍。

B 固定高寬比：使用攝影機高寬比

啟用攝影機視角後，可以見到以攝影機視野作為錄製的畫面範圍。

C 自訂高寬比：自訂高寬比

以清單比例控制繪圖區域的錄製畫面大小。

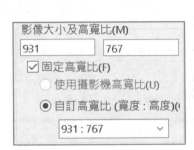
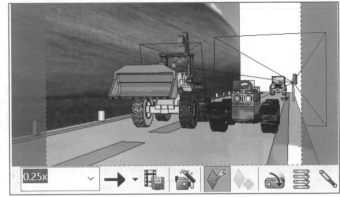

D 螢幕範圍認知與前置作業

螢幕範圍就是繪圖區域，啟用指令過程系統自動將**特徵管理員**收起來。由於啟用指令的過程無法控制模型大小，所以在使用指令之前會先摺疊**特徵管理員**，再將模型縮放至**適當大小**，這樣影片內的模型就會置中。

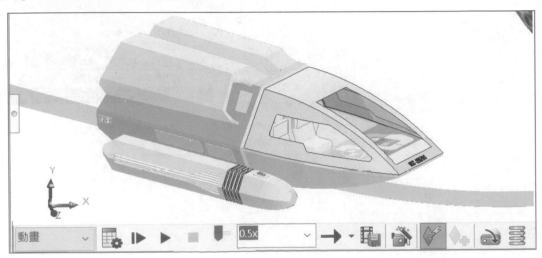

23-1-6 畫格資訊

設定每秒畫格數的大小、動作研究影片長度、時間範圍...等。

A 每秒的畫格數

設定每秒的照片數量,每秒畫格越多,影片看起來越流暢,相對的會錄製比較久。儲存為圖片格式時,1 秒會儲存為幾張照片,目前動畫 2 秒,畫格數 5,會有 10 張照片。

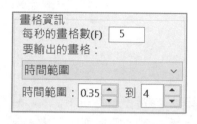

0 儲存動作研究
至檔案-0000

0 儲存動作研究
至檔案-0001

0 儲存動作研究
至檔案-0002

B 要輸出的畫格(預設整個動畫)

選擇輸出的影片長度:1. 整個動畫、2. 時間範圍、3. 單一畫格,可針對動作研究區間錄製,不須整段錄製。

C 要輸出的畫格:時間範圍

輸入要輸出的時間範圍,例如:第 0.35-4 秒。

D 要輸出的畫格:單畫格

第幾秒的畫面成為影像,例如:2.2=第 2.2 秒的畫面成為錄影檔(照片為影像檔)。

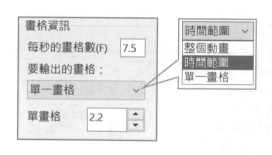

23-2 SolidWorks 螢幕抓取

使用 SW 內建的螢幕抓取指令,即可錄製影片、剪取畫面,不須安裝其他軟體。

23-2-0 檔案位置

有 2 個地方使用螢幕抓取：1. 螢幕抓取工具列、2. 檢視→螢幕抓取。

螢幕抓取有 2 個指令：1. 影像抓取、2. 錄製視訊。

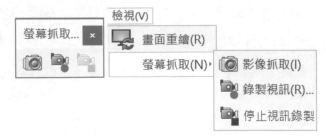

23-2-1 影像抓取

類似鍵盤的螢幕抓取 PrintScreen，將繪圖區域的畫面儲存在記憶體，CTRL＋V 貼上即可，常用在做簡報或訊息傳遞，下圖左。而 PrintScreen 將整個螢幕抓取，下圖右。

23-2-2 錄製視訊

將操作畫面錄製下來。點選指令後，開啟錄製螢幕抓取至檔案中的視窗。

與儲存動作研究至檔案視窗差別在畫格資訊，沒有整個動作研究和時間範圍提供選擇，下圖右方框。

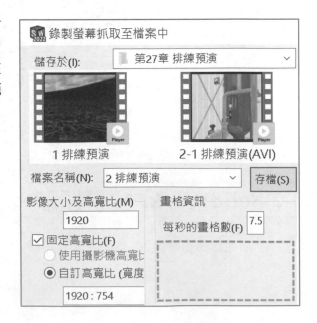

23-3 免費螢幕截取或看圖程式

本節推薦坊間比較常用且具體的免費錄製程式，由於智慧財產權的觀念提升，以及在業界輔導的經驗，免費且具體的軟體會比較容易導入。

23-3-1 eDrawings 電子視圖（SolidWorks Viewer）→ℓ

eDrawings 可以直接開啟 SolidWorks 檔案，並整合動作研究到→ℓ，但是要在 SolidWorks 另存新檔儲存為 eDrawings 檔案格式*.EASM，存檔需要一點時間。

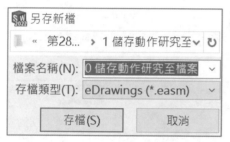

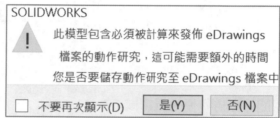

A 產生動畫

在 eDrawings 右下角產生動畫指令中，由清單可以見到多個動作研究→播放後可以看到動畫，這又稱 3D 動畫，同學會覺得這比較好用對吧。

B eDrawings 主程式

由於這是 eDrawings 檔案必須安裝 eDrawings 才可以開啟。

C 轉換 EXE 執行檔

在 eDrawings 將檔案另存為 EXE，就可以直接執行 eDrawings，不需安裝→ℓ。

23-3-2 螢幕錄影轉 GIF（ScreenToGif）S>G

提供 4 大功能：1. 螢幕錄影、2. 網路攝影機錄影、3. 繪圖板錄影、4. 編輯器，最大優點除了可以儲存為影片檔，也可以儲存為 GIF 的圖片動畫檔，下載網址：screentogif.com。

步驟 1 點選左方螢幕錄製

步驟 2 拖曳邊框，調整錄製範圍

步驟 3 開始錄影，點選錄影或 F7

步驟 4 結束錄影，點選停止或 F8

步驟 5 預覽播放，觀查錄製

步驟 6 畫格過多，Delete 刪除即可

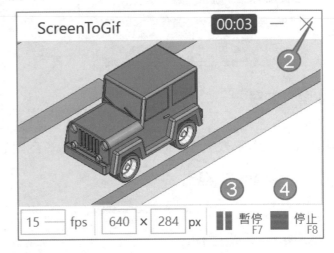

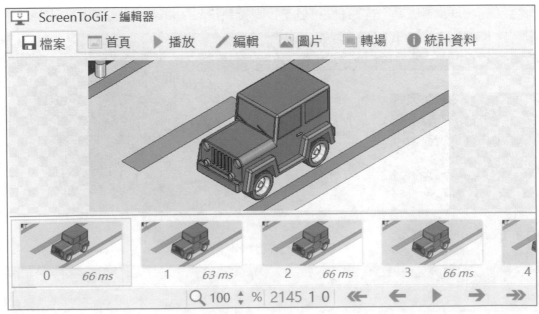

步驟 7 儲存檔案

可選擇 GIF、AVI、PNG...等格式，如：儲存為 GIF。GIF 是這套軟體的核心，檔案小，溝通、傳輸都很方便，網路上有很多圖片動畫就是這樣來的。以論壇為例，會員問題或解答用圖片方式很難形容，把動作錄起來轉成 Gif，讓雙方都容易懂。

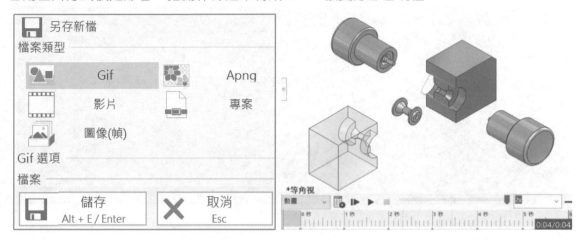

23-3-3 OBS（Open Broadcaster Software）

由 OBS Project 開發的自由軟體，可以跨平台進行串流媒體和錄影程式。

步驟 1 來源

選擇錄製的螢幕。

步驟 2 設定

1. 指定錄影路徑、2. 錄影格式，例如：MP4。

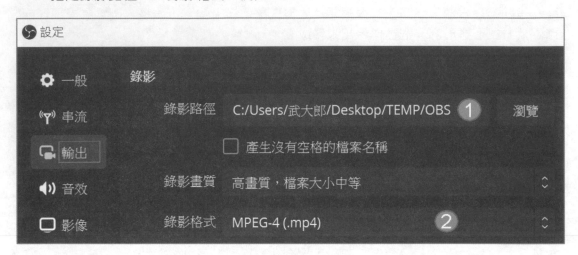

23-3-4 手機

還有最強的一招，用手機錄眼前螢幕，錄完以後直接分享給對方。

23-3-5 後製

將影片加上音效放上 YouTube，是現今很流行且成熟的技術。

SolidWorks 動畫 - 聖誕樹球

YOYO
1110位訂閱者

23-3-6 各項圖示表

　　本節說明動作研究圖示對照表，協助大家釐清與比對作業。沒對照表就算是大郎也無法立即反應這作業適用哪個條件。初學者入門動作研究最大困擾不知錯在哪裡，造成重做居多，只要看得懂 Motion Manager 圖示和變更列形態，可快速得到問題所在。

　　一開始不熟圖示和變更列的形態沒關係，只要先大略知道有這層關係就好。

	圖示和變更列	功能	說明
1	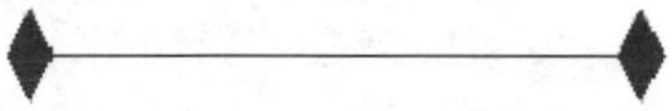	總時間（黑色）	最上層
2		啟用視角關鍵畫格（黑色）	停止動作會產生或更新畫格
3		停用視角關鍵畫格的重放（灰色）	停用視角不產生畫格
4		停用視角關鍵畫格的產生	不產生畫格，動畫進行中不可改變視角
5		光源及攝影機（水藍色）	
6		維持相同屬性（褐色底）	模擬元素 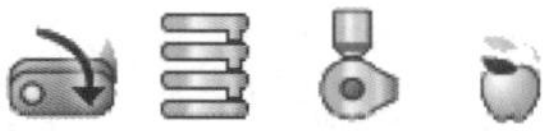
7		改變屬性（褐底＋藍）	
8		外觀（洋紅色）	。所有視覺屬性　。可獨立於零組件運動存在
9		驅動動作（綠色）	
10	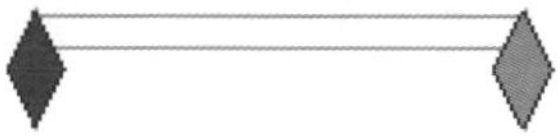	從動上層（綠色中空）	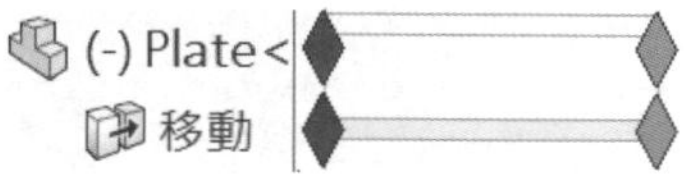 (-) Plate< 　移動
11		從動動作（黃色）	
12		同時呈現 2 種作業	
13		爆炸（黃橘色）	使用動畫精靈產生
14		結合或草圖尺寸（藍色）	 平行相距　距離
15		結合群組	
16		任何關鍵畫格（藍色）位置尚未解出（藍色）	關鍵畫格

	圖示和變更列	功能	說明
17		抑制的關鍵畫格(灰色)	
18		位置無法到達(紅色)	
19		隱藏的子項次(灰色)	○ 特徵管理員建立的資料夾 ○ 摺疊項次  ▸ ▣ 資料夾